21 世纪高等学校计算机类
课程创新系列教材·微课版

操作系统原理及应用

（Linux）（第2版）—微课视频版

王红 / 编著

U0249020

清华大学出版社

北京

内 容 简 介

本书完整讲述了计算机操作系统的基本概念和基本原理，并结合 Linux 操作系统实例进行说明。内容主要包括操作系统概述、进程管理、处理机调度与死锁、内存管理、文件管理、设备管理、现代操作系统和操作系统的安全性。

本书可以作为高等学校特别是应用型本科院校计算机类专业教材，也可以作为计算机和信息科学类相关专业技术人员的参考书。

图书在版编目(CIP)数据

操作系统原理及应用：Linux：微课视频版/王红编著. —2 版. —北京：清华大学出版社，2021.3
(2024.8 重印)

(21 世纪高等学校计算机类课程创新系列教材：微课版)

ISBN 978-7-302-57118-6

Ⅰ. ①操⋯　Ⅱ. ①王⋯　Ⅲ. ①Linux 操作系统－高等学校－教材　Ⅳ. ①TP316.85

中国版本图书馆 CIP 数据核字(2020)第 259376 号

责任编辑：陈景辉　张爱华
封面设计：刘　键
责任校对：焦丽丽
责任印制：杨　艳

出版发行：清华大学出版社
　　　网　　　址：https://www.tup.com.cn,https://www.wqxuetang.com
　　　地　　　址：北京清华大学学研大厦 A 座　　　　　邮　　编：100084
　　　社 总 机：010-83470000　　　　　　　　　　　邮　　购：010-62786544
　　　投稿与读者服务：010-62776969，c-service@tup.tsinghua.edu.cn
　　　质量反馈：010-62772015，zhiliang@tup.tsinghua.edu.cn
　　　课件下载：https://www.tup.com.cn,010-83470236
印 装 者：三河市龙大印装有限公司
经　　销：全国新华书店
开　　本：185mm×260mm　　印　　张：16.5　　　　　字　　数：403 千字
版　　次：2013 年 4 月第 1 版　2021 年 3 月第 2 版　　印　　次：2024 年 8 月第 7 次印刷
印　　数：9501～11500
定　　价：49.90 元

产品编号：078285-01

党的二十大报告强调"必须坚持科技是第一生产力、人才是第一资源、创新是第一动力,深入实施科教兴国战略、人才强国战略、创新驱动发展战略,开辟发展新领域新赛道,不断塑造发展新动能新优势"。

"操作系统"课程是计算机相关专业学生的必修课程,操作系统知识也是计算机相关专业人员的必备知识。操作系统是计算机系统中最基本的系统软件,如果没有操作系统的支持,构建在现代技术基础上的其他软件就不能运行。由于操作系统底层直接与硬件打交道,对上支持中层软件及应用程序,所以它功能强大,实现复杂。近年来,操作系统发展迅速,各类操作系统虽然各具特色,功能越来越强,但是万变不离其宗,它们都遵循操作系统的基本原理及方法。本书内容紧扣操作系统教学大纲及全国计算机类硕士研究生专业综合考试大纲,系统地讲述操作系统的基本原理及实现方法,对操作系统的各功能模块进行任务驱动式分析,并在此基础上,以当今流行的 Linux 操作系统作为实例进行讲解。

本书采用任务驱动模式,阐述操作系统的目标、功能及实现策略。全书针对操作系统五大功能展开分析,讲述了这些功能需求和实现方法,介绍了当今操作系统发展中出现的一些新技术及操作系统发展趋势。

全书分为 8 章。第 1 章操作系统概述,讲述操作系统的地位和目标、功能以及操作系统的发展过程等;第 2 章进程管理,讲述进程的概念、进程控制及进程同步的实现;第 3 章处理机调度与死锁,讲述调度的概念、三级调度的过程以及算法,死锁的概念及死锁的解决方案;第 4 章内存管理,讲述内存管理的概念、基本内存管理方法和虚拟内存管理方法;第 5 章文件管理,讲述文件的概念、文件的逻辑结构、文件的物理结构、文件系统实现按名存取的方法、文件系统的共享与保护;第 6 章设备管理,讲述设备的分类、设备管理的方法,以及在设备管理中如何提高进程的并发性,进而提高系统的效率;第 7 章现代操作系统,讲述经典的 UNIX 操作系统、分布式操作系统、多处理机操作系统;第 8 章操作系统的安全性,讲述操作系统安全性的概念以及实现方案。

本书特色

(1) 问题驱动,由浅入深。书中对重要的概念及原理,从提出问题入手,通过分析问题,由浅入深一步一步地对操作系统的原理进行探究,使读者自然融入操作系统的学习研究中,为读者更好地掌握操作系统原理提供便利和支持。

(2) 突出重点,强化理解。"操作系统"课程的一个特点是内容宽泛而且深入,各管理功能涉及面广,而且对每个子功能的算法及实现都可以进行深入研究。本书结合作者多年教学经验,针对应用型本科的教学要求和学生特点,突出重点,深入分析;同时内容方面兼顾知识的系统化要求。

(3) 注重理论,联系实际。"操作系统"课程的另一个特点是理论性强,对于一些概念和原理,学生在学习过程中不太容易理解。本书在重要的知识点部分都给出了典型例题,便于教师教学和学生对知识的掌握。本书以 Linux 系统作为操作系统实例对操作系统原理进行再认识和应用,算法采用 C 语言描述。

(4) 风格简洁,使用方便。本书风格简洁明快,除了突出重点,对于不是重点的内容不做长篇论述,以便读者在学习过程中明确内容之间的逻辑关系,更好地掌握操作系统的内容。

配套资源

为便于教学,本书配备的教学资源有 660 分钟微课视频、教学大纲、教学日历、教案、教学课件。

(1) 获取微课视频方式:读者可以先扫描本书封底的文泉云盘防盗码,再扫描书中相应的视频二维码,观看教学视频。

(2) 其他配套资源可以扫描本书封底的课件二维码下载。

读者对象

本书可以作为高等学校计算机类专业的教材,也适合作为应用型本科院校的操作系统教材,还可以作为计算机和信息科学类技术人员的参考书。

在本书的撰写过程中,侯刚、张凤云、杨德芳等老师提供了很大的帮助,在此深表感谢。

本书的编写参考了诸多相关资料,在此表示衷心的感谢。限于个人水平和时间仓促,书中难免存在疏漏之处,欢迎广大读者批评指正。

作　者

2021 年 1 月

目 录

第1章

操作系统概述

本章学习目标

操作系统是计算机系统中最基本的系统软件，因此操作系统在计算机系统中占有非常重要的地位。通过本章的学习，读者应该掌握以下内容：

- 掌握操作系统在计算机系统中的地位和目标；
- 掌握操作系统的功能；
- 掌握操作系统的类型；
- 掌握操作系统的特征；
- 理解操作系统的体系结构，掌握层次结构的操作系统结构模型；
- 了解 Linux 操作系统。

视频讲解

1.1 操作系统的地位和目标

视频讲解

世界的发展进入了信息时代，世界正在变成一个地球村，各行各业的发展也进入快车道，生产自动化、网络、物联网，大数据、云计算……计算机的应用正在延伸到工作、生活的各个领域，起到越来越重要的作用。那么，从计算机接收人们的工作请求到输出完成所需结果或完成特定操作，计算机是如何进行这一系列工作的？为什么要用计算机时，打开电源开关还要等一会儿才能启动完成，然后我们才能使用计算机？

1.1.1 操作系统的地位

计算机系统由硬件和软件构成，硬件是计算机系统的物质基础，负责完成基本操作；软件通过对硬件的使用实现人们所要完成的工作。计算机系统是分层次的，底层是硬件（裸机），硬件之上是软件，软件又分为若干层次，操作系统是软件的底层，最靠近硬件。计算机系统层次结构模型如图 1-1 所示。

操作系统是覆盖在裸机上的第一层软件，一台计算机只有安装了操作系统才能够被使用。因此，操作系统是所有软件的基础，它直接控制、

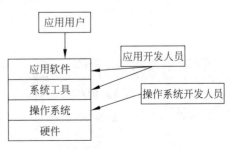

图 1-1 计算机系统层次结构模型

管理各种硬件资源。在裸机上安装了操作系统后,就为其他软件和用户提供了工作环境。它把裸机改造成为功能完善的计算机,使计算机的功能得到拓展,改善运行环境,提供有效的人机接口,提高系统的性能,提供系统安全性保障。它隔离了其他上层软件,并为上层软件提供接口和服务,使得上层的软件能够通过操作系统使用硬件的功能。操作系统是软件系统的核心,它与硬件一起构成了其他各类软件的基础运行平台。

各类应用用户使用相应的应用软件完成各种工作,如财务管理人员使用财务管理软件进行财务管理工作、办公室人员利用文字和表格处理软件处理各类文件和表格、学生使用教学课件学习某门课程、计算机游戏爱好者在计算机上使用游戏软件玩游戏等。计算机已经应用到社会生活的各个领域,对于各种应用都要有相应的应用软件来提供支持。计算机系统就是为人们提供各类服务的,应用软件由各应用用户直接使用,所以处在计算机系统的最高层。

应用软件由应用开发人员开发,为了提高开发效率,采用一些开发工具,如高级语言编程工具(包括编辑工具、编译工具、连接工具、调试工具),还可通过系统调用操作系统的功能模块。

开发工具为应用软件的开发搭建了一个平台,为方便用户开发应用软件,许多开发工具对系统功能调用进行了包装,提供给用户更高级的功能调用,如 Turbo C 中的库函数、Visual C++中的 MFC,这些开发工具在实现用户所要求的某些功能时,不由自身实现,而是调用操作系统的功能。

应用软件和开发工具都工作在操作系统提供的运行环境中,它们的运行由操作系统进行管理,由操作系统为它们分配所需的资源,并由操作系统对 I/O 设备进行控制。

由此可以看出,在图 1-1 所示的计算机系统层次结构中,操作系统是软件的底层,各个层次之间,由下到上是支持的关系,由上到下是调用的关系。操作系统是位于硬件层之上。它管理系统中的各种软件和硬件资源,使得它们得以充分利用,方便用户使用计算机系统。打开计算机开关,等待操作系统启动完成后,操作系统的各功能模块得以运行,才能使用计算机提供的服务。

1.1.2　操作系统的目标

不同类型的计算机应用对计算机系统的要求是不同的,因而不同类型的操作系统目标有所不同,有的追求通用性,需要面向多领域、多用户,有的追求专业高、精、尖技术的实现,等等。操作系统的目的是方便用户使用计算机系统和提高计算机系统资源利用率。总体来讲,操作系统追求的目标有以下几点。

1. 方便性

安装和加载操作系统便于人们对计算机系统的使用。用户通过操作系统提供的接口输入信息,计算机就可以完成相应的操作。我们通过计算机在网上查询下载各种文件及信息,也需要操作系统的支持,因此一台计算机只有安装了操作系统才能够给用户提供便捷的服务。从字符界面到图形界面,操作系统提供的服务方式正在变得越来越便捷。

2. 有效性

操作系统追求的目标应当是以更有效的方式使用计算机资源。在没有安装操作系统的计算机系统中,有很多资源在很长时间内由于没有一种机构来描述、管理而处于空闲状态,因而导致资源不能得到充分、合理、有效的利用,例如,CPU、输入输出设备的使用中完全串行操作,这些都会带来 CPU 工作时 I/O 设备闲置的现象,这是在没有操作系统的计算机上经常出现的情形;再如,由于内存与外存中所存放的数据没有统一的管理可能带来存储无序和空间浪费。安装和加载操作系统会使得计算机的所有资源得到充分利用。另外,通过操作系统合理地组织计算机的各项工作流程,有效地提高了计算机系统的效率。

3. 可扩展性

随着电子元器件的飞速发展,计算机系统的硬件和体系结构也相应得到了快速发展,另外,用户对计算机系统的功能需求也在不断提高,因此,在设计和构建操作系统时,应当不断有效地设计、开发、测试和引进新的系统功能。

操作系统的不断升级和改进对设计者提出了一定要求,在设计和构建操作系统时应该采用模块化结构,并清楚地定义模块间的接口。

1.2 操作系统的功能

操作系统是计算机系统中具有一定功能的软件系统。这些功能包括提供人机接口和管理计算机系统资源。

1.2.1 提供人机接口

用户是通过操作系统提供的人机接口来使用计算机的。操作系统为用户提供了三种接口。

1. 命令级接口

用户可以通过该接口向作业发出命令以控制作业的运行。命令级接口是以命令行的形式出现的。操作系统的一条命令,或者一个 Shell 文件都是命令接口。

当用户使用批处理系统或分时系统时,有以下两种控制方式控制作业的运行:联机用户接口和脱机用户接口。

(1) 联机用户接口。这是为联机用户提供的。当用户在系统提示符(如 $ 符)后输入命令并按下 Enter 键之后,命令解释程序就分析该命令,然后创建一个新进程,由它执行该命令所对应的可执行文件,并返回结果;最后命令解释进程重新发出提示符,接收用户输入的命令。这个程序就是命令解释程序。在不同的系统中有不同的称呼,它可以区分为控制卡解释程序、命令解释程序、控制台命令处理程序、Shell 等。在这一级上提供的很多命令都可直接对文件进行管理,如创建、删除、打印、复制、执行等。很多操作系统中都为用户提供了丰富的命令,利用它们可以方便、有效地与系统交互作用。

(2) 脱机用户接口。该接口是为批处理作业的用户提供的,所以也称为批处理用户接口。操作命令的形式为作业控制语言,用户以脱机批处理方式使用计算机。用户对作业流程的控制意图是利用作业控制语言写成一份作业说明书来表达的。上机时,用户将作业控制说明书交给系统,系统逐条解释、执行说明书中的命令。在这种方式下,用户一旦提交了作业,作业流程就由操作系统根据作业控制说明书自动控制,用户无法干预该作业的运行。因此,必须事先设计好作业流程,还要预测作业运行过程中可能出现的错误,并给出发生错误时的处理方法。

2. 程序级接口

程序级接口是指操作系统内部提供一些完成某些通用功能的子程序,允许用户在开发应用程序时调用。程序员在程序中使用系统调用指令向操作系统提出功能服务请求,就可以取得系统的服务。操作系统为用户提供的这种接口称为程序级接口,也称为系统调用接口。

不同的操作系统提供了不同的系统功能调用功能以及调用方式,如DOS的系统功能调用主要是进行硬件驱动,如以软中断INT 21H的方式提供。Windows中的系统功能调用要比DOS丰富,且层次高,不只局限于硬件驱动,也可以在编程语言中使用应用程序接口(Application Programming Interface,API)函数的方式提供。使用Windows的API函数可以提高编程效率,并规范Windows环境下的编程,如可开发具有统一风格的应用程序窗口界面,使软件用户很快熟悉该软件的窗口界面而不必重新学习。Visual C++中的MFC(微软基本类库)是利用API函数实现的。Linux或UNIX系统是用C语言编写的,因此操作系统使用C语言的方式为用户提供系统调用接口。

不同的操作系统所提供的系统调用的数量、调用方式和所完成的功能是不同的。一般地,操作系统所提供的系统调用有数十条至数百条不等,这些需要查看该系统的系统调用表。虽然系统调用指令的具体格式因系统而异,但从用户程序进入系统调用程序的步骤及其执行过程来看,大致是相同的。通常,用户必须向系统调用命令处理程序提供必要的参数,以便操作系统根据这些参数进行相应的处理。用户程序执行到系统调用命令时,硬件将它作为一个软件中断对待,控制通过中断向量传递给操作系统的一个服务例程,改变CPU的运行状态由用户态到系统态。

3. 图形界面

以Windows为代表的操作系统为用户提供了图形界面。图形界面为用户提供了方便、直观、灵活、有动感的工作环境。

应该指出,除系统调用是操作系统核心部分外,系统程序(Shell层)和图形界面工具都不是操作系统核心的组成部分。但它们体现了操作系统的许多特性,以更加便捷的方式展示了操作系统的各种服务功能。

1.2.2 管理计算机系统资源

计算机系统中的资源包括硬件资源和软件资源。硬件资源有处理机、存储器、设备;软件资源有程序和数据。

现代计算机系统一般采用多任务并发执行方式,而且有的计算机系统由多个用户同时联机使用,这使得计算机的资源不是由一个程序在运行时独占使用,而是由多个并发运行的程序共享使用。如果由各并发运行的程序自己决定如何使用资源,则会各行其是,造成冲突、混乱,使系统无法顺利地高效运行。因此,要有一个地位高于各应用程序之上的软件来进行自动、统一的管理,这个软件就是操作系统。操作系统的目标之一就是统一管理、分配计算机系统资源,在保证各并发执行的应用程序顺利运行的前提下提高资源利用率。

1. 处理机管理

处理机的任务是运行程序,程序在某个数据对象上的一次执行过程称为进程,所以处理机管理又称为进程管理。

单处理机系统中,程序有两种运行方式:单道程序顺序执行和多道程序并发运行。

单道程序顺序执行:要执行的多个程序按一定次序依次执行,一个程序运行完毕才能运行下一个程序,即在一个程序运行期间不插入运行其他程序。这样的系统无法提供多用户同时联机使用方式。

多道程序并发执行:在内存中同时存放多道程序,按一定策略调度多道程序交叉运行,形成"微观上串行、宏观上并行"的情况,使得处理机和设备可以并行工作,当某个进程进行输入输出操作时,可以同时有另一个进程在处理机上进行计算。多道程序系统可以提供多个用户同时联机操作方式,一台主机可以同时连接若干用户终端,同时若干用户可分别通过自己的终端使用主机系统。

在此讨论的是单处理机系统中多道程序并发运行方式下的处理机管理。具体包括以下内容。

(1) 处理机调度。要在单处理机系统中并发运行多道程序,必须按照一定策略对处理机进行调度,就像在一条铁路上运行多列火车一样,需要进行调度,以决定在某个时刻把处理机分配给哪个进程进行计算操作,这是处理机管理的核心任务。

(2) 进程控制。进程是程序的一次动态运行过程,在其生存期内从产生到消亡经过了一系列状态的转换。在多道程序并发运行的系统中,通常不会让一道程序独占计算机全部资源不间断地运行,而是让多个进程交替运行。进程的状态数量是操作系统按照一定的管理策略设置的,进程状态转换是操作系统实施进程管理的一个基本操作。

(3) 进程通信。在多道程序环境下,可以由系统为一个应用程序建立多个进程,这些进程相互合作,完成某一共同任务,它们之间要交换信息——进程通信。为保证进程之间正确通信,操作系统提供了一系列通信原语供应用进程调用。

(4) 进程同步。在多道程序系统中,多个并发进程处在同一运行环境中,必然存在某种联系,如进程之间的资源共享和进程之间的协作。操作系统必须采用一定策略来处理并发进程之间的制约关系,使各进程能顺利运行,即使各进程同步协调运行。操作系统中设置了同步机制来完成此功能。

2. 存储器管理

在多道程序环境中,要在内存中同时存放多道程序,必须对内存进行合理管理以保证程序的顺利运行,并提高内存的利用率。

操作系统提供了如下存储器管理功能。

(1) 内存分配。内存分配的任务是为每道程序分配一定的存储空间。往往会出现多道程序对内存的需求总和超过实际内存空间的情况,因此,制定分配策略时应以提高内存利用率为目标。

(2) 地址转换。将程序装入内存之前,无法确定程序在内存中的实际存放位置,因此必须建立一个虚拟内存地址空间,将整个程序放在这个虚拟内存地址空间中,每个数据和指令都有一个唯一确定的虚拟内存地址,这个地址空间又称为逻辑地址空间。相对地,称实际内存地址空间为物理地址空间。必须把指令中的逻辑地址转换为相应的物理地址,这一操作称为地址转换,又称为重定位。

(3) 内存保护。内存保护的任务是确保每道用户程序都在自己的内存空间中运行,互不干扰,既不允许用户程序访问操作系统的程序和数据(只能通过系统调用访问操作系统),也不允许访问(存取)其他程序的存储空间。操作系统要提供某种有效的内存保护机制,当进程访问内存越界时能及时发现并进行处理。内存保护不排斥对程序代码和数据的共享,此时把共享的代码和数据作为主调进程的一个组成部分,同一程序代码和数据共享的进程所占用的内存空间有部分重叠。

(4) 内存扩充。在多道程序环境中,内存资源比较紧张,往往会出现多道程序对内存的需求总和超过实际内存容量的情况。因此,在采用合适的内存分配策略以提高内存利用率的基础上,应采用内存扩充技术为多道程序运行提供充足的内存空间。这里说的内存扩充是从逻辑角度而言的,不是指添加物理内存,扩充物理内存容量。有两种方法:一是进程的整体交换,即将某些在以后一段时间内不能运行的进程的代码和数据暂时撤出内存,放到外存中,将当前急需运行的进程的代码和数据调入内存,对于换到外存中的进程,当其运行条件具备时,再将其调入内存;二是进程的部分装入,给进程分配少量内存,先装入一部分开始运行,当要访问不在内存中的部分时,再将其调入内存。这两种方法并没有扩充物理内存,但其作用相当于扩充了物理内存。

3. 设备管理

设备管理的任务是接受用户程序提出的 I/O 请求,为用户程序分配 I/O 设备;使 CPU 和 I/O 设备并行操作,提高 CPU 和 I/O 设备的利用率;提高 I/O 速度;方便用户程序使用 I/O 设备。为完成以上任务,操作系统的设备管理子系统应具有设备分配、缓冲管理、设备驱动和设备无关性等功能。

(1) 设备分配。根据用户程序的 I/O 请求,为之分配所需的设备。如果 I/O 设备和 CPU 之间还存在设备控制器和 I/O 通道,还要为分配出去的设备分配相应的控制器和通道。

(2) 缓冲管理。进程在运行过程中要和输入输出设备之间传输数据,在进程的数据存储区和 I/O 设备控制器之间直接传输数据效率较低或无法进行,因此操作系统提供了缓冲技术。缓冲管理的任务是解决 CPU 和外设速度不匹配的矛盾,使它们能充分并行工作,从而提高 CPU 和 I/O 设备的利用率,最终达到提高系统吞吐量的目的。

(3) 设备驱动。设备驱动程序实现 CPU 与设备控制器之间的通信。由 CPU 向设备控制器发出 I/O 指令,由设备控制器驱动相应设备进行 I/O 操作;当 I/O 操作完成时,设备控制器向 CPU 发出中断信号,由相应的中断处理程序进行处理。

(4) 设备无关性。设备无关性又称设备独立性,即用户编写的应用程序与实际使用的物理设备无关。用户编写的应用程序中不直接指定使用哪台具体的物理设备,而是使用操作系统提供的逻辑设备,然后由操作系统把用户程序中使用的逻辑设备映射到具体的物理设备,实施具体的 I/O 操作。

4. 文件管理

计算机系统中的软件资源(程序和数据的集合)不是一次性用品,而是要反复利用的,因此要永久保存（相对于内存的暂时存储而言）起来，如银行中的存贷款数据、学校的学籍管理软件和学籍数据等。软件资源以文件的形式存放在外部存储介质中，供用户反复使用。操作系统中对文件进行管理的子系统称为文件系统，文件系统的任务是为用户提供一种简便、统一的存取和管理文件的方法。对用户而言，按名存取是一种简便的存取文件的手段，可实现文件的共享、维护文件的秘密和安全。文件管理有如下具体功能。

（1）文件存储空间的管理。为新文件分配所需的外存存储空间，回收释放的文件存储空间。进行文件存储空间的分配和回收时，要考虑到提高外存空间的利用率和提高文件的存取速度。

（2）目录管理。为了能方便地在外存中找到所需文件，要为外存中存放的文件建立目录，每个文件对应一个目录项。目录项包含文件名、文件属性、文件在外存中的存放位置等用户和操作系统所需信息。目录管理的主要任务是建立外存中文件的目录结构，实现用户程序对文件的"按名存取"。文件目录项要按一定结构组织起来，以便于操作系统检索。在UNIX 和 Linux 系统中采用了树形目录结构。

（3）文件操作。文件操作包括文件的创建、删除、打开、关闭、读、写等，其实是一组文件系统功能调用。在用户程序中对文件进行操作时，可以调用文件系统提供的这些文件操作功能。

（4）文件的存取权限控制。多用户系统中，为了防止系统中的文件被非法窃取和破坏，操作系统提供了文件的存取权限控制功能，以防止未被授权的用户存取文件，或以不正确的方式存取文件。当用户对某一文件操作时，首先检查其对该文件的操作权限，如果具有对该文件的此种操作权限，则允许该用户存取该文件，否则拒绝对该文件的此种操作。

根据以上所述操作系统的功能，我们可以给操作系统下一个描述性的定义，即操作系统是一个软件系统，它控制和管理计算机系统内各种硬件和软件资源，提供用户与计算机系统之间的接口。

5. 作业管理

用户请求计算机系统完成的一个独立的操作或任务称为作业。作业管理的主要任务是对进入系统的所有作业进行组织和管理，以提高系统的效率。作业管理包括作业的输入和输出，作业的调度与控制。用户通过作业书写控制作业执行的说明书，同时还为操作员和终端用户提供与系统对话的"命令语言"，用它来请求系统服务。操作系统按操作说明书的要求或收到的命令控制用户作业的执行。

1.3 操作系统的发展过程

视频讲解

1.3.1 推动操作系统发展的主要动力

1. 不断提高计算机资源利用率的需要

在计算机系统发展的初期，计算机系统特别昂贵，人们迫切需要提高计算机系统中各种资源的利用率。随着计算机的普及，硬件价格下降了很多，但是计算机的资源仍然紧缺，特别是内存资源，所以资源利用率仍然是操作系统关注的重要问题。

2. 方便用户

计算机系统要方便用户使用,主要体现在提供友好的用户操作界面、提供丰富实用的系统功能调用和提供人机交互的操作方式上。

3. 器件的不断更新换代

计算机中的器件在不断发展,由电子管发展到晶体管、集成电路、大规模和超大规模集成电路,使得计算机性能不断提高,规模不断扩大。操作系统是基于硬件系统的,直接对硬件进行管理和控制,所以计算机制造器件的发展必然推动操作系统的发展。

4. 计算机体系结构的不断发展

操作系统基于硬件体系结构,所以硬件体系结构的发展必然推动操作系统的发展。例如,当计算机由单处理机系统发展为多处理机系统时,操作系统也就由单处理机操作系统发展为多处理机操作系统;出现了计算机网络后,就有了网络操作系统。

1.3.2　无操作系统的计算机系统

世界上公认的第一台数字电子计算机于 1946 年问世,人们通常按照计算机器件的演变把计算机的发展过程分为四个阶段:第一代(1946—1958 年),电子管;第二代(1958—1964 年),晶体管;第三代(1964—1974 年),小规模集成电路;第四代(1974 年至今),大规模集成电路。现在计算机正向巨型化、微型化、网络化、智能化方向发展。在第一代计算机时期,构成计算机的主要器件是电子管,计算机的运算速度较慢(只有几千次/秒)。计算机由主机(运算器、控制器、内存)、输入设备(纸带输入机、卡片阅读机)、输出设备(打印机)和控制台组成。此时,人们采用手工方式使用计算机,用户一个挨一个地轮流使用计算机。每个用户的工作过程大致是先把程序纸带(或卡片)装到输入机上,然后启动输入机把程序和数据输入计算机存储器,接着利用控制台开关启动程序开始执行。计算结束,用户取走打印出来的结果并卸下纸带(或卡片)。在这个过程中,需要人工装卸纸带、人工控制程序运行。手工操作速度相对计算机的运行速度而言是很慢的,因此使用计算机完成某一工作的整个过程中,手工操作时间占了很大的比例,而计算机运行时间所占比例较小,这就形成了明显的人机矛盾,致使计算机资源利用率很低,从而使计算机工作效率很低。在早期计算机运行速度较慢时,这种状况还是可以容忍的。

当计算机进入第二代——晶体管时代后,计算机的速度有了很大提高,这使得人机矛盾显得很突出,严重制约了计算机的工作效率。在当时,计算机非常少,并且贵重,人们迫切希望能高效率地使用计算机。为了解决这种矛盾,就要设法减少手工操作时间,因此人们研制出了实现作业自动过渡的批处理系统。

1.4　操作系统的类型

在操作系统发展的不同阶段,使用不同的策略为用户提供相应的服务。由于所提供的作业处理方式不同,操作系统表现出了不同的服务特点。根据功能来划分,把操作系统分为如下三种基本类型：批处理系统、分时系统、实时系统。随着操作系统的发展，还出现了以下类型的操作系统：微机操作系统、网络操作系统、分布式操作系统、嵌入式操作系统。

1.4.1 批处理系统

批处理是指用户将一批作业提交给操作系统后就不再干预，由操作系统控制它们自动运行。这种采用批量处理作业技术的操作系统称为批处理操作系统。批处理操作系统分为单道批处理系统和多道批处理系统。该系统不具有交互性，它是为了提高 CPU 的利用率而提出的一种操作系统。

1. 单道批处理系统

在 20 世纪 50 年代，计算机硬件还没有配置操作系统，由于计算机系统本身的功能较弱，计算机系统价格昂贵，为了充分利用计算机资源，减少计算机系统的空转时间，人们就把一批要运行的程序事先放在外存（磁带）上，由操作系统的雏形——系统中的监督程序控制外存上的程序一个接一个地连续运行。它的处理过程是：首先，由监督程序把磁带上的第一个程序装入内存，并把运行控制权交给该程序，直到该程序运行完成或出错时，又把运行控制权交回监督程序，再由监督程序把第二个程序装入内存并运行，以此类推，这样，计算机系统就可以自动完成程序的运行，直到外存上的程序处理完成为止。由于系统对程序的处理是成批进行的，而内存又仅能够存放一道作业的程序和数据，就将这类系统称为单道批处理系统。当然，这时的计算机内存容量也是非常小的。

由此可以看出，单道批处理系统具有以下特征。

(1) 自动性。外存上的一批作业自动逐个运行，无须人工干预。

(2) 顺序性。外存上的程序是按先后顺序装入和运行的。

(3) 单道性。内存中仅能容纳一道作业的程序和数据。

2. 多道批处理系统

单道批处理系统中任何时刻只有一道作业在内存中，在一道作业的运行过程中，输入输出和计算操作是串行的，因此导致 I/O 设备和 CPU 串行工作，从而总有空闲资源，I/O 设备工作时 CPU 空闲，CPU 工作（指进行计算工作）时 I/O 设备空闲。即使在脱机批处理系统中，内存和输入输出磁带间的数据传输与 CPU 的计算工作也是串行的。

为了进一步提高资源利用率，最终提高系统吞吐量（系统在单位时间内完成的总工作量），在 20 世纪 60 年代中期引入了多道程序并发执行技术，从而形成了多道批处理系统。多道程序并发执行的基本思想是，内存中同时存放多道程序，在操作系统的控制下交替执行。在多道批处理系统中，用户提交的作业先存放在外存中，并排成一个队列（称为后备队列），然后由作业调度程序按一定策略从后备队列中选择若干作业调入内存，使它们并发运行，从而共享系统中的各种资源，提高资源利用率，最终提高系统吞吐量。

虽然早在 20 世纪 60 年代就出现了多道批处理系统，但它至今仍然在使用，许多大、中、小型机上都配置了这种操作系统。

多道程序并发执行系统的特征如下。

(1) 多道性。在内存中同时驻留多道程序，分别为它们创建进程。

（2）调度性。单处理机系统中,每个时刻只能运行一道程序指令,所以同时在内存中的多道程序不能同时在一个CPU上运行,必须进行调度,即采用合理的调度策略使多道程序并发执行。

（3）宏观上并行,微观上串行。在单处理机系统中,同时处于内存中的多道程序在微观上交替地占有CPU运行,是串行的,而在操作系统的调度下,用户感觉多道程序在并行运行。

（4）异步性。内存中的多道程序各自开始执行的时间、结束时间不由其进入内存的次序决定,在操作系统的统一调度下,多道程序以不可预知的时间开始运行,并以不可预知的速度运行,不可预知其结束时间。

3. 多道批处理系统的优缺点

多道批处理系统的主要优缺点如下。

（1）资源利用率高。由于在内存中驻留了多道程序,它们共享计算机系统的资源,因此大多数资源处于工作状态,从而使各类资源得到了充分利用。

（2）系统吞吐量大。系统吞吐量是指系统在单位时间内所完成的总工作量。因为在多道批处理系统中,CPU和系统其他资源大多保持"忙"状态,仅当作业运行完成或者不能运行时才进行切换,系统开销小。

（3）无交互功能。用户一旦把作业提交给计算机,直到作业运行完成,用户都不能与系统进行交互,这对修改和调试程序是非常不方便的。

（4）平均周转时间长。作业的周转时间是指从作业提交给系统开始,直到作业运行完成为止所花费的时间。在多道批处理系统中,由于多个作业需要系统依次处理并完成,因而作业的周转时间较长。

1.4.2　分时系统

多道批处理系统充分地提高了计算机资源利用率和系统吞吐量,但是缺少人机交互能力,即用户把作业提交给计算机系统后,就完全脱离了自己的作业,不能干预作业的运行,因此不能及时修正作业运行过程中出现的错误,只有当作业运行结束后才能脱机修正错误,因此使用不方便。每当编写好一个程序时,都需要上机进行调试。由于新编写的程序难免有些错误或不当之处,因此希望能够进行人机交互以便能及时地修改错误,即用户希望可以随意干预、控制自己作业的运行流程。

由此开发出了交互式分时操作系统即分时系统。在分时系统中,一台主机可以连接若干终端,如图1-2所示,每个用户可以通过终端与主机交互,方便编辑和调试自己的程序,向系统发出各种控制命令,系统及时地响应用户的请求、输出计算结果以及出错、告警和提示信息。

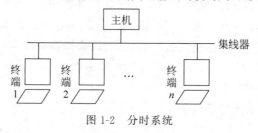

图1-2　分时系统

在分时系统中,虽然若干用户通过各自的终端共享一台主机,但在操作系统的管理下,每个用户都感觉自己在独占一台主机。分时系统采用的策略是基于主机的高速运行,分时为终端用户服务,即主机按一定次序轮流为各终端用户服务,每个用户一次仅使用主机很短的一段时间(称为时间片,毫秒级),在分得的时间片内若没有完成工作则暂时中断,将处理机分配给下一个用户。虽然一个用户使用主机时其他用户处于等待状态,但等待的时间很短,用户感觉不到,从而每个用户的各次请求都能得到快速响应,给每个用户的印象是他独占一台计算机。

分时系统强调的是人机交互,但并没有忽略系统资源利用率和运行效率。用户在交互使用计算机系统时,手工操作终端的时间占用了较大比例,而且使用过程中会不时地停下来进行思考。如果由一个用户独占计算机系统,那么系统的资源利用率和运行效率很低。为了使系统既能提供人机交互性,又能高效运行,分时系统采取了多用户分时共享一台主机的策略。当一个用户中间停顿时,其他用户使用主机,从而使主机高效运行。

分时系统具有以下特征。

(1) 多个用户同时联机操作。同一台主机同时连接多个终端,各用户独占一个终端,通过终端使用主机。

(2) 各用户独立。在宏观上,多个用户通过各自的终端同时使用一台主机,即一台主机同时为若干用户服务,而各用户之间互不干涉。

(3) 交互性。各用户通过终端联机以交互方式使用主机。交互式与批处理相对,交互式使用计算机是指用户可以随意干预、控制作业的运行流程,这需要操作系统提供一组人机交互命令,如 DOS 中的内部命令和外部命令、UNIX 和 Linux 中的 Shell 命令。

1.4.3　实时系统

虽然多道批处理系统和分时系统已经获得令人满意的资源利用率和响应时间,使计算机的应用范围日益扩大,但它们不能满足以下两个领域的需要。

1. 实时控制

当把计算机用于生产过程的控制,形成以计算机为中心的控制系统时,系统要求能实时采集现场数据,并对所采集的数据进行及时处理,进而自动控制相应的执行机构,使某些(个)参数(如温度、压力、方位等)能按预定的规律变化。类似地,也可将计算机用于武器的控制,如火炮的自动控制系统、飞机的自动驾驶系统,以及导弹的制导系统等。通常把要求进行实时控制的系统称为实时控制系统。

2. 实时信息处理

通常,把要求对信息进行实时处理的系统称为实时信息处理系统。该系统由一台或多台主机通过通信线路连接成百上千个远程终端,计算机接收从远程终端发来的服务请求对数据进行检索和处理,并及时将结果反馈给用户。典型的实时信息处理系统有飞机订票系统和情报检索系统。

实时控制系统和实时信息处理系统称为实时系统。所谓实时,是指计算机能及时响应外来事件,并快速地处理该事件,在被控对象允许的时间范围内做出快速反应。实时系统对响应时间的要求比分时系统高。

实时系统具有以下特征。

（1）及时性。系统必须能及时响应外部实时信号,响应的时间间隔要足以控制发出实时信号的环境。

（2）可靠性。由于实时系统的应用环境特殊,任何软硬件故障都可能带来严重的后果,因此,必须采取相应的软硬件措施,以保证系统高度可靠。常用的硬件措施如采用双工机制,即准备两台功能相同的计算机,将其中一台作为主机,另一台作为后备机,后备机与主机并行工作,但不产生控制输出,若主机发生故障,则后备机立即代替主机继续工作,保证系统不间断运行。

1.4.4　微机操作系统

随着大规模集成电路的发展,产生了微处理器,采用微处理器构造的计算机称为微机。微机是面向个人的,所以又称个人计算机,区别于连接若干终端,由若干用户共享的巨型、大型、中型、小型计算机。由于个人计算机的特殊应用要求,需要专门配置微机操作系统。微机操作系统的主要任务是使个人用户方便地使用计算机,对资源利用率考虑得较少。

微机操作系统有很多,比较流行的有 DOS、Windows、UNIX 和 Linux。

微机操作系统按照用户数、任务数可做如下划分。

1. 单用户单任务操作系统

单用户单任务是指只允许一个用户上机,要运行的多个程序须按一定次序依次执行,不能交替执行。这是最简单的微机操作系统,代表性产品是 CP/M 和 MS-DOS。

（1）CP/M。CP/M 是 Control Program Monitor 的缩写,是 1975 年由迪吉多科研(Digital Research)公司开发的 8 位微机操作系统,配置在以 Intel 8080、8085、Z80 芯片为 CPU 的微机上。

（2）MS-DOS。该操作系统是由微软公司在 CP/M 基础上开发的,配置在 IBM(International Business Machine,国际商务机器)公司生产的 PC(Personal Computer,个人计算机)及其他公司生产的 PC 兼容机上。MS-DOS 对 CP/M 进行了改进,增加了许多内部命令和外部命令,提供了性能优良的文件系统。由于 IBM 公司的 PC 及其兼容机的畅销,MS-DOS 成为事实上的单用户单任务操作系统的标准。

2. 单用户多任务操作系统

单用户多任务是指只允许一个用户上机,但可以并发执行多道程序,从而充分利用系统资源,满足用户同时执行多个任务的需求,如一边打字一边听音乐,代表性产品是 OS/2 和 Windows。

（1）OS/2。1987 年 4 月,IBM 公司推出了 OS/2,其最初版本 OS/2 1.x 是针对 80286 开发的,后来针对 80386 和 80486 开发了 OS/2 2.x 版本。

（2）Windows。1990 年微软公司推出 Windows 3.0,其友好的图形用户界面和易学易用的特点使其很快推广开来。1992 年推出的 Windows 3.1 提供了 386 增强模式,提高了运行速度,增强了功能。1993 年推出的 Windows NT 提供了很强的网络支持功能。1995 年推出 Windows 95，1998 年推出 Windows 98，之后又推出了 Windows 2000、Windows ME、Windows XP 和 Windows 2003。事实表明，Windows 已经成为单用户多任务微机操作系统的主流。

3. 多用户多任务操作系统

微机是面向个人用户而开发的，所以一般由单个用户使用，配置单用户操作系统。但这并不意味着微机不可由多个用户同时联机使用，特别是现在的微机与小型机的差距已经很小，只要在微机上配置多用户操作系统就可以使微机同时为多个用户服务。具有代表性的产品是 UNIX 和 Linux。

UNIX 是由美国电话电报公司（AT&T）的贝尔实验室开发的，至今已有 40 多年历史。最初，UNIX 配置在美国数字设备公司（DEC）生产的小型机 PDP 上，后来被移植到各种机型上。UNIX 操作系统是目前唯一能够在从微机到大型机等各种机型上运行的操作系统，是当前最流行的多用户多任务操作系统。

Linux 是一个类 UNIX 操作系统，最初由芬兰赫尔辛基大学的 Linus Torvalds（以下简称 Linus）开发。

1.4.5　网络操作系统

随着计算机应用的推广，出现了计算机网络。计算机网络是在计算机技术和通信技术高度发展的基础上，将这两者相互结合而产生的。为了实现计算机之间的数据通信和资源共享，把分布在各处的计算机通过通信线路连接在一起，构成一个系统，这就是计算机网络。

计算机网络需要一个网络操作系统对整个网络实施管理，并为用户提供统一、方便的网络接口。网络操作系统一般建立在各个主机的本地操作系统基础之上，其功能是实现网络通信、资源共享和保护，提供网络服务和网络接口。

网络操作系统有两种存在方式：一是以独立于本地操作系统的网络操作系统的方式存在，如诺勒有限公司（Novell）的 Netware 局域网操作系统，是一种专门的网络操作系统；二是本地操作系统具有网络功能，如 Windows。

随着计算机网络的广泛应用，网络操作系统的功能也在不断增强，除了数据通信和资源共享基本功能外，还具有网络管理、应用互操作和实现网络开放性等功能。网络操作系统具有以下功能。

（1）数据通信功能。

在现代网络系统中，实现对等实体的通信功能，包括建立和拆除链接、控制数据传输、检测差错、控制流量、路由选择等功能。

（2）资源共享功能。

可供用户共享的资源如文件、数据和各类硬件资源。

1.4.6　分布式操作系统

计算机网络操作系统能使离散的计算机相互进行通信及资源共享，但它不是一个一体化的系统。在网络操作系统的管理下，如果一个计算机上的用户希望使用网上另一台计算机的资源,则必须指明要访问计算机的地址,而无法在不同计算机上进行分布式协同计算。

大量的实际应用要求一个完整的、一体化的系统。分布式系统中有一个全局分布式操作系统,它负责整个系统的资源分配和调度、任务划分、信息传输、控制协调等工作,并为用户提供一个统一的界面。用户通过这一界面实现所需的操作和使用系统资源,至于操作是在哪台计算机上执行或使用哪台计算机的资源是系统需要完成的工作,用户不必知道,即系统对用户是透明的。

分布式系统和计算机网络的区别在于操作系统的不同,而不是硬件连接。

1.4.7　嵌入式操作系统

嵌入式操作系统是面向用户、产品、应用的系统,可以定义为以应用为中心、以计算机技术为基础、软硬件可裁剪,适应应用系统对功能、可靠性、成本、体积、功耗严格要求的专用计算机系统。凡是将计算机的主机嵌入在应用系统或设备之中,不为用户所知的计算机应用方式,都是嵌入式应用。在嵌入式系统运行的操作系统几乎都是实时操作系统。

嵌入式系统是形式多样、面向特定应用的软件硬件综合体,其硬件和软件都必须高效地进行量体裁衣设计。它的运行环境和应用场合决定了嵌入式系统具有区别于其他系统的一些特点。大多数嵌入式操作系统通常是一个多任务可抢占式的实时操作系统,只提供基本的功能,如任务的调度、任务之间的通信与同步、主存管理、时钟管理等。其他的应用组件,如网络功能、文件系统、图形用户界面系统等均工作在用户态,以函数调用的形式工作,因而系统都是可裁剪的,用户可以根据自己的需要选用相应的组件,构造自己的专用系统。

视频讲解

1.5　操作系统的特征

本书以多任务操作系统 Linux 为例讲解操作系统原理,所以在此阐述的是多任务操作系统的特征。各种多任务操作系统分别具有各自的特征,但它们具有如下四个共同的基本特征。

1. 并发

在单处理机系统中,并发性是指宏观上有多道程序同时运行,但在微观上是交替执行的。多道程序并发执行能提高资源利用率和系统吞吐量。

多个进程的并发执行由操作系统统一控制,为保证并发进程的顺利运行,操作系统提供了一系列管理机制。

2. 共享

共享是指计算机系统中的资源被多个任务共同使用。共享的理由是:

(1) 各用户或任务独占系统资源将导致资源浪费。

(2) 多个任务共享一个程序的同一副本,而不是分别向每个用户提供一个副本,可以避免重复开发。

并发和共享是紧密相关的。一方面,资源共享是以进程的并发执行为条件的,若不允许进程的并发执行,就不会有资源的共享;另一方面,进程的并发执行以资源共享为条件,若系统不允许资源共享,程序就无法并发执行。

3. 异步

在多道程序系统中,多进程并发执行,但在微观上,进程是交替执行的,因此进程以“走走停停”的不连续方式运行。由于并发运行环境的复杂性,每个进程在什么时候开始执行、何时暂停、以怎样的速度向前推进、多长时间完成、何时发生中断,都是不可预知的,我们称此种特征为异步性。

4. 虚拟

在操作系统中,虚拟指的是通过某种技术把一个物理实体映射为多个逻辑实体,用户程序使用逻辑实体。逻辑实体是用户感觉有而实际不存在的事物,例如分时系统中,虽然只有一个 CPU,但在分时系统的管理下,每个终端用户都认为自己独占一台主机。此时,分时操作系统利用分时轮转策略把一台物理上的 CPU 虚拟为多台逻辑上的 CPU,也可以把一台物理 I/O 设备虚拟为多台逻辑上的 I/O 设备,方法是用内存中的输入输出缓冲区来虚拟物理设备,用户程序进行输入输出时,其实是在和缓冲区进行输入输出。

1.6　操作系统的体系结构

操作系统是一个大型软件系统,由许多具有独立功能的程序模块构成,这些程序模块之间必然存在某种关系,即必然按照一定结构组成一个完整的操作系统。一般而言,操作系统有两种结构:层次结构和微内核结构。

1.6.1　层次结构

层次结构操作系统的设计思想是,按照操作系统各模块的功能和相互依存关系,把系统中的模块分为若干层次,任一层(除底层模块)都建立在它下面一层的基础上,每一层仅使用其下层提供的服务。

一个操作系统应划分多少层、各层处于什么位置是层次结构操作系统设计的关键问题,没有固定的模式。一般原则是,接近用户应用的模块在上层,贴近硬件的驱动模块在下层。

处于下层的程序模块往往称为操作系统的内核。这部分程序模块包括中断处理程序、各种设备驱动程序、运行频率较高的模块(如时钟管理程序、进程调度程序、低级通信模块、内存管理模块等)。为提高操作系统的执行效率,操作系统内核一般常驻内存。

例如,Linux 系统就是层次结构的。它将 CPU 的执行模式分为用户态和核心态,从而保护操作系统不受用户程序的破坏,使系统具有健壮性和安全性。

1.6.2　微内核结构

随着操作系统功能的不断扩充,系统内核越来越大,管理和维护的工作量也越来越大。美国卡内基·梅隆大学于 1980 年开发了一个基于微内核的操作系统 MACH,该系统的特点是操作系统内核只保留最基本的功能,如只提供进程及线程调度、消息传递、管理管理和设备驱动等。而将其他功能,包括各种 API、文件系统和网络等许多操作系统服务放在用户层以服务的形式实现。当前广泛流行的 Windows 操作系统就是采用了微内核结构。

微内核结构的操作系统是基于 client/server(客户/服务器)模式的操作系统。客户程序和服务器程序都在用户空间运行。微内核的主要功能就是提供 client 程序和 server 服务之间的以消息传递方式的通信设施。如果一个 client 程序希望访问文件时,它必须与文件服务器进行交互。通过向微内核发送消息的形式间接交互实现两者的请求和服务的功能,如图 1-3 所示。

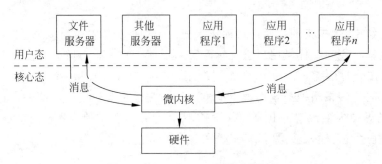

图 1-3 client/server 操作系统结构

微内核结构是对传统内核的提炼,它具有如下优点。

1. 简化内核代码维护工作

大内核的内部关系复杂,牵一发而动全身,如果试图修正错误或扩充功能,设计人员必须十分仔细且要反复测试。相比之下,微内核代码量少,结构简单,容易维护。当增加操作系统功能时,可以只在微内核外进行。

2. 构建灵活

基于微内核可以开发多种类型的操作系统,以满足用户的需要。例如,在微内核上提供一组 UNIX 服务程序,系统对于用户好像是 UNIX 系统。如果提供一组 Windows 服务程序,则好像是 Windows 系统。

3. 安全性高

大多数功能作为服务程序在微内核外运行,与客户程序处于同一地位,因此,当某些服务器出现错误时,通常仅影响自身,不会导致整个系统瘫痪。

4. 方便移植

由于计算机硬件不断更新换代,操作系统的移植成为一个重要问题。与硬件相关的功能全部包含在微内核中,只要修改微内核代码就能适应不同的硬件平台,而不需要修改核外的操作系统功能模块,因此使操作系统的移植变得很容易。

微内核技术正成为一种潮流,Windows NT 采用的是 Microsoft 的微内核,美国卡内基·梅隆大学开发的 MACH 也是微内核结构的操作系统。

1.7 Linux 简介

1.7.1 Linux 概述

Linux 系统有两种不同的含义。从技术角度,Linux 指的是由 Linus Torvalds 维护的开放源代码 UNIX 类操作系统的内核。然而,目前大多数人用它表示以 Linux 内核为基础的整个操作系统。从这种意义讲,Linux 指的是包含内核、系统工具、完整的开发环境和应用的类 UNIX 操作系统。

Linux 是 UNIX 操作系统的克隆,可以免费使用,遵循 GPL(General Public License,GNU 通用公共许可证)声明,可以自由修改和传播。与 Windows 等商业操作系统不同,Linux 完全是一个自由的操作系统。Linux 内核最初是由芬兰大学生 Linus 和通过 Internet 组织起来的开发小组完成的,其目标是与 POSIX(Portable Operating System Interface,可移植操作系统界面)兼容。Linux 包含了人们希望操作系统拥有的所有功能特性,包括真正的多任务、虚拟内存、世界上最快的 TCP/IP 驱动程序、共享库和多用户支持(这意味着成百上千人能在同一时刻通过网络、连接在计算机串行接口上的终端、笔记本电脑或微机使用同一台计算机)。

Linux 现在是个人计算机和工作站上的 UNIX 类操作系统。按照层次结构的观点,在同一种硬件平台上,Linux 可以提供和 UNIX 相同的服务,即相同的用户级和程序员级接口。Linux 绝不是简化的 UNIX,相反,Linux 是强有力和具有创新意义的 UNIX 操作系统,它不仅继承了 UNIX 的特征,而且在许多方面超过了 UNIX。作为 UNIX 类操作系统,Linux 具有下列基本特征。

(1) 真正的多用户、多任务操作系统。

(2) 符合 POSIX 标准的系统。

(3) 提供具有内置安全措施的分层的文件系统。

(4) 提供 Shell 命令解释程序和编程语言。

(5) 提供强大的管理功能,包括远程管理功能。

(6) 具有内核的编程接口。

(7) 具有图形用户接口。

(8) 具有大量实用程序和通信、联网工具。

(9) 具有面向屏幕的编辑软件。

大量的高级程序设计语言已移植到 Linux 系统上,因而它是理想的应用软件开发平台,而且在 Linux 系统下开发的应用程序具有很好的可移植性。同时,Linux 还有许多独到之处:

(1) 源代码几乎全部都是开放的。任何人都能通过 Internet 或其他媒体得到 Linux 系统的源代码,并可以修改和重新发布。

(2) 可以运行在许多硬件平台上。Linux 系统不仅可以运行在 Intel 系列个人计算机上,还可以运行在 Apple 系列、DEC Alpha 系列、MIPS 和 Motorola 68000 系列上。从 Linux 2.0 开始,不仅支持单处理器的机器,还支持对称多处理器(Symmetrical Multi-

Processing,SMP)的机器。

（3）不仅可以运行许多自由发布的应用软件,还可以运行许多商品化的应用软件。越来越多的应用程序厂商(如 Oracle、Infomix、Sybase、IBM 等)支持 Linux,而且通过各种仿真软件,Linux 系统还能运行许多其他操作系统的应用软件,如 DOS、Windows、Windows NT 等。

（4）强大的网络功能。Linux 诞生、成长于网络,网络功能相当强大,具有内置的 TCP/IP 栈,可以提供 FTP、Telnet、WWW 等服务,同时还可以通过应用程序向其他系统提供服务,如向其他 Windows 用户提供类似于网络邻居的 Samba 文件服务。Linux 系统的另一特征是能充分发挥硬件的功能,因而比其他操作系统的运行效率更高。在个人计算机上使用 Linux,可以将它作为工作站使用。在工作站上使用 Linux,可以使它发挥出更高的性能。Linux 以其特有的性能、功能和可用性必将拥有更广阔的应用前景。

1.7.2　Linux 的内核特征

Linux 操作系统的内核稳定而高效,以独占的方式执行最底层任务,保证其他程序的正常运行,是整个系统的核心,具有独特的性质。本节将从操作系统接口、功能及内核结构等几个方面来展示 Linux 内核的特征。

1. 接口特色

按照 POSIX 标准,一个可以运行 UNIX 程序的系统就是 UNIX。Linux 系统提供和一般 UNIX 系统相同的标准界面,包括程序级的和用户级的,因此也是一个 UNIX 系统,一般称为类 UNIX 系统,以区别于其他传统意义上的 UNIX 系统。

在程序级,Linux 系统提供标准的 UNIX 函数库,一个在 Linux 下开发的应用程序几乎可以不经过任何改动就能在其他 UNIX 系统下编译、执行,完成同样的功能。

Linux 系统向用户同时提供图形和文本用户界面,文本界面是 Shell 接口,图形界面是 X Window 系统。UNIX 下的基本命令在 Linux 下功能和使用方式都完全相同。最早在 UNIX 平台开发的图形用户界面 X Window 系统在 Linux 系统下运行良好,并可以展示与其他版本 UNIX 系统下相同甚至更好的效果。更为可喜的是,在 X Window 系统基础上,自由软件开发者们为 Linux 开发了多种桌面系统,在这样的环境下,用户几乎不再需要传统的文本用户界面,所有操作都可以通过单击完成。这样的系统有方便、快捷的 KDE(K Desktop Environment)、基于 CORBA 组件技术、具有图形功能的 GNOME(GNU's Network Object Model Environment)等,它们都遵循 GPL,都处在高速发展阶段,相信它们的功能会更加完善。

桌面系统的发展以及基于桌面系统的办公、家用软件的发展,将会使 Linux 操作系统的用户界面更加友好,Linux 系统针对办公用户及普通家庭的普及工作也将具有更明显的竞争力和更美好的前景。

2. 功能特色

Linux 内核最早运行在 Intel 80386 系列 PC 上,现在也可以运行在 Apple 系列、DEC Alpha 系列、MIPS 和 Motorola 68000 系列的计算机上,同时,一些改进的嵌入式 Linux 内核还可以运行于手机、家电等设备上。从 Linux 2.0 开始,它不仅支持单处理器的机器,还支持对称多处理器(SMP)的机器,实现真正的多任务工作。

Linux 系统可以支持多种硬件设备。Linux 系统下的驱动程序开发和 Windows 系统相比要简单得多。最初的硬件设备驱动程序都是由自由软件开发者们提供的,随着 Linux 系统的普及,越来越多的硬件厂商也开始提供设备驱动。

Linux 采用多级分页的存储管理模式,具体的技术特征将在后面介绍。

Linux 自身使用的专用文件系统为 EXT2(The Second Extend File System),可以提供方便有效的文件共享及保护机制,同时,它可以通过虚拟文件系统的技术,支持包括微软系列操作系统所使用的 FAT16、FAT32 和 NTFS 等文件系统在内的几十种现有的文件系统。

Linux 系统具有内置的 TCP/IP 栈,可以提供各种高效的网络功能,包括基本的进程间通信、网络文件服务等。

3. 结构特征

前面曾经介绍过,Linux 内核基本采用模块结构和单内核模式,这使得系统具有很高的运行效率,但系统的可扩展性及可移植性受到一定影响。为了解决这个问题,Linux 使用了附加的模块(Modules,也称为模组)技术。利用模块技术,可以方便地在内核中添加新的组件或卸载不再需要的内核组件,而且这种装载和卸载可以动态进行,即在系统运行过程中完成,而不需要重新启动系统。

引入动态的模块技术,可使系统内核具有良好的动态可伸缩性,但是内核模块的引入也带来了对系统性能、内存利用和系统稳定性的一些影响,可动态装卸的模块需要系统增加额外的资源来记录、管理,而装入的内核模块和其他内核部分一样,具有相同的访问权限,差的内核模块会导致系统不稳定甚至崩溃,特别是一些恶意的内核模块可能对系统安全造成极大危害。

总的来讲,Linux 内核基本采用模块式结构构造,同时加入动态的模块技术,在追求系统整体效率的同时,实现了内核的动态可伸缩性。这样的结构给系统移植带来一定的负面影响,但是在广大自由软件爱好者们不懈的努力下,Linux 系统仍然不断地推出支持新硬件平台的新版本,Linux 可以运行的硬件平台超过任何一种商业系统,具有较好的平台适应性。

1.7.3 Linux 的发展及展望

1. 开发模式

自由软件的开发模式不同于以往任何一种软件开发模式。软件工程的发展实现了软件的工程化生产——在经过详细的需求分析之后,进入设计阶段,然后是实现、测试等,整个过程有严格的工作流程、时间限制和质量控制,程序员在整个生产过程中的作用相当于传统工厂里流水线上的工人,只是按照图纸完成某个零部件加工而已,这样的开发模式强调统一规划和集中管理。

自由软件的开发过程完全是另一种情形。一大批广泛分布于世界各地的软件爱好者以互联网为纽带,通过 BBS(Bulletin Board System,电子公告板)、新闻组及电子邮件等现代通信方式,同时参与一个软件开发项目。一个初步工作的软件雏形首先发布出来,然后大家同时开始工作,分别结合自己的实际经验和需要,寻找软件中的漏洞,提出改进意见,发布在互联网上,很快有人也发现了漏洞,提出了改进方案,给出补丁,经过这些人分头修整,这个软件好像滚雪球一样,以较快的速度不断完善。在这样的开发模式中,程序员是独立的实体,他们大多用业余时间为自由软件服务,没有工作任务的压力,创造性工作带来的成就感是他们最大的动力。这样的开发模式称为"巴扎"(Bazaar)模式,Bazaar 这个词是英文中的外来词,原文是维吾尔语,原意是"街道",引申为"市集",我国新疆的很多地区,每月定期举行的市场就称为"巴扎",大家自发地从各地赶来,带着自己的产品,自由地进行各种交易。在这种开发模式下,软件以平行排错、分头发展的方式快速演进,比传统的模式更能调动程序员的工作热情,软件的开发速度以及软件的质量都有可靠的保证。

自由软件的出现改变了传统的以公司为主体的封闭的软件开发模式,采用了开放和协作的开发模式,无偿提供源代码,允许任何人取得、修改和重新发布自由软件的源代码。这种开发模式激发了世界各地软件开发人员的积极性和创造热情,大量软件开发人员投入到了自由软件的开发中。软件开发人员的集体智慧得到充分发挥,大大减少了不必要的重复劳动,并使自由软件的漏洞得到及时发现和修补。任何一家公司都不可能投入如此强大的人力去开发和检验商品化软件。这种开发模式使自由软件具有强大的生命力。

2. 内核版本

为了确保看似无序的市集开发过程能够有序进行,自由软件一般都必须采取强有力的版本控制措施。

Linux 内核采用的是双树系统:一棵树是稳定树,主要用于发行;另一棵树是非稳定树或者开发树,用于产品开发、改进。一些新特性、实验性改进等首先在开发树中进行。如果在开发树中所做的改进也可以应用于稳定树,那么在开发树中经过测试后,就在稳定树中进行相同的改进。按照 Linus 的观点,一旦开发树经过足够的发展,就会成为新的稳定树,如此周而复始地进行下去。

源代码版本序号的形式为 $x.y.z$。对于稳定树来说,y 是偶数;对于开发树来说,y 是比相应稳定树大 1 的奇数。

这种开发比常规惯例快,因为每一版本所包含的改变比以前少,内核开发人员只需花很短的时间就能完成一个实验开发周期。

当今,Linus 正在率领分布在世界各地的 Linux 内核开发队伍完善他们的作品。Linux 内核 2.x 版本充分显示了 Linux 开发队伍的非凡创造力和市集开发模式的价值。Linux 核心开发者的名单记录在文件/usr/src/linux/CREDITS 中。这些人中的绝大多数都受过高等教育,很多曾从事过博士后工作,工作经历都相当丰富,很多人从事计算机行业,多数人有几年甚至几十年的软件开发经验,毫无疑问,这些人都是精于开发的高手。此外,还有许多志愿参加测试工作并发现系统问题的人,有时他们甚至给出了正确的代码,但这些志愿者没有包括在 CREDITS 中。正是这些人,保证了 Linux 具有稳定可靠的性能。

事实上,UNIX 开始发展时,也采用了类似的开发模式。这使得 UNIX 的安全漏洞比其他操作系统解决得更彻底。从充分发挥开发人员的集体智慧这一点看,采用这种开发模式无疑是一大进步。

3．国内应用状况

随着 Linux 核心的不断成熟，各种性能稳定、安装方便、支持多语种的发行版本被广泛使用。Linux 得到广大硬件、整机厂商和应用程序厂商的大力支持，这一切都使得 Linux 这个年轻的系统充满了希望。

由于多种原因，Linux 在国内的推广比国外晚了几年。近年来，更多的软件爱好者开始了 Linux 的学习、应用和研究开发，同时，许多大学还把它作为操作系统课程实验的内容，这些都为 Linux 在中国的推广使用奠定了基础。

Linux 的使用开始于国内的高校和科研单位，最初大家在各地的电子公告牌上研讨问题，随着讨论的深入，他们开始成立各种民间组织，建立自己的主服务器。爱好者们在这些地方下载软件，自由地讨论 Linux 方面的问题，寻找志同道合者切磋，方便而高效地交流信息，为 Linux 的进一步推广和本地化创造了良好的环境。

目前国内较有影响的推广项目是 1997 年 6 月 17 日在国家经济信息中心网上建立的自由软件协会站点，这既是一个大型自由软件库，也是一个自由软件应用的示范项目。整个系统建立在 Linux 基础上，提供 WWW、FTP、DNS、News 和邮件服务。

国内也出现了多家 Linux 发行商，推出多种汉化的 Linux 版本，如 BluePoint、Xterm Linux、Flag Linux 等，同时也提供系统集成、技术支持等服务。

总的来讲，国内 Linux 的发展还处于一个比较低的层次，初级入门用户很多，实际应用用户少，而从事自由软件开发的人就更少了。

在国内推广 Linux，让更多的人学习它、熟悉它，在实际工作中应用它，掌握其性能特性和开发技能，在 Linux 平台上实现自己的算法，将有助于 Linux 的推广使用和本地化。

4．发展方向

Linux 操作系统发展速度较快，投身于 Linux 技术研究的社区、研究机构和软件企业越来越多，支持 Linux 的软硬件制造商和解决方案提供商也迅速增加，Linux 在信息化建设中的应用范围也越来越广，Linux 系统正在得到持续的完善，Linux 在很多领域形成了技术热点。

Linux 在服务器领域的发展。随着开源软件在世界范围内影响力日益增强，Linux 服务器操作系统在整个服务器操作系统中占据较大的份额，已经形成了大规模市场应用的局面，尤其在政府、金融、农业、交通、电信等国家关键领域保持着快速的增长率。据权威部门统计，目前 Linux 在服务器领域已经占据 75% 的市场份额，同时，Linux 在服务器市场的迅速崛起，已经引起全球 IT 产业的高度关注，并以强劲的势头成为服务器操作系统领域中的中坚力量。

Linux 在桌面领域的发展。对于 Linux 桌面操作系统而言，当前的技术热点同样集中在 3D 桌面、桌面搜索、桌面安全性、界面友好性等方面。当然，对于 Linux 这样的开源软件来说，针对不同应用环境，对系统进行定制是必不可少的。近年来，特别在国内市场，Linux 桌面操作系统的发展趋势非常迅猛。国内如中标麒麟 Linux、红旗 Linux、深度 Linux 等系统软件厂商都推出的 Linux 桌面操作系统，已经在政府、企业、OEM 等领域得到了广泛应用。另外 SUSE、Ubuntu 也相继推出了基于 Linux 的桌面系统,特别是 Ubuntu Linux,已经积累了大量社区用户。但是,从系统的整体功能、性能来看,Linux 桌面系统与 Windows 系列相比,在系统易用性、系统管理、软硬件兼容性、软件的丰富程度等方面还有一定的差距。

　　Linux 在移动嵌入式领域的发展。Linux 的低成本、强大的定制功能以及良好的移植性能,使得 Linux 在嵌入式系统方面也得到广泛应用,目前 Linux 已经广泛应用于手机、平板电脑、路由器、电视机和电子游戏机等领域,在移动设备上广泛使用的 Android 操作系统也是创建于 Linux 内核之上的。

　　Linux 在云计算、大数据领域的发展。互联网产业的迅猛发展,促使云计算、大数据产业的形成并快速发展。云计算、大数据作为一个基于开源软件的平台,Linux 占据了核心优势;很多企业已经使用 Linux 操作系统进行云计算、大数据平台的构建。目前,Linux 已开始取代 UNIX 成为最受青睐的云计算、大数据平台操作系统。

本章小结

　　操作系统是硬件(裸机)之上的第一层软件,是最基本的系统软件。它的基本功能是提供人机接口和管理计算机系统资源。人机接口包括命令接口、程序级接口和图形界面;计算机资源管理功能包括处理机管理、存储器管理、设备管理、文件管理、作业管理。通过控制和管理计算机硬件资源,为应用软件提供运行环境。

　　推动操作系统发展的主要动力包括以下几个方面:不断提高计算机资源利用率的需要、方便用户、器件的不断更新换代以及计算机体系结构的不断发展。根据功能来划分,操作系统分为如下类型:批处理系统、分时系统、实时系统等类型。随着操作系统的发展,还出现了以下类型的操作系统:微机操作系统、网络操作系统、分布式操作系统、嵌入式操作系统等。

　　操作系统的基本特征是并发、共享、异步和虚拟。

　　操作系统的结构一般有两种类型:层次结构和微内核结构。微内核结构是操作系统结构的发展方向。

习题 1

1-1　什么是操作系统?它有哪些基本功能和基本特征?

1-2　操作系统发展的动力是什么?

1-3　操作系统的结构有哪几种类型?各有什么特点?Linux 系统是什么结构的?

1-4　批处理系统的目标是什么?

1-5　为什么要引入多道程序并发执行技术?

1-6　试分析单道与多道批处理系统的优缺点。

1-7　为什么要引入分时操作系统?

1-8　分时系统是怎样实现的?

1-9　试从独立性、多路性、交互性和及时性四个方面比较批处理系统、分时系统和实时系统。

1-10　试从交互性、及时性以及可靠性方面,将分时系统与实时系统进行比较。

1-11　操作系统的结构有哪些类型? 请分别阐述。

1-12　操作系统提供了哪些人机接口?

1-13　操作系统由哪些主要管理模块构成?

第 2 章

进程管理

本章学习目标

程序的执行是通过进程来完成的。进程是操作系统中一个非常重要的概念,进程管理是操作系统最重要的功能之一。在没有线程的操作系统中,进程不仅是系统分配资源的基本单位,而且是 CPU 调度的基本单位。本章主要介绍进程的概念、进程的同步及实现的硬件方法和软件方法、进程通信以及线程的概念。通过本章的学习,读者应该掌握以下内容:

- 掌握进程的概念;
- 掌握进程的描述、状态及转换;
- 掌握进程的特征;
- 了解 Linux 进程的描述及进程通信;
- 掌握进程的同步与互斥;
- 掌握线程的概念及特征;
- 掌握实现进程互斥的硬件方法和软件方法;
- 掌握管程的概念及应用;
- 掌握进程的高级通信方式。

视频讲解

2.1 进程的引入

操作系统最重要的特征是并发和共享。那么,操作系统是如何实现这两个特征的呢?为了提高计算机系统的效率和增强计算机系统内各种资源的并行操作能力,操作系统要求程序结构适应并发处理的需要,使计算机系统中能同时存在多个正在执行的程序,即两个以上的程序都处于已经开始执行但仍未结束的状态。因为程序的概念不能体现并发这个动态的含义,因此,传统的程序设计方法所涉及的程序概念和顺序程序的结构已不适应操作系统的需要,为了描述操作系统的并发性,引入一个新的概念——进程。以进程的观点去分析操作系统,才能理解操作系统是怎样进行管理、控制、实现并发和共享的。

如何引入进程这一概念?下面从程序的顺序执行和并发执行开始研究。

2.1.1 程序的顺序执行

1. 程序的顺序执行介绍

程序是人们要计算机完成的一些指令序列,是一个按严格次序、顺序执行的操作序列,是一个静态的概念。程序是算法的形式化描述,因此,一个程序的执行过程就是一个计算。如果一个计算由若干操作组成,而这些操作必须按照某种先后次序执行,以保证这些操作的结果可为其他操作所利用,则这类计算过程就是程序的顺序执行过程。最简单的一种先后次序是按指令的顺序,每次执行一个操作,只有在前一个操作完成后,才能进行其后继的操作。由于每一个操作可对应一个程序段的执行,而整个计算工作可对应为一个程序的执行,因此,一个程序由若干个程序段组成,而这些程序段的执行必须是顺序的,这个程序被称为顺序程序。

例 2-1 有一个程序,要求先输入数据,再做相应的计算,最后输出结果并用打印机打印。分别用 I、C、P 代表以上三个程序段,这样,上述三个程序段的执行顺序为 I→C→P。

对于一个程序段中的各个语句来说,也有一个执行顺序问题,如在 C 程序段中有下列三条语句:

S1: x = a + b;
S2: y = x * 5;
S3: z = x + y;

则程序段 C 的执行过程是:S1→S2→S3。

程序的顺序执行如图 2-1 所示。

图 2-1　程序的顺序执行

2. 程序顺序执行时的特征

(1)顺序性。处理机的操作严格按照程序所规定的顺序执行,即只有前一个程序段完成后才执行下一个程序段,上一条指令完成后再去执行下一条指令。

(2)封闭性。程序是在封闭环境下执行的。程序运行时独占全系统资源,资源的状态除初始状态外,只有该程序本身才能改变它。程序执行的最终结果由给定的初始条件决定,不受外界因素的影响。

(3)可再现性。顺序执行的最终结果可再现,也就是说它与执行速度及执行的时刻无关,只要输入的初始条件相同,无论何时重复执行该程序,结果都是相同的。

2.1.2 程序的并发执行及其特征

1. 并发执行的概念

程序的并发性是指多道程序在同一时间间隔内同时发生。并发性的引入增强了计算机系统的处理能力,提高了资源的利用率。

例 2-2 在例 2-1 的程序中,三个程序段存在着 I→C→P 的前趋关系。现在考虑三个功能类似于例 2-1 的程序:程序 1、程序 2、程序 3,它们所执行的程序段及前趋关系分别如下。

程序 1:I_1→C_1→P_1。

程序 2:I_2→C_2→P_2。

程序 3:I_3→C_3→P_3。

在某一时刻,系统的状态可能是打印机在为程序 1 打印输出结果、CPU 在为程序 2 进行运算,同时输入设备正在忙于输入程序 3 的数据,即三个程序段 P_1、C_2、I_3 同时执行。

程序的并发执行可总结为一组在逻辑上互相独立的程序或程序段在执行过程中,其执行时间在客观上互相重叠,即一个程序段的执行尚未结束,另一个程序段的执行已经开始的一种执行方式。

程序的并发执行见图 2-2。

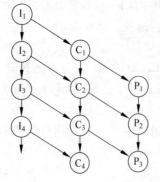

图 2-2　程序的并发执行

2. 程序并发执行时的特征

程序的并发执行虽然提高了系统吞吐量,但也产生了下述一些与顺序执行时不同的新特征。

(1) 间断性。程序在并发执行时,由于它们共享系统资源,以及为完成同一项任务而相互合作,致使这些并发执行的程序之间形成了相互制约的关系。例如,例 2-2 中并发执行的三个程序,当程序 3 正在执行程序段 P_3,而此时程序段 C_2 已执行完成时,应当使用打印机执行 P_2,而此时打印机被程序 3 占据不能使用,致使程序 2 暂停等待打印机;又如,I_1 输入完成要进行计算,而此时 CPU 正在运行 C_2,则此时程序 1 就暂时不能继续运行,需等待 CPU。相互制约将导致并发程序具有“执行→暂停→执行”这种间断性的活动规律。

(2) 失去封闭性。程序在并发执行时,是多个程序共享系统中的各种资源,因而这些资源的状态将由多个执行的程序来改变,致使程序的执行失去了封闭性。这样,某程序在执行时,必然受到其他程序的影响,例如,当处理机被某个程序占有时,另一程序必须等待。

(3) 不可再现性。程序在并发执行时,由于失去了封闭性,也将导致其失去可再现性,例如,有两个循环程序 A 和 B,它们共享一个变量 N,初值为 0。

程序 A:

```
{do
    N = N + 1;
    While(1)
}
```

程序 B:

```
{do
    print(N);
    While(1)
}
```

程序 A 和程序 B 以不同的速度执行,由于程序 A 和程序 B 速度的差异,出现的结果可能不同。例如,当程序 A 和程序 B 执行的速度相近时,打印的结果为 $1,2,3,\cdots$;而当程序 A 的执行速度是程序 B 的 2 倍时,打印的结果可能是 $2,4,6,\cdots$。

程序在并发执行时,由于失去了封闭性,其计算结果与并发程序的执行速度有关,从而使程序失去了可再现性,程序经过多次执行后,虽然执行时的环境和初始条件相同,但得到的结果各不相同。

从上面的讨论看,由于程序的间断性、失去封闭性和不可再现性,用程序段作为描述其执行过程和共享资源的基本单位,既增加了操作系统设计和实现的复杂性,又无法反映操作系统应具有的程序段执行的并发性、用户随机性,以及资源共享等特征。也就是说,用程序作为描述其执行过程以及共享资源的基本单位是不合适的。这就需要一个既能描述程序的执行过程,又能用来共享资源的基本单位,这个基本单位被称为进程。

2.1.3　进程的定义与特征

1. 进程的定义

进程是操作系统中最基本、最重要的概念之一。进程的概念是 20 世纪 60 年代初期首先在 MIT(Massachusetts Institude of Technology,美国麻省理工学院)研制的 Multics 系统和 IBM 的 TSS/360 系统中引用的。从那时起,人们对进程下过许多定义。现列举其中的几种。

(1) 进程是程序的一次执行。

(2) 进程是可以和别的进程并发执行的计算。

(3) 进程就是一个程序在给定活动空间和初始条件下,在一个处理机上的执行过程。

(4) 进程是程序在一个数据集合上的执行过程,是系统进行资源分配和调度的一个独立单位。

(5) 进程是动态的、有生命周期的活动。内核可以创建一个进程,最终将由内核终止该进程使其消亡。

下面讨论进程和程序之间的关系。例如,在 Linux 系统下使用编辑器 vi 进行编辑,同时打开多个窗口,编辑多个不同名称的文件,vi 编辑器是一个可执行程序,不同的文件就是不同的操作数据,而对应于这些文件同时打开的每一个编辑窗口都对应着一个进程,每一个进程都处于不同状态。

如果说程序是提供计算机操作的一组工作流程的话,进程就是具体的工作过程,按照同样的工作流程,针对不同的原料,可以同时开始多个工作过程,得到多种不同的成品。这种工作流程和工作过程的关系就可以类比为程序和进程的关系。

进程和程序是两个完全不同的概念,但又有密切的联系,它们之间的主要区别如下。

(1) 程序是静态的概念,本身可以作为一种软件资源长期保存,而进程是程序的一次执行过程,是动态的概念,它有从创建到消亡的过程。

(2) 进程是一个能独立执行的单位,能与其他进程并发执行。进程是作为资源申请和调度单位存在的;通常的程序不能作为一个独立执行的单位而并发执行。

(3) 程序和进程不存在一一对应的关系。一个程序可由多个进程共用,一个进程在其活动中又可顺序地执行若干个程序。一个程序运行一次,便创建了一个进程;那么同一个程序运行 10 次,就产生了 10 个进程。

(4) 各个进程在并发执行过程中会产生相互制约的关系,造成各自前进速度的不可预测性,而程序本身是静态的,不存在这种异步特征。

2. 进程的特征

从进程与程序的区别可以看出,进程具有如下特征。

（1）动态性。进程是进程实体的执行过程，因此，动态性是进程最基本的特征。进程由创建而产生，由调度而执行，因得不到资源而暂停执行，并因撤销而消亡。可见，进程有一定的生命周期。

（2）并发性。这是指多个进程实体共存于内存中，能在一段时间段内同时执行。并发性是进程的重要特征，同时也是操作系统的重要特征。提高并发性，可以提高系统的效率。

（3）独立性。进程是一个能独立执行的基本单位，同时也是系统中独立获得资源和独立调度的基本单位。凡未建立进程的程序，都不能作为一个独立的单位参加执行。

（4）异步性。这是指进程按各自独立的、不可预知的速度向前推进，或者说，进程按异步方式执行。这一特征将导致程序执行的不可再现性，因此，在操作系统中必须采取某种措施来保证各程序之间能协调执行。

（5）结构特征。从结构上看，进程实体是由程序段、数据段和进程控制块三部分组成，也称这三部分为进程映像。

2.1.4　进程的基本状态及转换

1. 进程的三个基本状态

根据进程活动的动态性及异步性，一个进程从创建到撤销要经过不同的状态。从系统的资源角度出发进行讨论，系统资源可分为 CPU 和外部事件（包括资源、时钟中断、外部事件等）。在操作系统中，进程通常有如下三种基本状态。

（1）就绪状态（Ready）。进程的外部条件满足，但因为其他进程已占用 CPU，所以暂时不能运行。

（2）执行状态（Running）。外部条件满足，进程已获得 CPU，其程序正在执行。在单处理机系统中，只有一个进程处于执行状态。

（3）阻塞状态（Blocked）。进程因等待某种事件发生（如等待其他进程释放资源、等待一个时钟中断、等待其他进程发来的信号等）而暂时不能执行的状态，称为阻塞状态，也称为等待状态。也就是说，处于阻塞状态的进程尚不具备执行条件，即使 CPU 空闲，也无法使用。系统中处于这种状态的进程可能有多个，通常将它们排成一个队列，也有的系统根据阻塞原因的不同将这些进程排成多个队列。

2. 进程状态的转换

进程并非固定处于某个状态，它将随着自身的推进和外界条件的变化而发生变化。对于一个系统，处于就绪状态的进程，在调度程序为之分配了处理机后，该进程便可执行，相应地，它由就绪状态转变为执行状态。正在执行的进程也称为当前进程，如果因分配给它的时间片已用完而被暂停执行，该进程便由执行状态回到就绪状态；一个处在执行状态的进程，如果因发生某事件而使进程的执行受阻，使之无法继续执行，该进程将由执行状态转变为阻塞状态；一个处于阻塞状态的进程，当它所需的外部事件满足时，它应由阻塞状态变为就绪状态。图 2-3 给出了进程的三种基本状态及各状态之间的转换关系。

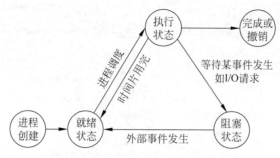

图 2-3　进程的基本状态及转换

3. 引入挂起状态时的进程状态

除了上述三种基本状态以外,很多系统中又引入了挂起状态。所谓挂起状态,实际上就是一种静止状态。一个进程被挂起后,不管它是否在就绪状态,系统都不分配给它处理机。

1) 引入挂起状态的原因

(1) 终端用户的请求。当终端用户在自己的程序执行期间发现问题时,希望进程静止下来,暂停执行。

(2) 父进程请求。有时父进程希望挂起自己的某个子进程,以便考察和修改该子进程,或者协调各子进程之间的活动。

(3) 系统负荷的需要。当实时系统中的工作负荷较重、系统的实时任务受到影响时,将一些不重要的进程挂起。

(4) 操作系统的需要。操作系统有时希望挂起某些进程,以便检查运行中的资源使用情况或进行统计。

2) 进程状态的转换

以进程的基本状态为基础,引入挂起状态以后,进程的状态可分为执行、活动就绪、活动阻塞、静止就绪和静止阻塞状态。

一个进程从活动状态被挂起,系统调用 Suspend 原语。被挂起的进程要想重新进入到活动状态,则必须调用 Active 激活原语进行激活(即转换为活动状态),然后才有可能执行。

因此,引入挂起状态后,进程之间的状态转换除了四种基本状态转换以外,又增加了以下四种。

(1) 活动就绪→静止就绪。当进程处于活动就绪状态时,使用 Suspend 原语将该进程挂起后,该进程便转变为静止就绪状态。处在静止就绪状态的进程不能被进程调度程序选中。

(2) 活动阻塞→静止阻塞。当进程处于活动阻塞状态时,调用 Suspend 原语将该进程转换为静止阻塞状态。当该进程所等待的事件发生以后,该进程将从静止阻塞状态进入静止就绪状态。

(3) 静止就绪→活动就绪。处于静止就绪状态的进程若被激活原语 Active 激活后,就进入活动就绪状态。

(4) 静止阻塞→活动阻塞。处于静止阻塞状态的进程若用激活原语 Active 激活后,将转换为活动阻塞状态。

图 2-4 给出了具有挂起状态的进程状态转换关系。

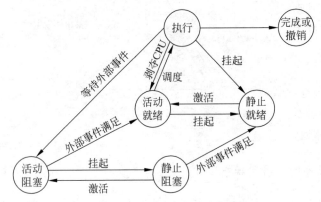

图 2-4   具有挂起状态的进程状态转换关系

2.1.5   Linux 进程的状态

在 Linux 中,一个进程在内核中使用一个 task_struct 结构来表示,包含了大量描述该进程的信息,其中进程的状态信息是由 task_struct 结构中的 state 成员来描述的,它定义了五种进程状态。

(1) TASK-RUNNING 状态,Linux 系统中进程的执行状态实际包含了上述基本状态中的执行和就绪两种状态。进程是正在执行还是处于就绪状态准备执行,要靠当前是否占有 CPU 资源来区分。因为有 current 变量,所以两类状态的进程不会发生混淆。

(2) TASK-INTERRUPTIBLE 状态,可中断的等待状态。进程正在等待某些事件。Linux 系统把基本的等待状态进一步细化为可中断的等待状态和不可中断的等待状态两种。处于这两种状态的进程都在等待某个事件或某个资源,可中断等待状态的进程可以被信号唤醒而进入就绪状态等待调度。

(3) TASK-UNINTERRUPTIBLE 状态,不可中断等待状态。不可中断等待状态的进程是因为硬件资源无法满足,不能被信号唤醒,必须等到所等待的资源得到之后由特定的方式唤醒。

(4) TASK-ZOMBIE 状态,僵死状态。由于某些原因进程被终止,这个进程所占有的资源全部释放之后,还保存着 PCB 信息,这种占有 PCB 但已被撤销的进程就处于僵死状态。

(5) TASK-STOPPED 状态,暂停状态。处于暂停状态的进程一般都是由执行状态转换而来,等待某种特殊处理。如处于调试跟踪的程序,每执行到一个断点,就转入暂停状态,等待新的输入信号。

2.2   进程的描述

进程是一个动态的概念,描述程序的一次执行活动。进程占用系统的内存,是操作系统可感知、可控制的动态实体,是系统分配各种资源、进行调度的基本单位。那么,从处理机的活动角度来看,如何描述进程呢？进程的活动是通过在 CPU 上执行一系列程序和对相应数据进行操作来体现的,因此程序和它的操作数据是进程存在的实体,但这两者仅是静态的文本,没有反映出其动态性,为此,还需要一个数据结构来描述进程当前的状态、本身的特性等,这种数据结构称为进程控制块(Process Control Block,PCB)。

进程的程序部分描述进程所要完成的功能,而数据集合是执行时必不可少的工作区和操作对象,这两部分是进程完成所需功能的物质基础。由于进程的这两部分内容与控制进程的执行及完成进程功能直接相关,因而在大部分多道操作系统中,这两部分内容放在外存中,直到该进程执行时再调入内存。所以进程实体通常是由程序、数据集合和 PCB 这三部分构成的,也称为"进程映像"。下面分别介绍进程的 PCB 结构、程序与数据结构集。

图 2-5　进程的组成模型

进程的组成模型如图 2-5 所示。

2.2.1　PCB

PCB 包含一个进程的描述信息、控制信息和资源信息,有些系统中还有进程调度等待所使用的现场保护区。PCB 集中反映一个进程的动态特征。进程并发执行时,资源共享使得各进程之间相互制约,显然,为了反映这些制约关系和资源共享关系,在创建一个进程时,应首先创建其 PCB,然后根据 PCB 中的信息对进程实施有效的管理和控制。当一个进程完成其功能后,系统释放 PCB,进程也随之消亡。

当系统创建一个新进程时,就为它建立一个 PCB;当进程终止后,系统回收其 PCB,该进程在系统中就不存在了。所以,PCB 是进程存在的唯一标志。

一般来说,PCB 记录了进程的全部控制信息,庞大而复杂。根据操作系统的要求不同,进程的 PCB 所包含的内容也有所不同,按照功能大概可分成四个组成部分:进程标识符、处理机状态、进程调度信息和进程控制信息。

1．进程标识符

进程标识符用于唯一地标识一个进程。一个进程通常有以下两种标识符。

(1) 进程内部标识符。在所有的操作系统中,为每一个进程都赋予一个唯一的数字标识符,它通常是一个进程的序号。设置内部标识符主要是为了方便系统使用。

(2) 进程外部标识符。它由创建者提供,通常是由字母、数字组成,往往由用户(进程)在访问该进程时使用。为了描述进程的家族关系,还应设置父进程标识及子进程标识。此外,还可设置用户标识,用以表示拥有该进程的用户。

2．处理机状态

处理机状态信息主要由处理机的各种寄存器中的内容组成。处理机在运行时,许多信息都放在寄存器中。当处理机被中断时,这些信息都必须保存在 PCB 中,以便在该进程重新执行时能从断点继续执行。处理机的寄存器包括通用寄存器、指令计数器、程序状态字 PSW 和用户栈指针。

PCB 中设有专门的 CPU 现场保护结构,以存储退出执行时的进程现场数据。

3. 进程调度信息

PCB中还存放一些与进程调度和进程对换有关的信息。

(1) 进程状态。指明进程当前的状态,作为进程调度和对换的依据。

(2) 进程优先级。用于描述进程使用处理机的优先级别的整数,优先级高的进程应优先获得CPU。

(3) 进程调度所需要的其他信息。它们与所采用的进程调度算法有关,如进程已等待CPU的时间、进程已运行的时间等。

(4) 事件或阻塞原因。指进程由执行状态转换为阻塞状态所需要等待发生的事件。

4. 进程控制信息

进程控制信息包括:

(1) 程序和数据的地址。指进程的程序和数据所在的内存或外存地址,以便在调度到该进程执行时,能从PCB中找到其程序和数据。

(2) 进程同步和通信机制。指实现进程同步和进程通信时必需的机制,如消息队列指针、信号量等,它们可能全部或部分地放在PCB中。

(3) 资源清单。是一张列出了除CPU以外,进程所需的全部资源及已经分配到该进程的资源清单。

(4) 链接指针。给出了本进程PCB所在队列的下一个进程PCB的首地址。

2.2.2 进程控制块的组织方式

系统中有许多进程。处于就绪状态和阻塞状态的进程可能有多个,而阻塞的原因又可能各不相同。为了对所有进程进行有效的管理,常将各个进程的PCB用适当的方式组织起来。一般地,进程PCB的组织方式有线性方式、链接方式和索引方式。

1. 线性方式

线性方式最简单也最容易实现。操作系统预先确定整个系统中同时存在的进程的最大数目和静态分配空间,把所有进程的PCB都放在这个表中,如图2-6所示。这种方式存在的主要问题是限定了系统中同时存在的进程的最大数目。当很多用户同时上机时,就会造成无法为用户创建新进程的情况。更严重的缺点是,在执行CPU调度时,为选择合理的进程投入执行,经常要对整个表进行扫描,降低了调度效率。

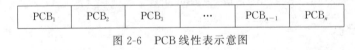

图2-6 PCB线性表示意图

2. 链接方式

链接方式是经常采用的方式,其原理是按照进程的不同状态分别将其放在不同的队列,如图2-7所示。在单CPU情况下,处于运行状态的进程最多只有一个,可以用一个指针指向它的PCB。处于就绪状态的进程可以有若干个,它们排成一个或多个队列,通过PCB结

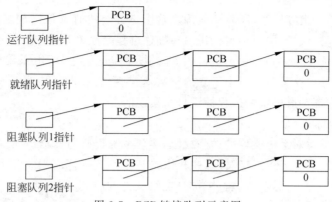

图 2-7　PCB 链接队列示意图

构内部的链指针把同一队列的 PCB 链接起来。该队列的第一个 PCB 由就绪队列队首指针指向,最后一个 PCB 的链接指针为 0,表示链结束。CPU 调度程序把第一个 PCB 从该队列中摘下(设仅一个队列),令其投入运行。新加入就绪队列的 PCB 按照某一调度算法插入。阻塞队列可以有多个,分别对应不同的阻塞原因。当某个等待条件得到满足时,则可以把对应阻塞队列上的 PCB 送到就绪队列中,正在运行的进程如出现缺少某些资源而未能满足的情况,就变为阻塞状态,插入相应阻塞队列。Linux 操作系统就是应用这种进程控制块的组织方式。

3. 索引方式

系统根据所有进程的状态建立几张索引表,如就绪索引表、阻塞索引表等,并把各索引表在内存的首地址记录在内存的一些专用单元中。在每个索引表的表目中,记录具有相应状态的某个 PCB 在 PCB 表中的地址,如图 2-8 所示。

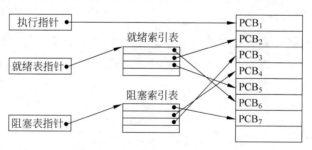

图 2-8　PCB 索引结构示意图

2.2.3　Linux 进程的 PCB

Linux 系统中的进程称为任务。该系统的 PCB 用一个被称为 task_struct 的结构体来描述,具体定义参看 Linux 源代码文件 include/linux/sched.c。Linux 系统 PCB 包含以下信息。

1. 进程描述信息

通过进程描述信息,Linux 系统可以唯一地确定某一个进程的基本情况,可以了解该进程所属的用户及用户组等信息,同时还能确定这个进程与所有其他进程之间的关系。这些描述信息包括进程标识号、用户和组标识以及描述进程家族关系的连接信息。

(1) 进程标识号(Process Identifier,PID)。进程一旦创建,就由系统给定一个进程序号,叫作进程标识号。这是一个不小于 0 的整数,它与系统中的进程是一一对应的。以后系统对该进程的操作都是通过这个进程标识号来实现的。

(2) 用户和组标识(User and Group Identifier)。Linux 系统中有不同的用户和组标识,主要用来控制进程对系统文件的访问权限,实现系统资源的安全访问。Linux 系统中所有的文件都有所有者和允许的权限,这些权限描述了系统使用者对文件和目录的使用权。基本的权限是读、写和可执行,这些权限被分配给文件的所有者、同组用户和系统中的其他用户三类用户。

(3) 连接信息(Links)。用来记录进程的家族关系,如父进程标识号等。

2. 进程控制信息

(1) 进程当前状态(State)。
(2) 调度策略信息(Policy);记录进程的优先数(Nice)等。
(3) 计时信息。
(4) 通信信息。Linux 支持典型的 UNIX 进程间通信机制——信号、管道,也支持 System V 通信机制——共享内存、信号量和消息队列。

3. 进程资源信息

进程资源信息记录了与该进程有关的存储器的各种地址和资料、文件系统以及打开文件的信息等。

4. CPU 现场信息

每个进程执行时都要使用处理器的寄存器以及堆栈等资源。当一个进程被挂起时,有关处理器的内容都要保存到 task_struct 结构中。当进程恢复执行时,所有保存的内容再装入到处理器中。

视频讲解

2.3　进程控制

进程和处理机管理的一个重要任务是进程控制。所谓进程控制,就是系统使用一个引起具有特定功能的程序段来创建、撤销进程以及完成进程各状态间的转换,从而达到多进程高效率并发执行和协调、实现资源共享的目的。

系统在执行时分为两种状态,即核心态和用户态。核心态也叫系统态或管态,是指 CPU 在运行操作系统的核心模块;用户态也称用态,是指 CPU 正在运行用户的程序。

把系统态下执行的某些具有特定功能的程序段称为原语。原语的特点是不可被中断。原语可分为两类:一类是机器指令级的,其特点是执行期间不允许中断,是一个不可分割的基本单位;另一类是功能级的,其特点是作为原语的程序段不允许并发执行。这两类原语都在系统态下执行,都是为了完成某个系统管理所需要的功能而被高层软件所调用的。

系统在创建、撤销一个进程以及要改变进程的状态时,都要调用相应的程序段来完成这些功能。用于进程控制的原语有创建原语、撤销原语、阻塞原语和唤醒原语等。

2.3.1　进程的家族关系

操作系统通过内核原语来实现进程控制。在系统初始化完成后,系统就可创建进程。进程可利用系统调用功能来创建新进程。创建者称为父进程,被创建的新进程称为子进程,子进程又可以创建自己的子进程,从而形成一棵有向的进程家族树。

子进程与父进程之间有着密切的关系,子进程的许多属性都是从父进程继承来的,子进程与父进程的区别是形成自己独立的属性。子进程可以从父进程继承的属性包括用户标识符、环境变量、打开文件、文件系统的当前目录、已经连接的共享存储区和信号处理例程入口表等。子进程不能从父进程继承的属性包括进程标识符和父进程标识符等。还有其他一些属性可在进程创建时约定是否从父进程继承。

进程家族是一个树形体系结构,通常子进程被父进程创建。还有一种进程是在系统启动时被创建,直至系统关闭为止。这种进程在一个系统中一般只有一个或两个,在整个系统的进程中占据重要的地位。如 UNIX 系统中有 0 号进程和 1 号进程。其中,0 号进程是系统的调度和对换进程,1 号进程是创建进程,以后所有的用户进程都是由该进程创建的,因此,1 号进程是所有用户进程的祖先进程。

Linux 系统启动后经过初始化操作,系统由 init() 函数创建系统的第一个进程 init,其标识符为 1。init 进程将完成系统的一些初始化设置任务,如打开系统控制台、安装根文件系统、启动系统的守护进程等,执行系统的初始化程序,如/ect/init、/bin/init 或者/sbin/init。init 进程使用 ect/inittab 作为脚本文件来创建系统中的新进程,这些新进程又创建各自的新进程。系统中所有进程都是从 init 核心进程中派生出来的。

2.3.2　进程的创建与终止

1. 进程的创建

在多道程序环境下,只有进程才能在系统中执行,因此为使程序能够执行,必须为它创建进程。导致进程创建的事件有用户登录、作业调度和为用户提供服务等。

一旦系统发现要求创建进程的事件后,便立刻调用进程创建原语,通过下述步骤创建一个进程。

(1) 申请空白 PCB。为新进程申请获得唯一的进程标识符,并从 PCB 集合中索取一个空白 PCB。PCB 集合是在系统存储区开辟的一块区域,用于存放所有的进程 PCB。

(2) 为新进程分配资源。包括新创建进程的程序、数据及用户栈所需的内存空间。此时,系统必须知道新进程所需内存的大小。对于批处理作业,其大小可在用户提出创建进程要求时提供。如果为应用进程创建子进程,也应在该进程提出创建进程的请求中给出所需内存的大小。对于交互型作业,用户可以不给出内存要求,而由系统分配一定的空间。

(3) 初始化 PCB。PCB 的初始化包括初始化标识信息,如进程标识符、父进程标识符;处理机状态信息,使程序计数器指向程序的入口地址,使栈指针指向栈顶;处理机控制信息,将新建进程的状态设置为就绪状态(活动就绪或静止就绪状态);进程的优先级等。

（4）将新建进程的 PCB 插入就绪态队列。

2．进程的终止过程

如果系统中发生了要求进程终止的事件，操作系统便调用进程终止原语，终止该进程。

（1）根据被终止进程的标识符，从 PCB 队列中检索出该进程的 PCB，从中读出该进程的状态。

（2）若被终止进程正处于执行状态，应立即终止该进程的执行，该进程被终止后应重新进行进程调度。

（3）检查该进程有无子孙进程，若有，应将其所有子孙进程终止。

（4）释放终止的进程所占有的资源，将其归还给它的父进程或系统。

（5）将被终止的进程从它的 PCB 队列中移出。

2.3.3　进程的阻塞与唤醒

进程的创建原语和撤销原语完成了进程从无到有、从存在到消亡的过程。被创建后的进程最初处于就绪状态，然后经调度程序选中后进入执行状态。实现进程从执行状态到等待状态，又由等待状态到就绪状态转换的两个原语分别为阻塞原语和唤醒原语。

阻塞原语在一个进程期待某一事件发生，但发生条件还不满足时，被该进程自己调用来阻塞自己，并转换为等待状态。阻塞原语在阻塞一个进程时，由于该进程正处在执行状态，故应先中断处理机，保存该进程的 CPU 现场，置该进程的状态为阻塞，然后将被阻塞进程插入阻塞队列中，再转到进程调度程序，选择新的就绪进程投入运行。阻塞原语的实现流程如图 2-9 所示。

当等待队列中的进程所等待的事件发生时，等待该事件的进程都将被唤醒。唤醒一个进程有两种方法：一种是由系统进程唤醒；另一种是由事件发生进程唤醒。当系统进程唤醒等待进程时，系统进程将该事件发生通知等待进程，因此，该进程便进入就绪队列。等待进程也可由事件发生进程唤醒，这时，事件发生进程与被唤醒进程之间是合作关系。因此，唤醒原语既可被系统进程调用，也可被事件发生进程调用。调用唤醒原语的进程被称为唤醒进程。唤醒原语首先将被唤醒进程从相应的等待队列中摘下，将其置为就绪状态，送入就绪队列。之后，唤醒原语既可返回原调用程序，也可转向进程调度。唤醒原语的实现流程如图 2-10 所示。

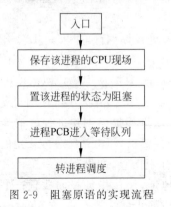

图 2-9　阻塞原语的实现流程

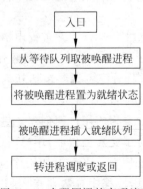

图 2-10　唤醒原语的实现流程

2.3.4　Linux 系统调用

在 Linux 系统中,系统向用户提供了一些对进程进行控制的系统调用。下面介绍的这四个常用的系统调用都是原语。

1. fork()系统调用

Linux 利用 fork()系统调用创建一个新进程。fork()系统调用的格式是:

int fork();

通常情况下,设返回值为 int pid,调用格式为:

pid = fork();

其中,返回值 pid 意义如下所述。

pid==0:创建子进程成功,表示从子进程返回,即 CPU 正在运行该子进程。

pid>0:创建子进程成功,表示从父进程返回,pid 的值为新创建的子进程标识号。

pid=-1:创建失败。

fork()是通过复制来创建子进程的,子进程继承父进程的上下文,是父进程的一个副本,与父进程使用同一段代码。在该系统调用之后,两个代码相同的进程并发执行。

fork()系统调用出错可能基于以下两方面的原因:一是当前进程数量已达到系统规定的最大值;二是系统内存不足。

2. exec()系统调用

fork()系统调用创建的子进程和父进程执行的是同一段代码,但实际上,它们完成不同的工作。在 Linux 系统中,当由 fork()系统调用创建一个子进程后,可再利用 exec()系统调用执行另一个程序。

exec()系统调用有两种基本调用格式,下面给予说明。

格式一:

```
int execl(path,arg0[,arg1,…,argn],0)
char * path, * arg 0, * arg1,…,arg n;
```

格式二:

```
int execv (path,arg v)
char * path, * argv[ ];
```

exec()函数族的作用是根据指定的文件名找到相应的可执行文件,也就是在调用进程内部执行一个可执行文件。函数执行成功后不会返回,因为调用进程的实体都已经被新的内容取代。只有调用失败时,它才有返回值-1。

3. exit()系统调用

对于一般的用户进程,在其任务完成后应被尽快撤销。Linux 系统使用 exit()系统调用来实现进程的自我终止。通常,父进程在创建子进程时,应在进程的末尾写一条 exit(),使子进程自我终止。该系统调用的格式说明如下:

```
void exit(status)
    int status;
```

其中,整型参数 status 的作用是传递进程结束时的状态,如该进程是正常结束的,还是由于意外结束的。一般地,0 表示没有意外地正常结束,其他数值表示进程出现了错误,非正常结束。实际编程时可以用 wait()系统调用接收子进程的返回值,从而针对不同的情况进行不同的处理。

需要说明的是,一个进程在调用了 exit()之后,并非马上消失,而是仅仅变为僵尸状态。虽然它已经释放了几乎所有的内存空间,但它的 PCB 还没有被释放。

4. wait()系统调用

该系统调用将调用进程挂起,直至其子进程因暂停或终止而发来软中断信号为止。wait()系统调用的格式说明如下:

```
int wait(stat_loc)
int stat_loc;
```

其中,stat_loc 是用户空间的一个地址,它含有子进程的退出状态码。

视频讲解

2.4 进程的同步与互斥

在操作系统中引入进程及进程并发性的概念后,增加了系统的效率,同时,由于资源有限导致了进程之间的资源竞争和共享,因此产生了一些问题。例如,当多个进程同时申请一台打印机时,如果不加限制,很可能使多个进程的输出结果交织在一起,产生错误。本节主要介绍并发执行的进程使用临界资源时,同步与互斥的关系及控制方法。

2.4.1 临界资源的概念

1. 临界资源

两个或两个以上的进程不能同时使用的资源称为临界资源(Critical Resource,CR)。临界资源可能是一些独占设备,如打印机、磁带机等;也可能是一些共享变量、表格、链表等。

例 2-3 假设一个非常简单的飞机订票系统有两个终端 T1 和 T2,执行下面的并发进程。

```
int n = 100;              / * 系统中剩余票的数量,若 n > 0 则可卖票,初始时有 100 张票 * /
void main( )
{parbegin(T1,T2);
}
```

并发进程 T1 和 T2 的执行序列如下:

(1) 进程 T1 的定义。

```
void T1( )
{do
  {read(n);
  if n>=1 then
  {卖一张票;
  n:=n-1;
  write(n);
  }
  while(true);
  }
}
```

(2) 进程 T2 的定义。

```
void T2( )
{do
{read(n);
  if n>=1 then
  {卖一张票;
  n:=n-1;
  write(n);
  }
  while(true);
  }
}
```

考虑此时进程 T1 和进程 T2 是并发执行的,若剩最后一张票,即 n=1 时,T1 进程可卖一张票。假设 T1 正在执行"卖一张票;"语句时,进程 T2 刚好执行到 if 语句,因为这时 n=1,故判断通过,因此,进程 T2 也可卖一张票,这样,最后一张票卖给了两个顾客,从而产生了错误。错误的原因是:对于共享变量 n,两个并发进程没有按恰当的顺序使用。

如果在进程 T1 和 T2 的程序段中定义共享变量 n 为临界资源,则可避免该错误的发生。

2. 临界区

不论硬件临界资源,还是软件临界资源,多个进程必须互斥地对其进行访问。每个进程中访问临界资源的那段代码称为临界区(Critical Section,CS)。如在例 2-3 中,语句"read(n);　if n>=1"为读数据 n,而"n:=n-1;write(n);"为写数据 n,两组代码分别访问临界资源即变量 n,因此这两段代码都是临界区。

若能保证各进程互斥地进入临界区,便可实现各进程对临界资源的互斥访问。因此,每个进程在进入临界区以前,应先对要访问的临界资源进行检查,看它是否正在被访问。如果此临界资源正在被访问,则该进程不能进入临界区;若此刻所需临界资源未被使用,则该进程可进入相应的临界区对该资源进行访问,并设置正在被访问标志。因此,必须在临界区前面增加一段用于进行上述检查的代码,把这段代码称为进入区;相应地,在临界区后面再加一段用于检查退出临界区的代码,称为退出区,用于将临界区正被访问的标志恢复为未被访问的标志。进程中除去上述进入区和退出区外,其他部分的代码称为剩余区。这样,可将一个访问临界资源的进程描述如下:

```
do(
  进入区;
  临界区;
  退出区;
  剩余区;
  } while(true);
```

2.4.2　进程的互斥与同步

1. 同步与互斥的概念

进程互斥是指多个进程不能同时使用同一个临界资源,即两个或两个以上进程必须互斥地使用临界资源,或不能同时进入临界区。这是由各进程共享某些资源引起的,如系统只有一台打印机,两个进程都要使用。为了保证打印结果的正确和方便使用,只能一个进程用完打印机后,另一个进程才能使用。两个进程对打印机的申请没有顺序关系,谁都可能先提出请求。为了解决这个问题,使用前,各进程先申请打印机,如果打印机空闲,则分配给它,并做上占用标记,以后一直占用,直到本次用完后,释放打印机,清除标记,这时另一个进程的申请才能得到满足。因此,这两个逻辑上完全独立、毫无关系的进程,由于竞争同一个资源而相互制约,就称为进程的互斥。

进程同步是指有协作关系的进程不断地调整它们之间的相对速度或执行过程,以保证临界资源的合理利用和进程的顺利执行。实现进程同步的机制称为进程同步机制。不同的同步机制实现同步的方法也可能不同,但一般都借助一个中间媒体来实现,如信号量操作、加锁操作等。

在计算机中存在这种关系的进程很多,如两个进程合作使用同一个缓冲区。设进程 A 负责往缓冲区中输入数据,进程 B 负责从同一缓冲区中输出数据。当进程 A 将数据输满缓冲区,则只有当进程 B 将该数据读出后,进程 A 才能继续使用该缓冲区,否则将造成数据丢失。此时,进程 A 和进程 B 之间就形成了同步关系。

2. 同步机制应遵循的规则

为实现进程互斥地进入自己的临界区,可用软件方法,比较多的是在系统中设置专门的同步机构来协调各进程间的运行,所有同步机构都应遵循下列准则:

(1)空闲让进。并发进程中某个进程不在临界区时,不阻止其他进程进入临界区。

(2)忙则等待。并发进程中的若干个进程申请进入临界区时,只允许一个进程进入。当已有进程进入临界区时,其他申请进入临界区的进程必须等待,以保证对临界资源的互斥访问。

(3)有限等待。访问临界资源的进程应保证在有限时间内进入自己的临界区,避免因长时间申请临界资源得不到满足,而一直继续等待,陷入"等死"状态。

(4)让权等待。当进程不能进入自己的临界区时,应立即释放处理机,以免进程陷入"忙等"状态。

2.4.3 实现进程同步的软件方法

1981 年,G. L. Peterson 提出了一个简单的算法来解决进程互斥进入临界区的问题。这种方法描述为:为每个进程设置一个标识,当标识值为 true 时,表示此进程要求进入临界区,另外,再设置一个指示器 turn,用来标识由哪个进程可以进入临界区,即当 turn==i 时,表示进程 Pi 可以进入临界区。以下是 Peterson 算法的描述。

```
bol inside[2] = {false,false};
eum[0,1] turn;
cobegin
  process P0( )
    {
     inde[0] = true;
     turn = 1;
```

```
      while(inside[1]&&turn = = 1);
      临界区;
      iside[0] = false;
      }
   process P1(
      {
      inde[1] = true;
      turn = 0
      while(inside[0]&&turn = = 1);
      临界区;
      iside[1] = false;
   }
   coend
```

在上述程序中,利用对 turn 的赋值和 while 语句来限制每次最多只有一个进程进入临界区,当有进程在临界区执行时,不会有另外一个进程进入;进程 Pi 执行完临界区的程序后,修改 inside[i]的状态而使等待进程进入临界区的进程可以在有限时间内进入。所以,Peterson 算法满足对临界区管理的原则。但由于 while 语句中的判别条件是"inside[i] &&turn==1",因此,任意进程进入临界区的条件是对方不在临界区或者对方不想进入临界区,于是任何进程均可多次进入临界区。

2.4.4 实现进程同步的硬件机制

许多计算机已经提供了一些特殊的硬件指令,允许对一个字中的内容进行检测和修改正,或者是对两个字的内容进行交换等。可利用这些特殊的指令来解决临界区问题。下面是实现对临界区管理的硬件方法。

1. 关中断

实现互斥最简单的方法是在进程进入临界区时关中断,进程退出临界区时开中断。中断被关后,时钟中断也被屏蔽,进程上下文切换都是由中断事件引起的,这样进程的执行就不会被打断,因此采用关中断、开中断的方法就可确保并发进程互斥地进入临界区。但是,关中断的方法也存在下列缺点:

(1)滥用关中断权力可能导致严重后果。

(2)关中断时间过长,会影响系统效率,限制了处理器交叉执行程序的能力。

(3)关中断方法也不适用于多 CPU 系统,因为在一个处理器上关中断,并不能防止进程在其他处理器上执行相同的临界段代码。

2. 测试并设置指令

使用硬件所提供的"测试并设置"(Test and Set)机器指令 TS,实现进程之间的互斥。该指令是一条原语,需独立执行,可把这条指令看作函数,它的返回值和参数都是布尔类型。当 TS(&x)测到 x 值为 true 时,置 x=false,且根据所测试到的 x 值形成条件码。TS 指令的处理过程如下:

```
bool TS(bool &x)
```

```
{if(x){ x = false;
        return true;
    }
  else return false;
}
```

用 TS 指令管理临界区时,可使一个临界区与一个布尔型变量 s 相关联,由于变量 s 代表临界资源的状态,把它看作一把锁,s 的初值为 true,表示没有进程在临界区内,资源是可用的,系统利用 TS 指令实现临界区的上锁和开锁原语操作。在进入临界区之前,先用 TS 指令测试 s,如果没有进程在临界区内则可以进入,否则必须循环测试直至 S 值为 true;当进程退出临界区时,把 s 值设置为 true。由于 TS 指令是原语,在测试和形成条件码之间不可能有其他进程测试变量 s 的值,从而确保临界区管理的正确性。如下用 TS 指令实现进程的互斥:

```
bool s = true;
cobegin
  process Pi()                /* i = 1,2, …,n */
  {while(!TS(s));             /* 上锁 */
   临界区;
   s = true;                  /* 开锁 */
  }
coend
```

3. 对换指令

对换指令 swap()用于交换两个字的内容。它的处理过程如下:

```
void swap(bool * a, bool * b)
{
  bool temp;
  temp = * a;
  * a = * b;
  * b = temp;
}
```

用对换指令可以简单有效地实现互斥,方法是为每个临界资源设置一个全局的布尔类型变量 lock,初值为 false,在每个进程中再利用一个局部布尔变量 key。利用 swap()指令实现进程的互斥可描述如下:

```
bool lock = false;
do
{key = true;
 do
 {
 swap(&lock,&key);
}while(key);
临界区操作;
lock = false;
…
```

```
}while(true);
```

利用上述硬件指令能有效地实现进程互斥,但当临界资源忙时,其他访问进程必须不断地进行测试,处于一种"忙等"状态,不符合"让权等待"的原则,造成处理机时间的浪费,同时,也很难将它们用于解决复杂的进程同步问题。

2.5 信号量机制

视频讲解

1965 年,荷兰计算机科学家 Dijkstra(狄克斯特拉,曾获得计算机领域最高荣誉图灵奖)提出了一种同步机制,它是广义锁机制或称为计数锁,既能解决互斥,又能解决同步,是一种非常有效的同步工具,后来被加以改进,并通过长期而广泛的应用,使信号量同步机制有了很大的发展,进而发展为信号量集同步机制。申请和释放临界资源的两个原语操作为 wait() 操作和 signal() 操作,有时也称为 P 操作和 V 操作。wait(S)和 signal(S)有时也称为 P 原语操作和 V 原语操作,P 和 V 分别是荷兰语 Passeren 和 Verhoog 的第一个字母,相当于英文中 Pass 和 Increment 的意思。

2.5.1 信号量的概念

信号量(Semaphore)也叫信号灯,是在信号量同步机制中用于实现进程的同步和互斥的有效数据结构。可以为每类资源设置一个信号量。信号量有多种类型的数据结构,如整型信号量、记录型信号量、AND 型信号量及信号量集等。下面介绍整型信号量和记录型信号量。

1. 整型信号量

它是信号量的最简单的类型,也是各种信号量类型中必须包含的类型。整型信号量的数值表示当前系统中可用的该类临界资源的数量。如设置整型信号量 S,则 S 值的意义为:

S>0,表示系统中空闲的该类临界资源的个数。

S=0,表示系统中该类临界资源刚好全部被占用,而且没有进程在等待该临界资源。

S<0,S 的绝对值表示系统中等待该类临界资源的进程的个数。

wait(S)和 signal(S)操作可描述为:

```
wait(S): while S≤0 该进程等待;
         S:=S-1;
signal(S): S:=S+1;
```

2. 记录型信号量

记录型信号量的数据结构由两部分构成。定义记录型信号量类型,有如下描述:

```
struct semaphore{
int value;
struct PCB * queue;
}semaphore;
```

信号灯变量说明如下：

semaphore S;

即 S 的值表示系统中可用的该类临界资源的数量。而 queue 为进程链表指针,指向等待该类资源的 PCB 队列。

下面以记录型信号量为例对 P、V 操作的过程进行说明。

2.5.2　信号量的申请与释放

设变量 S 为如上定义的记录型信号量,则 wait(S)操作和 signal(S)操作的流程如图 2-11 和图 2-12 所示。

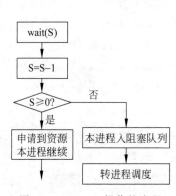

图 2-11　wait(S)操作的流程

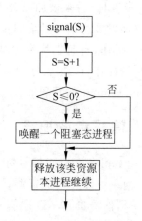

图 2-12　signal(S)操作的流程

申请临界资源的原语 wait(S)操作可描述为:

```
void wait(S)
    {S.value = S.value-1;
    if S.value≥0 本进程继续;
     else {
         将本进程放入阻塞态队列;
         转进程调度;}
    }
```

释放临界资源的原语 signal(S)操作可描述为:

```
void signal(S)
    { S.value = S.value + 1;
       if S≤0 then 唤醒指针 queue 所指的阻塞态进程;
    }
```

在记录型信号量机制中,S.value 的初值表示系统中该类资源的可用数目,因而又称为资源信号量,每次对它的 wait()操作,即申请该类一个单位的临界资源,描述为 S.value＝S.value−1;；当 S.value 条件满足时,表示在没有做减 1 操作之前 S.value≥1,因此,本进程可继续执行;当 S.value≥0 条件不满足时,表示在减 1 操作之前 S.value ＜1,系统中没有空闲的该类资源,因此进程应调用 block 原语,将该进程的 PCB 插入由指针 queue 指向的阻塞队列。因此,该机制遵循了"让权等待"准则,S. value 的绝对值表示在该信号量链表中已阻塞进程的数目。对信号量的每次 signal() 操作表示执行进程释放一个单位的该类临界资源,因此操作为"S. value＝S. value＋1;",表示资源数目加 1。若加 1 后仍是 S. value≤0,则表示在做加 1 操作之前 S. value≤−1,说明在该信号量链表中,仍有因等待该资源被阻塞的进程,所以还应调用 wakeup() 原语,将指针 queue 所指链表中的第一个等待进程唤醒;若 S. value≤0 不成立,则表示系统中没有等待该类资源的进程,因此本进程只需释放它所占用的该类资源,继续执行。

信号量 S 除初始化外,仅能通过两个标准的原语操作 wait(S) 和 signal(S) 来访问。因为 wait(S) 和 signal(S) 是两个原语操作,因此它们在执行时是不可中断的。

2.5.3　利用信号量实现进程的同步与互斥

考虑例 2-3 中所描述的出现错误的情况,可以用 wait(S) 和 signal(S) 操作解决这个问题,避免错误的发生。对临界资源 n 设一互斥信号量 S,将原进程 T1 及 T2 做如下修改:

```
int   n = 100;
Semaphore S = 1;
进程: T1()                          进程: T2()
  {                                   {
  wait(S);                          wait(S);
  read(n);                          read(n);
  if n > = 1                        if n > = 1
  { n := n − 1;                     { n := n − 1;
    write(n);                         write(n);
  signal(S);                        signal(S);
  卖一张票; }                        卖一张票; }
  }                                   }
```

2.6　进程同步问题举例

利用 wait()、signal() 操作可以实现进程之间的同步。关于这类问题的应用有两种类型:一种是对于临界资源,在使用之前申请,使用之后释放,我们给这类资源设一个互斥信号量即可;另一种是利用信号量控制进程之间执行的顺序,这时需要根据实际情况设置多于一个信号量,对同一个信号量的 wait()、signal() 操作在不同的进程之间进行。

2.6.1　两个简单的例子

例 2-4　系统中有多个进程,共同使用一台打印机。写出这些进程并发执行时,同步使用打印机的程序段。

解:同步使用打印机的程序段为

视频讲解

```
semaphore S = 1;              /∗ 定义打印机信号量并赋初值 ∗/
void main()
{
  parbegin(P1,P2, ⋯ ,Pn);
}
```

```
Pi()    (i = 1,2,3, …, n)
{wait(S);
打印,
…
signal(S);
}
```

在这个例子中,多个进程随机申请使用打印机,使用之前先申请该打印机信号量,使用之后释放该信号量。

例 2-5 有一个缓冲区,供多个进程共享,这些进程中有读进程和写进程,如图 2-13 所示。写出多个进程共同使用同一个缓冲区时实现进程同步的程序。

生产者进程Producer – – ► 缓冲区Buffer ——► 消费者进程Consumer

图 2-13 缓冲区

缓冲区用来临时存放数据,在使用缓冲区时应该注意,对一个缓冲区,数据的存入和提取应当是交替执行的,否则会发生错误:数据丢失或数据重复。

解:同步使用一个缓冲区的程序段为

```
semaphore   empty = 1, full = 0;           / * 定义信号量并赋初值 * /
void main()
{
    parbegin(Producer, Consumer);
}
Producer()
{while(1)
  {wait(empty);
    将数据送入缓冲区;
        …
   signal(full);
  }
}

Consumer ()
{while(1)
  {wait(full);
    从缓冲区取数据;
        …
   signal(empty);
  }
}
```

注意:在该程序中,对同一个信号量的 wait()、signal()操作是在两个不同进程之间进行的,这样可以保证读进程和写进程交替使用该缓冲区。

2.6.2 生产者-消费者问题

1. 问题描述

视频讲解

生产者-消费者(Producer-Consumer)问题是一个著名的进程同步问题。它是这样描述的：有一群生产者进程在生产产品,并将这些产品提供给消费者进程去消费。为方便生产者进程与消费者进程能并发执行,在两者之间设置了一个具有 n 个缓冲区的缓冲池,生产者进程将它所生产的产品放入一个缓冲区中;消费者进程可从一个缓冲区中取走产品去消费。显然,应规定消费者进程不能到一个空缓冲区中去取产品,生产者进程不能将产品放入一个已装满产品且尚未被取走的缓冲区中。

2. 问题分析

用一个数组表示上述具有 $n(0,1,\cdots,n-1)$ 个缓冲区的缓冲池。设一个输入指针 in,指向下一个可存放产品的缓冲区,每当生产者进程生产一个产品并放入该缓冲区后,in＝in＋1;设一个输出指针 out,指向下一个可从中取得产品的缓冲区,每当消费者进程从此取走一个产品后,out＝out＋1。考虑此处的缓冲池构成了循环缓冲,故当输入或输出指针加1时表示为 in＝(in＋1)％ n;out＝(out＋1)％ n。当(in＋1)％ n＝out 时,表示缓冲池满;当 in＝out 时,则表示缓冲池空。用整型变量 counter 表示该缓冲池中满缓冲区的个数,显然,每当生产者进程向缓冲池中存放一件产品后,counter 加1;每当消费者进程从缓冲区中取走一件产品后,counter 减1,如图 2-14 所示。

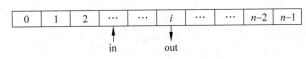

图 2-14　生产者-消费者问题

假设初始情况下缓冲池为空,即 counter＝0,为在生产者-消费者问题中实现各进程的同步,可设下列信号量(假设初始情况下没有进程使用缓冲池,且缓冲池中各缓冲区都是空的)。

mutex：互斥使用缓冲池信号量,由于初始情况下无进程使用缓冲池,故初值 mutex＝1。

empty：使用缓冲池中空缓冲区的信号量,由于初始情况下所有缓冲区为空,故初值 empty＝n。

full：使用缓冲池中满缓冲区的信号量,由于初始情况下没有缓冲区存放产品,故初值 full＝0。

in：生产者指针,初值为 0。

out：消费者指针,初值为 0。

设开始时生产者进程存放产品和消费者进程取走产品,都从第 0 号缓冲区开始,并设这些生产者和消费者地位相当,只要缓冲池未满,生产者便可将消息送入缓冲池,只要缓冲池未空,消费者便可从缓冲池中取走一个消息。

3. 算法及程序

通过以上分析,对生产者-消费者问题描述如下：

```
semaphore   mutex = 1, empty = n, full = 0;          /*定义信号量并赋初值*/
message buffer[n];
int in = 0, out = 0;                                 /*定义存取指针的初始位置*/
void main()
```

```
{
  parbegin(proceducer,consumer);
}
/* 生产者进程: */
  void procedure()
  {do
    {   生产一件产品;
        …
        wait(empty);
        wait(mutex);
        将产品放入缓冲区 buffer[in];
        in = (in + 1) % n;
        signal(mutex);
        signal(full);
    }while(true);
  }
/* 消费者进程: */
void consumer()
{do
  {   wait(full);
      wait(mutex);
      从缓冲区 buffer[out]中取走一件产品;
      out = (out + 1) % n;
      signal(mutex);
      signal(empty);
      消费这件产品;
  }while(true);
}
```

4. 生产者-消费者问题中的注意事项

(1) 在每个程序中用于实现互斥的 wait(mutex)和 signal(mutex)必须成对出现,即对临界资源使用前必须申请,使用完成后必须做释放操作。

(2) 对资源信号量 empty 和 full 的 wait()和 signal()操作也需要成对出现,但它们分别处于不同的进程中,以保证生产者进程和消费者进程的同步及交替执行(若 $n=1$,则生产者进程和消费者进程只能严格交替执行;若 $n>1$,则在消费者进程不执行的前提下,生产者进程最多可重复执行 n 次;反之,消费者进程也同样)。

(3) 特别注意,在每个进程中,多个 wait()操作顺序不能颠倒,而 signal()操作的次序无关紧要。临界资源 mutex 的使用是非常重要的,请读者考虑一下为什么。若将计算进程比喻为生产者进程,将打印进程比喻为消费者进程,则 wait(empty)在计算进程中,而 signal(empty)在打印进程中,计算进程若因执行 wait(empty)而阻塞,以后将由打印进程将它唤醒。由于生产者-消费者问题是相互合作的进程关系的一种抽象,把并发进程的同步和互斥问题一般化,就可以得到一个抽象的一般模型,即生产者-消费者问题。把系统中使用同一类资源的进程称为该资源的消费者,而把释放同类资源的进程称为该资源的生产者。例如,在输入时,输入进程是生产者,计算进程是消费者;而在输出时,计算进程是生产者,打印进程是消费者,因此,该问题有很大的代表性及实用价值。

2.6.3　读者-写者问题

1. 问题的提出

文件 F 可以被多个并发进程共享,将访问该文件的进程按访问方式分为两类:一类只能读共享对象的内容,把这类进程称为读进程或读者;另一类进程要更新(写)共享对象文件 F,把这类进程称为写进程或写者。试用 wait()、signal()操作解决各进程间的同步问题。

2. 问题的分析

显然,多个读者同时读一个共享对象是可以的,然而一个写者不能与其他任何读者或写者同时共享该文件,即使用共享文件时,一个写进程与其他所有进程都是互斥的,但多个读进程之间不存在互斥现象,如图 2-15 所示。

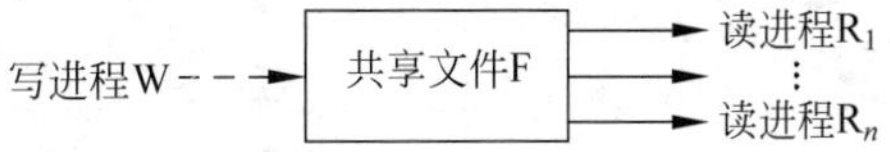

设读进程为 reader,写进程为 writer。为实现 reader 与 writer 进程间的同步与互斥,设如下变量及信号量。

写进程W - - → 共享文件F → 读进程R$_1$ ⋮ → 读进程R$_n$

图 2-15　读者-写者问题

wmutex:互斥使用该共享文件信号量,如写进程 writer 与读进程 reader 在使用文件时是互斥的;共享文件只有一个,设初始情况未被使用,则初值为 1。

readcount:整型变量,表示正在读的进程个数,初值为 0。

rmutex:计数器 readcount 的信号量。因为 readcount 是一个可被多个 reader 进程访问的临界资源,为此设一个信号量。设初始状态下无进程读和写,故 rmutex 的初值设为 1。

由于多个进程可以同时读,因此只要有一个 reader 进程在读,其他 reader 进程便不必申请该共享文件,直接读即可;若无文件在读,则第一个读文件的进程必须做申请该文件的操作。只要有 readr 进程在执行,则不允许 writer 进程执行。因此,仅当 readcount＝0,即无 reader 进程在读时,reader 进程才需要执行 wait(wmutex)操作。若 wait(wmutex)操作成功,reader 进程便可读,相应地,做 readcount＋1 操作。同理,仅当 reader 进程在执行了 readcount 减 1 操作后其值为 0 时,才需执行 signal(wmutex)操作,以便让 writer 进程写。

3. 算法及程序

读者-写者问题可描述如下:

```
semaphore rmutex = 1, wmutex = 1;
int readcount = 0;
void main()
{parbegin(reader,writer);
}
/ * 读者进程: * /
void reader()
{
  while(1)
    { wait(rmutex);
    if (readcount == 0) wait(wmutex);
    readcount++;
```

```
    signal(rmutex);
    …
    进行读操作;
    …
    wait(rmutex);
    readcount -- ;
    if (readcount == 0) signal(wmutex);
    signal(rmutex);
    }
}
/ * 写者进程: * /
void writer()
{
  while(1)
  {wait(wmutex);
   执行写操作;
   signal(wmutex);
  }
}
```

4. 注意事项及提示

(1) 对于写进程,共享文件是临界资源;对于读进程,该文件不是临界资源。

(2) 整型变量 readcount 是临界资源,所以使用前后要进行 wait()、signal()操作。

2.6.4　哲学家进餐问题

1. 问题的提出

设有五个哲学家围坐在一张圆桌前吃饭。桌上有五支筷子,在每两人之间放一支,如图 2-16 所示。哲学家要吃饭时,只有分别从左、右两边都拿到筷子时,才能吃饭。如果筷子已在他人手上,则该哲学家必须等待到他人吃完后才能拿到筷子;任何一个哲学家在自己未拿到两支筷子吃饭之前,绝不放下自己手里的筷子。试描述五位哲学家吃饭的进程。

图 2-16　哲学家进餐问题

2. 问题分析

放在桌子上的筷子是临界资源,在一段时间内只允许一位哲学家使用。为了实现对筷子的互斥使用,可以为每一支筷子设置一个信号量,由这五个信号量构成信号量数组:

semaphore chopstick[5];

设初始条件下,所有哲学家都未吃,故所有信号量均被初始化为1。

3. 实现方法

假设每一位哲学家拿筷子的方法都是先拿起左边的筷子,再拿起右边的筷子,则第 i 位哲学家的活动可描述为:

```
semaphore chopstick[5] = {1,1,1,1,1};
void main()
{
  parbegin(P0(),P1(),P2(),P3(),P4());
}
Pi()                                    / * i = 0,1,2,3,4 * /
  {while(1)
    {
      wait(chopstick[i]);
      wait(chopstick[(i + 1) % 5]);
      eating;
            …
      signal(chopstick[i]);
      signal(chopstick[(i + 1) % 5]);
      thinking;
    }
}
```

这种算法存在一个问题。假设五个哲学家同时拿起左边的筷子,那么再去拿右边的筷子时就会产生死锁。

4. 不产生死锁的哲学家进餐问题算法

(1) 至多允许有四位哲学家同时去拿左边的筷子,最终能保证至少有一位哲学家进餐,并在用餐完毕时能释放出他用过的两支筷子,从而使更多的哲学家能够进餐。

(2) 仅当哲学家的左、右两支筷子均可用时,才允许他拿起筷子进餐。

(3) 规定奇数号哲学家先拿他左边的筷子,然后再去拿右边的筷子,而偶数号哲学家则相反,最后总会有一位哲学家能获得两支筷子。

2.7 管程

利用信号量和 wait()、signal()操作可以实现进程之间的同步与互斥,但因为在程序中大量使用信号量及 wait()、signal()操作,增加了用户编程的复杂度,也可能会因为 wait()、signal()操作使用不当或者因为某些特定的执行序列发生时引起错误,甚至会导致死锁的发生。另外,在用户程序中大量使用 wait()、signal()操作,导致程序易读性差,增加了测试及发现程序中错误的难度,不利于程序的修改和维护。在进程能够共享内存的前提下,如果能集中和封装针对一个共享资源的所有访问,即把相关的共享变量及操作集中在一起统一控制和管理,就可以方便地管理和使用临界资源,使并发进程之间的相互作用更加清晰。为了解决这类问题,引入了一个新的同步机制——管程(Monitor)。

2.7.1 管程的概念

1973 年,Hansen 和 Hoare 提出了具有高级语言结构的管程。管程提供了与信号量同样的功能,但比信号量使用更方便、更容易控制。系统中的各种硬件资源和软件资源,均可用数据结构抽象地描述其资源特性,即用少量信息和对资源所执行的操作来表征该资源,而忽略了它们的内部结构和实现细节。管程的基本思想是：将共享变量以及对共享变量所进行的操作过程集中在一个模块中。Hansen 对管程的定义：管程是关于共享资源的数据结构以及一组针对该资源的操作过程所构成的软件模块，这组操作能初始化并改变管程中的数据和同步进程。管程与 C++ 中的类相似，它隐含了代表资源的数据的内部表示，向外部提供的只是为各方法规定的操作特性。管程保证任何时候最多只有一个进程执行管程中的代码。管程提供了互斥机制，并发进程在请求和释放共享资源时调用管程，保证管程数据的一致性。

一个管程的结构除了需要有一个管程标识符以外，还需要由三部分组成：①局部于该管程的共享数据的说明；②对这些共享数据执行的一组操作过程说明；③局部于该管程的共享数据置初值的语句。

管程中的数据只能由该管程的过程存取，不允许进程和其他管程直接存取。管程的定义描述如下：

```
monitormonitor_name              /*管程名*/
{share variable declaration;     /*共享变量说明*/
 cond declarations;              /*条件变量说明*/
 public:                         /*能被进程调用的过程*/
 void proceduer1(…)              /*对数据结构操作的过程*/
{…}
void procedure2(…)               /*对数据结构操作的过程*/
{…}
…
voidproceduren(…)                /*对数据结构操作的过程*/
 {…}
 {
   initialization code;          /*初始化代码*/
 }
}
```

实际上，管程中包含了面向对象的思想，它将表征共享资源的数据结构及其对数据结构操作的一组过程，包括同步机制，都集中并封闭在一个对象内部，隐藏了实现细节。封装于管程内部的数据结构仅能被封装于管程内部的过程所访问，任何管程外的过程都不能访问它；反之，封装于管程内部的过程也仅能访问管程内的数据结构。所有进程要访问临界资源时，都只能通过管程间接访问，而管程每次只准许一个进程进入管程，执行管程内的过程，从而实现了进程互斥。

管程是一种程序设计语言的结构成分，它和信号量有同等的表达能力，管程有以下属性，进程调用管程的过程时要有一定限制。

（1）共享性。管程中的移出过程可被所有要调用该管程的过程所属的进程共享。

（2）安全性。管程的局部变量只能由此管程的过程访问，不允许进程或其他管程直接访问，一个管程的过程也不能访问任何非局部于它的变量。

（3）互斥性。在任一时刻，共享该资源的进程可以访问管程中的管理该资源的过程，但最多只有一个调用者能够真正地进入管程，其他调用者必须等待直至管程可用。

管程和进程不同，表现在：

（1）虽然二者都定义了数据结构，但进程的 PCB 是私有数据结构，管程定义的是公共数据结构，如消息队列等。

（2）两者对各自数据结构上的操作不同，进程是由程序顺序执行有关操作，而管程主要是进行同步操作和初始化操作。

（3）设置进程的目的在于实现并发性，而管程的设置目的是解决共享资源的互斥。

（4）进程通过调用管程中的过程对共享数据结构进行操作，该过程就如同子程序一样被调用，因而进程为主动工作方式，管程为被动工作方式。

（5）进程之间能并发执行，而管程则不能与其调用者并发。

（6）进程具有动态性，有生命活动，而管程则是操作系统中的一个资源管理模块，供进程调用。

2.7.2 利用管程实现进程同步与互斥

管程通过防止对一个资源的并发访问达到实现临界区的效果，提供一种实现互斥的简单途径，但是并未提供进程与其他进程通信或同步的手段。当一个进程进入管程并调用了其中一个过程，而该过程执行时发现因资源不能满足而无法执行下去时（例如，生产者发现缓冲区满，或消费者发现缓冲区空），应该让此进程阻塞，同时还需开放管程，让先前被挡在管程外的一个进程进入管程。解决的方法是，使用条件变量同步机制，让阻塞进程临时放弃管程的控制权，在适当时刻再尝试检测管程状态的变化，以便恢复阻塞进程执行。

（1）条件变量。条件变量是出现在管程内的一种数据结构，且只有在管程中才能被访问，其功能是进程可以在该条件变量上等待或被唤醒。它对管程内的所有过程是全局的，只能通过两个原语 x. wait()、x. signal()来控制它。通常，一个进程阻塞或挂起的条件或原因可以有多个，因此，在管程中设置了多个条件变量，对这些条件变量的访问只能在管程中进行。

（2）x. wait()原语。正在调用管程的进程因 x 条件需要被阻塞或挂起，则调用 x. wait()将自己插入到 x 条件的等待队列上，并释放管程，直到 x 条件变化。此时其他进程可以使用该管程。

（3）x. signal()原语。正在调用管程的进程发现 x 条件发生了变化，则调用 x. signal()，重新启动一个因 x 条件而阻塞或挂起的进程，如果存在多个这样的进程，则选择其中的一个，如果没有，则继续执行原进程，而不产生任何结果。这与信号量机制中的 signal()操作不同，因为后者总是要执行 s＝s＋1 操作，因而总会改变信号的状态。

如果有进程 Q 因 x 条件处于阻塞状态，当正在调用管程的进程 P 执行了 x. signal()操作后，进程 Q 被重新启动，此时有两个进程 P 和 Q，如何确定哪个执行哪个等待，可采用下述两种方式之一进行处理：

（1）P 等待，直至 Q 离开管程或等待另一条件。

（2）Q 等待，直至 P 离开管程或等待另一条件。

2.7.3 管程应用

利用管程解决生产者-消费者问题。

　　首先为生产者-消费者问题建立一个管程,命名为 producerconsumer,在之后简称 PC。这个管程包括两个过程:

　　(1) put(x)过程。生产者利用该过程将自己生产的产品放入缓冲池中,并用整型变量 count 来表示在缓冲池中已有的产品数量。当 count >= N 时,表示缓冲池满,生产者进程等待。

　　(2) get(x)过程。消费者利用该过程从缓冲池中取出一件产品,当 count <= 0 时,表示缓冲池为空,消费者应等待。

　　设置两个条件变量 notfull 和 notempty,分别有两个过程 cwait 和 csignal 对它们进行操作:

　　(1) cwait(condition)过程:当管程被一个进程占用时,其他进程调用该过程时阻塞,并挂在条件 condition 的队列上。

　　(2) csignal(condition)过程:唤醒在 cwait 执行后阻塞在条件 condition 队列上的进程,如果这样的进程有多个,则选择其中一个实施唤醒操作;如果队列为空,则无操作返回。

　　PC 管程描述如下:

```
monitor producerconsumer
{ item buffer[N];
    int in, out;
    condition notfull, notempty;
    int count;
    public:
    void put(item x)
    {if(count >= N) cwait(notfull);
     buffer[in] = x;
     in = (in + 1) % N;
     count ++;
     csignal(notempty);
    }
    void get(item x)
    {if (count <= 0) cwait(notempty);
     x = buffer[out];
     out = (out + 1) % N;
     count --;
     csignal(notfull);
    }
    {in = 0; out = 0; count = 0;}
}PC;
```

　　在利用管程解决生产者-消费者问题时,其中的生产者和消费者可以描述为:

```
void producer()
{item x;
 while(1)
 { …
    生产一件产品放到下一个缓冲区;
    PC.put(x);
 }
```

```
}
void consumer()
{item x;
 while(1)
 {PC.get(x);
   消费一件产品;
   …
   }
}
void main()
{cobegin
 producer();consumer();
 coend
}
```

2.8　进程的高级通信

　　进程间的信息交换称为进程通信。进程互斥与同步就是一种进程间的通信方式。通过修改和传递信号量，进程之间可以建立联系，相互协调运行和协同工作，但它缺乏传递大量数据的能力。操作系统可以被看作是由各种进程组成的，如用户进程、系统进程、计算进程、打印进程等，这些进程都具有各自的独立功能，且大多数由于外部需要而产生并执行。在多任务系统中，可由多个进程分工协作完成同一任务，于是它们需要共享一些数据和相互交换信息，在很多场合需要交换大量数据，这就可以通过进程通信机制来完成。通常，进程间的通信分为控制信息的传送与大量信息的传送两种。将进程间控制信息的交换称为低级通信，而把进程间大批量数据的交换称为高级通信。由于进程的互斥与同步交换的信息量较少且效率较低，因此称这种通信方式为低级通信方式，相应地，也称 wait() 和 signal() 操作为低级通信原语。低级通信通常传送一个或几个字节的信息，以达到控制进程执行速度的作用。高级通信要传送大量的信息，因此，仅通过 P、V 操作或锁的方法无法实现进程的高级通信。

　　高级通信方式可分为共享存储器系统、消息传递系统和管道通信系统。管道通信系统和另一种通信机制叫作信号通信机制，在 UNIX 早期版本中就有，并且之后的版本也仍然延用了这两种通信方式，但是这两种通信机制各有局限性：管道通信机制虽然能传送数据，却只能在进程家族内使用，应用范围有限；信号通信机制只能发送单个信号而不能传送数据。

　　UNIX SystemV 版研制和开发了消息传递、信号量、共享内存通信机制，这就是著名的 SystemV IPC，其共性是，在同一机器上的任何进程都可以使用这些机制通信，且相互通信的进程并不需要有家族关系，BSD UNIX 则开发和实现了套接字网络进程通信机制。

　　在共享存储器系统中，相互通信的进程共享某些数据结构或共享存储区；在进程之间的消息传递系统中，进程间的数据交换以消息为单位，用户直接利用系统提供的一组通信原语来实现通信，消息传递系统可分为消息缓冲通信和信箱通信；管道是用于连接读进程和写进程，以实现它们之间通信的共享文件，向管道提供输入的发送进程以字符流形式将大量数据送入管道，而接收管道输出的接收进程可从管道中接收数据。

2.8.1 共享存储器系统

1. 共享存储器系统的类型

在共享存储器系统中,相互通信的进程共享某些数据结构或共享存储区,进程之间能通过这些空间进行通信。通常,根据进程之间共享对象的类型将共享存储器系统通信分为如下两种类型。

(1) 基于共享数据结构的通信方式。在这种通信方式中,要使各进程共用某些数据结构,以实现各进程间的信息交换。如在生产者-消费者问题中,就是用有界缓冲区这种数据结构来实现通信的。在这里,公用数据结构的设置及对进程间同步的处理,都是程序员的职责,这无疑增加了程序员的负担,而操作系统只需提供共享存储器,因此这种通信方式效率低,只适用于传递相对少量的数据。

(2) 基于共享存储区的通信方式。共享存储区是指两个或多个进程共同拥有一块内存区,该区中的内容可被不同的进程访问,即各通信进程可通过对共享存储区中的数据的读或写来实现通信。在进程通信前,一个进程首先创建一块内存区作为通信使用,并指定该分区的关键字,而其余进程则将这块内存区映射到自己的虚存地址空间,这样,每个进程读写自己的虚地址空间中对应的共享内存区时,就已经与其他进程进行通信了。当发送进程将信息写入共享内存区的某个位置后,接收进程可从此位置读取信息,反之亦然。由于共享内存区同时出现在不同进程的虚存地址空间中,从而实现了进程通信。这也是进程通信中最快捷和最有效的方法,此机制最早是在 UNIX SystemV 中作为进程通信的一部分而设计的。通过共享内存 API,允许进程动态地定义共享内存区,由于进程的虚地址空间相当大,所定义的共享内存区应当对应于一段未使用的虚地址区域,以免与进程映像区发生冲突。共享内存的页面在每个共享进程的页表中都有页表项引用,但无须在所有进程的虚存段都有相同地址,因为不止一个进程可将共享内存映射到各自的虚地址空间中去,读写共享内存区的代码段通常被认为是临界区。

2. Linux 共享存储区通信的实现

(1) 共享存储区的建立。当进程要利用共享存储区与另一进程进行通信时,必须先利用系统调用 shmget()建立一块共享存储区。

(2) 共享存储区的操纵。如同消息机制一样,可以用系统调用 shmctl()对共享存储区的状态信息进行查询,如长度、所连接的进程数、创建者标识符等;也可设置或修改其属性,如共享存储区的许可权、当前连接的进程计数等;还可用来对共享存储区加锁或解锁,以及修改共享存储区标识符等。

(3) 共享存储区的附接与断开。当进程已经建立了共享存储区或已获得了其描述符后,还应利用系统调用 shmat()将该共享存储区附接到用户给定的某个进程的虚地址 shmaddr 上,并指定该存储区的访问属性,即指明该区是只读,还是可读可写。此后,该共享存储区便成为该进程虚地址空间的一部分。进程可采取与对其他虚地址空间一样的存取方法来访问。当进程不再需要该共享存储区时,再利用系统调用 shmdt()把该区与进程断开。

2.8.2　消息传递系统

不论是单机系统、多机系统还是计算机网络,消息传递机制都是应用最为广泛的一种进程间通信的机制。在消息传递系统中,进程间的数据交换是以格式化的消息(Message)为单位的;在计算机网络中,又把 Message 称为报文。程序员直接利用系统提供的一组通信命令进行通信。操作系统隐藏了实现通信的细节,提高了透明性,因而获得了较为广泛的使用。消息传递系统的通信方式属于高级通信方式,又因实现方式的不同分为直接通信方式和间接通信方式。

1. 直接通信方式

这种通信固定在一对进程之间。例如,进程 A 把信件只发送给进程 B,而进程 B 只接收进程 A 的信件,系统提供两条原语 send() 和 receive(),用来发送和接收消息。两条原语的形式如下:

```
send(B,message);                    /* 发送一个消息给接收进程 B */
receive(A,message);                 /* 接收进程 A 发来的消息 */
```

通常情况下,接收进程可与多个发送进程通信,因此,它不能事先指定发送进程。对于这样的应用,接收进程接收消息的原语中的源进程参数是完成通信后的返回值。接收原语可表示为:

```
receive(id,message);
```

其中,id 为接收消息进程的标识符。

2. 间接通信方式

间接通信方式又称为信箱通信方式。即进程之间的通信,需要通过某种中间实体来完成。该实体建立在随机存储器上,用来暂存发送进程发送给目标进程的消息;接收进程可以从该实体中取出发送进程发送给自己的消息,通常把这种中间实体称为信箱。一个运行的进程可以在任何时刻向另一个运行的进程发送一条消息;一个运行进程也可在任何时刻向另一个运行进程请求一条消息,如果进程在某一时刻的执行领带于另一进程的消息或等待其他进程对所发消息的应答,那么消息传递机制将紧密地与进程的阻塞和释放相联系,使得进程通信机制不但具有进程通信能力,还提供进程同步能力。间接通信解除了发送进程和接收进程之间的直接联系,在消息的使用上加大了灵活性。一个进程可以分别与多个进程共享信箱,于是,一个进程可同时和多个进程进行通信,一对一关系允许在两个进程间建立不受干扰的专用通信链接;多对一关系对客户-服务器间的交互非常有用。一个进程为其他进程提供服务,这时信箱又称为端口,端口通常划归接收进程所有并由接收进程创建,服务进程被撤销时,其端口也随之撤销。一对多关系适用于一个发送者和多个接收者,可在一组进程间发送广播消息;多对多关系允许建立公共信箱,多个进程既可向信箱发送信件,也可从中取出所属信件。

每个信箱都有一个唯一的标识符,信箱是一种数据结构,逻辑上可分为信箱头和信箱体两部分。信箱头包含信箱体的结构信息,例如,所有格子是构成结构数组还是构成链,以及多进程共享信箱体时的同步互斥信息。信箱体由多个格子构成,它实际上就是一个有界缓冲池,它的同步、互斥方式与生产者-消费者问题的方式类似。信箱通信一般是进程之间的双向通信,如图 2-17 所示。

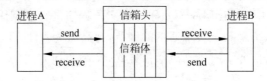

图 2-17   进程的信箱通信方式

信箱可由操作系统创建,也可由用户进程创建,创建者即为信箱的拥有者。据此,可把信箱分为如下三类。

(1) 私有信箱。由用户进程创建,并作为该进程的一部分。该用户有权从信箱中读取消息,而其他用户只能往该信箱中发送消息。当拥有该信箱的进程结束时,信箱也被撤销。

(2) 公有信箱。由操作系统创建,供系统中的所有核准进程使用。这些进程既可将消息发送到该信箱中,也可从信箱中读消息。公用信箱在系统运行期间一直存在。通常,公用信箱采用双向通信链路的信箱实现。

(3) 共享信箱。由某进程创建,必须指出共享进程的用户名或进程标识符。信箱的拥有者和共享者都有权从信箱中取消息。在使用共享信箱进行通信时,发送进程和接收进程之间可能存在四种对应关系,即一对一、多对一、一对多和多对多的关系。

3. 消息缓冲队列通信机制

(1) 消息缓冲队列通信机制中所用的数据结构。消息缓冲队列通信机制中所用的主要数据结构是消息缓冲区,消息缓冲区作为进程间通信的一个基本单位。它的描述如下:

```
struct message
{
    char[] sender;              /*发送进程标识符 id*/
    int size;                   /*消息长度*/
    char text[];                /*消息正文*/
    queue * next;               /*消息队列的指针*/
}
```

在设置消息缓冲队列时,还应添加用于对消息队列进行操作和实现同步的信号量,并将它们存入进程的 PCB 中。在 PCB 中增加的数据项描述如下:

```
struce PCB
{    …
    queue * mq;                 /*消息队列队首指针*/
    semaphore mutex;            /*消息队列互斥信号量*/
    semaphore sm;               /*消息队列资源信号量*/
    …
}
```

当一个发送进程要发送消息时,便形成一个消息,并发送给指定的接收进程。由于接收进程可能会收到几个进程发来的消息,故应将所有消息缓冲区链成一个队列,其队首由接收进程 PCB 中的队列队首指针 mq 指出。

(2) 发送原语。发送进程在发送消息之前,应先在自己的内存空间中设置一个发送区,把待发送的消息正文、发送进程标识符、消息长度等信息填入其中,然后调用发送原语,把消息发送给接收进程。发送原语首先根据发送区中所设置的消息长度来申请一个缓冲区,然后把发送区中的信息复制到缓冲区 i 中。为了能将缓冲区挂在接收进程的消息队列上,应先获得接收进程的内部标识符 j,然后将 i 挂在 j.mq 上。因为该队列属于临界资源,在执行挂接操作的前后,都要执行 wait()和 signal()操作。发送原语的实现:

```
void send(receiver,m)
{getbuf(m.size,i);                   /*在内存中分配 i.size 大小的缓冲区 i*/
 i.sender = m.sender;                /*将 m 中的内容复制到 i*/
 i.size = m.size;
 i.text = m.text;
 i.next = 0;
 getid(PCB of receiver,j);           /*得到接收者进程 id*/
 wait(j.mutex);
 insert(j.mq,i);                     /*将 i 放入 j.mq 队列尾*/
 signal(j.mutex);
 signal(j.sm);
}
```

(3) 接收原语。接收进程调用接收原语,从自己的消息缓冲队列中选取第一个消息缓冲区,并将其中的数据复制到指定的消息接收区内。接收原语的实现:

```
void receive(m)
{ j:internal name;                   /*得到本进程的进程标识号 id*/
  wait(j.sm);
  wait(j.mutex);
  remove(j.mq,i);                    /*从 q.mp 队首取第一个消息 i*/
  signal(j.mutex);
  m.sender = i.sender;               /*将 i 中的内容复制到 m*/
  m.size = i.size;
  m.text = i.text;
  releasebuf(i);                     /*释放 i*/
}
```

(4) Linux 系统关于消息传递的相关系统调用。使用 msgget(key,flag)系统调用申请消息,获得一个消息的描述符,该描述符指定一个消息队列以便用于其他系统调用。使用 msgsnd(id,msgp,size,flag) 系统调用发送一条消息。使用 msgrcv(id,msgp,size,type,flag)系统调用接收一消息。使用 msgctl(id,cmd,buf)系统调用查询一个消息描述符的状态,设置它的状态及删除一个消息描述符。

2.8.3 管道通信系统

管道是指用于连接一个读进程和一个写进程,以实现它们之间通信的一个共享文件,又名 pipe 文件。向管道(共享文件)提供输入的发送进程(写进程),以字符流形式将大量的数据送入管道；而接收管道输出的接收进程(读进程)，则从管道中接收(读)数据。由于发送进程和接收进程是利用管道进行通信的，故又称为管道通信。这种方式首创于 UNIX 系统，由于它能有效地传送大量数据，因而又被引入 Linux 等许多其他操作系统中。为了协调双方的通信，管道机制必须提供以下三方面的协调能力。

(1) 互斥，即当一个进程正在对管道执行读写操作时，其他进程必须等待。

(2) 同步，指当写(输入)进程把一定数量的数据写入管道时，便去睡眠等待，直到读(输出)进程取走数据后，再把它唤醒。当读进程读一个空管道时，也应睡眠等待，直至写进程将数据写入管道后才将之唤醒。

(3) 确定对方是否存在，只有确定对方已存在时，才能进行通信。

2.9 信号通信机制

2.9.1 信号通信与中断的关系

1. 软中断与硬中断

需要通过硬件设施来产生中断请求，那就是硬中断。与其相对应，不必由硬件产生中断源而引发的中断称为软中断。软中断是利用硬中断的概念，采用软件方法对中断机制进行模拟，实现宏观上的异步执行。信号是一种通信机制，信号的发送者相当于中断源(是内核或是进程)，而信号的接收者是一个进程。中断(硬中断)用于外部设备对 CPU 的中断，中断正在运行的任何程序，转向中断处理程序执行。异常(硬中断)因指令执行不正常而中断 CPU，中断正在执行的程序，转向异常处理程序执行。信号是一种软中断，用于内核或进程至某个进程发出中断，向进程通知某个特定事件发生或迫使进程执行信号处理程序。

2. 信号与中断的相似之处

(1) 采用的异步通信方式是相同的。

(2) 当有中断请求或检测出有信号时，都暂停正在执行的程序而转去执行相应的处理程序。

(3) 都在处理完毕后返回到原来的断点。

(4) 对信号或中断都可进行屏蔽。

3. 信号与中断的区别

(1) 中断有优先级，而信号没有优先级，所有信号都是平等的。

(2) 信号处理程序是在用户态下运行的，而中断处理程序是在核心态下运行的。

(3) 中断响应是及时的，而信号响应通常都有较大的时间延迟。

2.9.2 信号的基本概念

信号是传递短消息的简单通信机制，通过发送指定信号来通知进程某个异步事件发生，以便使进程执行信号处理程序。信号处理完毕后，被中断进程将恢复执行。由进程执行指令而产生的信号称为同步信号,如被 0 除;像击键之类的进程以外的事件所引起的信号称为异步信号。接收进程对信号所做出的响应为:执行默认操作(例如 SIGINT 的默认处理中进程撤销)、执行预置的信号处理程序或忽略此信号。标准 UNIX 提供 19 个信号,Linux中定义 64 个信号,采用与标准版兼容且增加新信号的方法保证信号通信的一致性和兼容性。信号分为几大类:与终止进程相关的信号、与用户进程相关的信号、与跟踪进程执行相关的信号、与终端交互相关的信号、与用户进程相关的信号、与跟踪进程执行相关的信号。信号有一个产生、传送、捕获和释放的过程。

每个信号都对应一个正整数常量,称为 signal number,即信号编号。它定义在系统头文件< signal. h >中,代表同一用户的各进程之间传送事先约定的信息类型,用于通知某进程发生了某异常事件。每个进程运行时,都要通过信号机制来检查是否有信号到达。若有,便中断正在执行的程序,转向与该信号相对应的处理程序,以完成对该事件的处理;处理结束后再返回到原来的断点继续执行。信号机制实际是对中断机制的一种模仿,因此,在早期的 UNIX 版本中又把它称为软中断。

信号机制具有以下三方面的功能。

(1) 发送信号。发送信号的程序用系统调用 kill()实现。

(2) 预置对信号的处理方式。接收信号的程序用 signal()实现预置处理方式。

(3) 接收信号的进程按事先的规定完成对相应事件的处理。

2.9.3 信号的发送

信号的发送是指由发送进程把信号送到指定进程的信号域的某一位上。如果目标进程正在一个可被中断的优先级上睡眠,核心便将它唤醒,发送进程就此结束。一个进程可能在其信号域中有多个位被置换,代表有多种类型的信号到达,但对于一类信号,进程却只能记住其中的某一个。

进程用 kill()向一个进程或一组进程发送一个信号。

2.9.4 信号的处理方式

1.信号的处理方式

当一个进程要进入或退出一个低优先级睡眠状态或一个进程即将从核心态返回用户态时,操作系统内核检查该进程是否已收到软中断。当进程处于核心态时,即使收到软中断也不予理睬;只有返回到用户态后,才处理软中断信号。对软中断信号的处理分三种情况进行:

(1) 如果进程收到的软中断是一个已决定要忽略的信号(function=1),进程不做任何处理便立即返回。

(2) 进程收到软中断后便退出(function=0)。

(3) 执行用户设置的软中断处理程序。

2. 信号处理方式的设置

一个进程在创建时,继承了父进程所有的信号处理方式,即其 signal[NSIG]各元素的值与父进程完全相同。但此后除了 SIGKIL 外,信号表中定义的信号处理方式都可以用系统调用 signal(sig,func)设置或修改。设置的方法为:

```
int sig;
int func ( ), ( * oldptr) ( )
…

oldptr = signal(sig,func);
…
```

其中,sig 为信号类型,取值范围是 1~19,但不包括 9(SIGKIL);func()为新的信号处理函数;oldptr 为函数指针,用于保存系统调用 signal()返回的信号 sig 原先处理函数的入口地址,以便在必要时可恢复原先的信号处理方式。两个特定的设置方式是:

```
signal(sig,SIG_DFL)            /* 设置信号 sig 的默认处理方式 */
signal(sig,SIG_IGN)            /* 忽略信号 sig,这相当于屏蔽这次软中断 */
```

3. 相关的 Linux 系统调用

使用 kill()系统调用向一个或一组进程发送一个软中断信号。

使用 signal()系统调用预置对信号的处理方式,允许调用进程控制软中断信号。

2.10 线程

前面介绍了进程的概念。进程是程序的一次执行,同时也是资源分配的基本单位。自从 20 世纪 60 年代人们提出进程的概念后,在操作系统中一直都是以进程作为资源分配和独立运行的基本单位。直到 20 世纪 80 年代中期,人们才提出了比进程更小的、能独立运行的基本单位——线程(Thread)。线程比进程能更好地提高程序的并行执行速度,充分地发挥多处理机的优越性,因而当代所推出的多处理机操作系统,如 Windows NT、Windows 2000、OS/390、Sun Solaris、Linux、MACH 等操作系统中,都引入了线程的概念,以改善操作系统的性能。

2.10.1 线程的基本概念

引入线程主要是为了提高系统的执行效率,减少处理机的空转时间和在进行调度切换时因保护现场信息所用的时间,便于系统管理。

线程是进程中执行运算的最小单位,即执行处理机调度的基本单位。在引入线程的操作系统中,可以在一个进程内部进行线程切换,现场保护工作量小。一方面通过共享进程的基本资源而减轻系统开销,另一方面提高了现场切换的效率。因此,一个进程内的基本调度单位称为线程或轻型进程,这个调度单位既可以由操作系统内核控制,也可以由用户程序控制。

下面通过线程与进程的比较,可以进一步理解线程的概念。

(1)进程是资源分配的基本单位。所有与该进程有关的资源,如外部设备、缓冲区队列等,都被记录在 PCB 中,以表示该进程拥有这些资源。同一进程的所有线程共享该进程的所有资源。

（2）线程是分配处理机的基本单位，它与资源分配无关，即真正在处理机上运行的是线程。

（3）一个线程只能属于一个进程，而一个进程可以有多个线程。

（4）线程在执行过程中需要协作同步。不同进程的线程间要利用消息通信的方法实现同步。

Linux 系统中基本没有区分进程和线程，它们都使用相同的描述方法，使用相同的调度和管理策略。

2.10.2　线程的状态与转换操作

线程同进程一样，也有自己的状态。线程有三种基本状态，即执行、阻塞和就绪，但没有进程中的挂起状态。因此，线程是一个只与内存和寄存器相关的概念，它的内容不会因为交换而进入内存。

针对线程的三种基本状态，存在五种基本操作来转换线程的状态。

1. 派生

线程在进程中派生（Spawn）出来，也可再派生线程。用户可以通过相关的系统调用派生自己的线程。在 Linux 系统中，库函数 clonc( )和 creat_thread( )分别用来派生不同执行模式下的线程。

一个新派生出来的线程具有相应的数据结构指针和变量，这些指针和变量作为寄存器上下文放在本线程的寄存器和堆栈中。新派生出来的线程被放入就绪队列。

2. 调度

调度（Schedule）是选择一个就绪线程使之进入执行状态。

3. 阻塞

像进程一样，如果一个线程在执行过程中需要等待某个事件发生，则被阻塞（Block）。阻塞时，寄存器上下文、程序计数器以及堆栈指针都会得到保证。

4. 激活

如果阻塞线程所等待的事件发生，则该线程被激活（Unblock）并进入就绪队列。

5. 结束

如果一个线程执行结束（Finish），它的寄存器上下文以及堆栈内容等将被释放。

Linux 的系统级线程在表示格式、管理调度等方面与进程没有严格的区分，都是当作进程来统一对待。

2.10.3　引入线程的好处

（1）易于调度。由于线程只作为独立调度的基本单位，同一进程的多个线程共享进程的资源,所以线程易于切换。

(2) 提高了系统的效率。通过线程可以方便有效地实现并发性。进程可创建多个线程来执行同一程序的不同部分。

(3) 创建一个线程比创建一个进程花费的开销少,创建速度快。

(4) 有利于发挥多处理器的功能,提高进程的并行性。

2.10.4　多线程的实现

多线程机制是指操作系统支持在一个进程内执行多个线程的能力。从线程的观点分析,MS-DOS 仅支持一个用户进程和一个线程;UNIX 系统支持多个用户进程,但一个进程只有一个线程;Windows NT、Solaris、Linux 等支持多进程多线程。

虽然多种系统都支持多线程,但实现的方式并不完全相同。线程有两个基本类型:用户级线程和内核级线程(也称核心级线程)。有的系统实现的是用户级线程,如 Informix 数据库系统;有些系统实现的是内核级线程,如 Macintosh 操作系统;有些系统同时实现这两种类型的线程,如 Linux 和 Sun 公司的 Solaris 操作系统。

1. 用户级线程

用户级线程简称为 ULT,是由用户应用程序建立的,并由用户应用程序负责对这些线程进行调度和管理,操作系统内核并不知道有用户级线程的存在,只对进程进行管理,因而这种线程与内核无关。这就是通常所说的"纯 ULT 方法",MS-DOS 和 UNIX 操作系统就属于此类。

这种纯 ULT 方法的优点如下所述。

(1) 应用程序中线程开关的时空开销远小于内核级线程的开销。

(2) 线程的调度算法与操作系统的调度算法无关。

(3) 用户级线程方法适用于任何操作系统,因为它与内核无关。

这种纯 ULT 方法的缺点如下所述。

(1) 在一个典型的操作系统中,有许多系统请求正被阻塞着,因此,当线程执行一个系统请求时,不仅本线程阻塞,而且该进程中所有线程都被阻塞。

(2) 在该方法的系统中,因为每个进程每次只能由一个线程在 CPU 上运行,因此,一个多线程应用无法利用多处理器的优点。

2. 内核级线程

内核级线程简称为 KLT,通常也称为"纯 KLT"方法。内核级线程中所有线程的创建、调度和管理全部由操作系统内核负责完成。一个应用进程可按多线程方式编写程序,当它被提交给多线程操作系统执行时,内核为它创建一个进程和一个线程,线程在执行中还会创建新的线程。操作系统内核给应用程序提供相应的系统调用和应用程序接口,以使用户程序可以创建、执行、撤销线程。Windows NT 属于此类。

这种内核级线程的优点为:

(1) 内核可调度一个进程中的多个线程,使其同时在多个处理机上并行执行,从而提高系统的效率。

（2）当进程中的一个线程被阻塞时，进程中的其他线程仍可运行。

（3）内核本身可以以线程方式实现。

这种内核级线程的缺点为：

由于线程调度程序运行在内核态，而应用程序运行在用户态，因此同一进程中的线程切换要经过从用户态到核心态，再从核心态到用户态的两次模式转换。

3. 用户级线程与内核级线程相结合的模式

由于用户级线程和内核级线程各有特色，因此如果将两种方法结合起来，则可吸取两者的优点，这样的系统称为多线程的操作系统。内核支持多线程的建立、调度和管理，同时系统中又提供使用线程库，允许用户应用程序建立、调度和管理用户级线程。

2.10.5　Linux 系统的线程

Linux 的内核级线程也称为系统级线程。Linux 的内核级线程和其他操作系统的内核实现不同，它可以同时支持内核级线程和用户级线程。大多数操作系统单独定义描述线程的数据结构，采用独立的线程管理方式，提供专门的线程调度，这些都增加了内核和调度程序的复杂性。而在 Linux 中，将线程定义为"执行上下文"，它实际只是进程的另外一个执行上下文而已，和进程采用同样的表示、管理、调度方式。这样，Linux 内核并不需要区分进程和线程，只需要一个进程或线程数组，而且调度程序也只有进程的调度程序，内核的实现相对简单得多，而且节约系统用于管理方面的时间开销。

Linux 内核级线程和进程的区别主要体现在资源管理方面。在 Linux 系统中，线程共享资源的类型是可以控制的，系统调用的 CLONE 里有五种形式的 CLONE：CLONE-VM（存储空间）、CLONE-FILES（文件描述表）、CLONE-FD（文件系统信息）、CLONE-SIGHAND（信号控制表）和 CLONE-PID（进程号）。

Linux 支持 POSIX 标准定义的线程（Pthreads），提供用户级线程支持。利用这样的线程库函数，用户可以方便地创建、调度和撤销线程，也可以实现线程间通信，而且这些线程还可以映射为系统级线程，由系统调度执行。实现用户级线程创建的是 pthread-create()。

本章小结

进程是操作系统中一个非常重要的概念。进程是程序的一次执行，同时也是操作系统进行资源分配的单位。进程具有一些特征，是与程序有根本区别的概念。进程具有动态性、并发性、异步性、独立性的特性。反映进程动态性的是进程状态的变化。进程从创建到被撤销，要经过一些具有生命状态的活动。进程的三个基本状态包括阻塞、就绪和执行，除此之外，不同的操作系统还具有其他一些状态。进程的状态转换由相应的原语来完成。进程的并发执行是指在同一时间间隔内多个进程同时发生。进程的并发特性反映在进程对资源的竞争以及由资源竞争所引起的对进程执行速度的制约。可以通过提高进程的并发性来提高整个系统的效率。

一个进程的静态描述是处理机的一个执行环境，称为进程上下文。在 Linux 系统中，子进程继承父进程的进程上下文。进程上下文由以下部分组成：进程控制块(PCB)、正文段(或程序)、数据段以及各种寄存器和堆栈中的值。进程控制块是进程存在的唯一标志，它包含进程的运行信息和程序的控制信息。进程控制块在内存中的组织方式有线性方式、链接方式和索引方式。对于 Linux 系统，可以通过几个常用的进程创建和控制的系统调用实现对进程的控制。

不能被多个进程同时使用的资源称为临界资源。将每个进程中访问临界资源的那段代码称为临界区。多个进程不能同时进入同一个临界区，这称为进程之间的互斥；多个进程在使用临界资源时，表现出来的相互协调、相互合作、相互等待，使得各进程按一定速度执行的过程称为进程间的同步。具有同步关系的一组并发进程称为合作进程。实现进程的互斥和同步，可以用软件方法、硬件方法实现，也可以用更高级的 P、V 操作以及管程的方法来实现。解决同步问题，管程具有同等表达能力，管程集中和封装针对一个共享资源的所有访问，并发进程在使用临界资源时，通过对管程的调用实现进程之间的互斥，更加方便使用。

另一个重要的概念是进程通信。进程通信可包括低级通信和高级通信。对进程进行控制的通信是低级通信，传递大量数据的通信称为高级通信。高级通信包括共享存储器系统、消息传递系统和管道通信系统。通过信号通信机制，进程之间可以实现软中断通信。

与进程概念密切相关的概念是线程。线程可看成是进程中指令的不同执行路线，它是为了提高操作系统的执行效率而引入的。线程又称为轻型进程，在有线程的操作系统中，它是操作系统分配处理机的基本单位，而进程是分配资源的基本单位。线程分为用户级线程和内核级线程。

习题 2

2-1　操作系统为什么要引入进程的概念？

2-2　试比较进程和程序的区别。

2-3　程序并发执行为什么会失去封闭性和再现性？

2-4　什么叫进程的并发性？试举一个进程并发执行的例子。

2-5　试举一个例子说明一个程序可能同时属于多个进程。

2-6　试说明 PCB 的作用，为什么说 PCB 是进程存在的唯一标志？

2-7　试说明进程由哪几部分构成。

2-8　什么叫临界区？为什么进程在进入临界区之前要先执行申请操作，离开临界区要做释放操作？

2-9　试说明进程的基本状态及转换的原因。

2-10　在创建一个进程时，需要做的工作有哪些？

2-11　实现进程同步的软件方法和硬件方法分别有哪些？

2-12　从概念上说明记录型信号量的构成，描述原语 wait() 和 signal() 所进行的操作。

2-13　试说明信号量 S 的整数值代表的含义。

2-14　在生产者-消费者问题中，如果缺少了 signal(full) 或 signal(empty)，对执行结果将会有何影响？

2-15　在生产者-消费者问题中，如果两个 wait() 操作即 wait(full) 和 wait(empty) 位置互换,会产生什么后果?

2-16 进程的高级通信方式有哪几种?

2-17 什么是线程?试说明它与进程的主要区别。

2-18 什么是多线程机制?引入它有什么好处?

2-19 在读者-写者问题中,如果修改问题中的同步算法,要求对写进程优先,即,一旦写进程到达,后续的读者进程必须等待,而不管是否有读者进程在读文件。试写出相应进程的程序段。

2-20 试利用记录型信号量写出一个不会出现死锁的哲学家进餐问题的算法。

2-21 设公共汽车上有一位司机和一位售票员,他们的活动如图 2-18 所示。

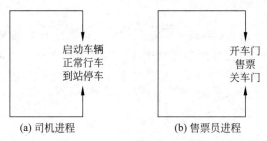

(a) 司机进程　　　　　　　　(b) 售票员进程

图 2-18　司机和售票员进程

请分析司机与售票员之间的同步关系,并用 P、V 操作实现。

2-22 线程有哪几种状态?说明线程状态转换所需的操作。

2-23 从调度性、并发性、拥有资源、独立性、系统开销以及对多处理机的支持等方面试对进程和线程两个方面进行比较。

2-24 什么是内核支持线程和用户级线程?

2-25 什么是管程?

第**3**章
处理机调度与死锁

本章学习目标

本章主要介绍两部分内容,即操作系统中处理机的调度与死锁问题。操作系统中的调度分为三个层次,即作业调度、对换和进程调度。本章主要介绍作业调度、进程调度的概念、过程以及作业调度与进程调度的算法,并利用这些算法解决一些实际问题;介绍死锁的概念、产生死锁的原因,以及解决策略。

通过本章的学习,读者应掌握以下内容:

- 掌握处理机的三级调度;
- 掌握作业调度及进程调度的概念及过程;
- 掌握调度算法的目标;
- 掌握典型的作业调度、进程调度算法,并利用其解决实际问题;
- 掌握死锁的概念、产生的原因及死锁的必要条件;
- 掌握死锁的预防方法;
- 掌握利用银行家算法避免死锁的方法;
- 掌握死锁的检测与解除的方法。

3.1 作业管理

3.1.1 作业的概念及分类

1. 作业的概念

作业是用户在一次解题或一个事务处理过程中要求计算机系统所做工作的集合。也可以说,把一次应用业务处理过程,从输入开始到输出结束,用户要求计算机所做的相关该次业务处理的全部工作,称为一个作业。例如,打印一个文件、检索一个数据库、发送一个邮件等,都可视为一个作业。

从系统的角度讲,作业是一个比较广泛的概念,它由程序、数据和作业说明书组成。系统通过作业说明书控制程序和数据,使它们运行和操作,并且在批处理系统中,作业是加载内存的基本单位,系统将作业调入内存并执行。

2. 作业的分类

依据计算机系统作业处理方式的不同,可把作业分成两大类:脱机作业和联机作业。

也可以称为批处理型作业和交互型作业。脱机作业是指用户不能直接与计算机系统交互,中间必须通过操作员干预的作业。这种作业通常在批处理系统中使用,所以称为批处理作业。联机作业是指用户和计算机系统直接交互,用户通过终端或控制台键盘上的操作命令或图形窗口界面等方式,控制其作业的运行,这种作业也称为交互式作业或终端型作业。通常,操作系统对这两类作业的管理方式是不同的。

脱机作业多出现在批处理系统中,而联机作业多出现在分时系统中。在分时和批处理兼容的系统中,将终端作业作为前台作业,而把批处理作业作为后台作业。一般情况下,前台作业的优先权较高,作业响应及时。在前台无作业时,可调度后台的批处理作业,达到提高系统效率的目的。

3.1.2　作业的状态

一个作业从提交给计算机系统到执行结束,退出系统,一般要经历提交、后备、执行和完成四个状态。

(1) 提交状态,一个作业在处于从输入设备进入外部存储设备的过程称为提交状态。处于提交状态的作业,因其信息尚未全部进入系统,所以不能被调度程序选中。

(2) 后备状态,也称为收容状态。输入管理系统不断地将作业输入到外存中对应部分(或称输入井)。若一个作业的全部信息已全部被输入到输入井,则在它还未被调度执行之前,该作业处于后备状态。

(3) 执行状态。作业调度程序从后备作业中选取若干个作业到内存投入运行,以及为被选中作业建立进程并分配必要的资源,这时,这些被选中的作业处于执行状态。从宏观上看,这些作业正处在执行过程中;从微观上看,在某一时刻,由于处理机总数少于并发执行的进程数,不是所有被选中作业都占有处理机,其中的大部分处于等待资源或就绪状态。哪个作业的哪个进程被分配给处理机,这是进程调度要完成的任务。

(4) 完成状态。当作业运行完毕,但它所占用的资源尚未全部被系统回收时,该作业处于完成状态。在这种状态下,系统需做如打印结果、回收资源等类似的善后处理工作。

3.1.3　作业管理的功能

作业管理的功能包括作业调度和作业控制。所谓作业调度,就是按照某种作业调度算法从后备作业队列中选择一个作业加载内存并运行。作业控制就是按照作业控制语言的解释程序读取用户作业说明书,具体控制作业的执行,并按照规定的步骤对作业进行处理。

操作系统为用户提供各种操作命令,来组织作业的工作流程和控制作业的运行,这是操作系统提供的作业控制级的用户接口。批处理作业与交互式作业的作业控制方式是不同的。

1. 作业控制块

通常,系统为每个作业建立一个作业控制块(Job Control Block,JCB),用以记录这些有关信息。正如系统通过进程控制块(Process Control Block,PCB)而感知进程的存在一样,系统通过 JCB 而感知作业的存在。系统在作业进入后备状态时,为它建立了 JCB,从而使该作业可被作业调度程序选中。当该作业执行完毕进入完成状态后,系统又撤销其 JCB,释放有关资源并撤销该作业。每个作业的状态、在各个阶段所需要和已分配的资源都记录在它的 JCB 中,根据 JCB 中的有关信息,作业调度程序对作业进行调度和管理。当一个作业执行结束进入完成状态时,系统负责回收分配给它的资源,撤销它的作业控制块。

对于不同的批处理系统,其 JCB 的内容也有所不同。JCB 的主要内容如表 3-1 所示。

表 3-1　作业控制块

主要功能	说　明
作业名	
作业类型	计算型
	管理型
	图形设计型
资源要求	内存量
	外存量
	外设类型及数量
	软件支持工具库函数
当前状态	提交状态
	后备态
	运行态
	完成
资源使用情况	进入系统的时间
	开始执行时间
	已运行时间
	内存地址
	外设台数
作业的优先级	

从表 3-1 可以看出,JCB 的主要功能如下。

作业名:由用户提供并由系统将其转换为系统可识别的作业标识符。

作业类型:该作业属于计算型(要求 CPU 时间多)、管理型(要求输入输出量大)或图形设计型(要求高速图形显示)等。

资源要求:要求的内存量和外存量、外设类型及数量,以及要求的软件支持工具库函数等。资源要求均由用户提供。

当前状态:该作业当前所处的状态。显然,只有当作业处于后备状态时,该作业才可以被调度。

资源使用情况:包括作业进入系统的时间、开始执行时间、已执行时间、内存地址、外设数量等。作业进入系统的时间是指作业的全部信息进入输入井、作业的状态为后备状态的时间。开始执行时间指该作业被调度程序选中,其状态由后备状态变为执行状态的时间。内存地址指分配给该作业的内存区起始地址。外设数量指分配给该作业的外设实际数量。

作业的优先级：优先级用来决定该作业的调度次序。优先级既可以由用户给定，也可以由系统动态计算产生。

2. JCB 的组织方式

每个作业有一个 JCB，在系统中可以通过作业表、作业队列对各个作业的 JCB 进行组织。

1）作业表

所有的 JCB 构成一个表，称为作业表，如表 3-2 所示。作业表存放在外存固定区域，通常其长度是固定的，这就限制了系统所能同时容纳的作业数量。系统输入程序、作业调度程序和系统输出程序都需要访问作业表。

表 3-2   作业表

JCB$_1$	JCB$_2$	...	JCB$_i$	...	JCB$_n$

2）作业队列

对于系统中的作业，系统将它们的 JCB 构成一个或多个队列，便于系统控制和访问。JCB 队列比 JCB 表具有更大的灵活性，因此被更多的操作系统采用。

3.1.4   作业与进程的关系

作业是用户向计算机提交任务的任务实体。一个作业是指在一次应用业务处理过程中，从输入开始到输出结束，用户要求计算机所做的有关该次业务处理的全部工作，如一次计算、一个控制过程等。进程是计算机为了完成用户任务实体而设置的执行实体，是系统分配资源的基本单位。显然，计算机要完成一个任务，必须有一个以上的执行实体，即一个作业总是由一个或多个进程组成的。作业分解为进程的过程：首先，系统为一个作业创建一个根进程；其次，在执行作业控制语句时，根据任务要求，系统或根进程为其创建相应的子进程；最后，进行进程调度，为各子进程分配资源和调度各子进程执行，以完成作业要求的工作。

3.2   分级调度

视频讲解

操作系统一个非常重要的功能就是管理计算机资源，提高系统的效率。对处理机的管理是操作系统的基本功能之一。在早期的计算机系统中，对 CPU 的管理是十分简单的，因为那时它和其他系统资源一样，被一个作业所独占，不存在处理机分配和调度问题。随着多道程序设计技术和各种类型的操作系统的出现，各种不同的 CPU 管理方式开始使用，为用户提供了不同性能的操作系统。例如，在多道批处理系统中，为了提高处理机的效率和增加作业吞吐量，当调度一批作业组织多道运行时，要尽可能使作业组织合理，但由于在批处理系统中，一旦把作业提交给计算机系统，直到作业运行完成，用户都不能插手干预自己的作业，而且作业的响应时间一般都较长，因此，在用户看来，这是一台没有交互、速度较慢的处理机。但是,在批处理系统中,其资源的利用率和系统的吞吐量高。在分时系统中,由于用户使用交互式会话的工作方式,系统必须有较快的响应时间,使得每个用户都感到如同只有他自己一人在使用这台机器,因此,系统在调度作业执行时,要首先考虑每个用户作业得到处理机的均等性。这样,系统资源的利用率就不如批处理系统。由此可以看出,根据操作系统的要求不同,处理机管理的策略也是不同的。

一个批处理型作业从进入系统并驻留在外存的后备队列上开始,直至作业运行完毕,可能要经历以下三级调度,即作业调度、对换和进程调度。

1. 作业调度

作业调度又称高级调度或长调度,用于选择把外存上处于后备队列中的哪些作业调入内存,并为它们创建进程、分配必要的资源。然后,再将新创建的进程排在就绪队列上,准备执行。

在批处理系统中,作业进入系统后,是先驻留在外存上的,因此需要有作业调度的过程,以便将它们分批地装入内存。在分时系统中,为了做到及时响应,用户通过键盘输入的命令或数据等,都是被直接送入内存的,因而无须再配置作业调度机制。类似地,在实时系统中,通常也不需要作业调度。

2. 对换

对换又称交换调度或中级调度,其主要任务是按照给定的原则和策略,将处于外存交换区中的就绪状态或等待状态的进程调入内存,或把处于内存就绪状态或内存等待状态的进程交换到外存交换区。交换调度主要涉及内存管理与扩充,将在内存管理部分讨论这个问题。

3. 进程调度

进程调度又称为低级调度或微观调度,其主要任务是按照某种策略和算法,将处理机分配给一个处于就绪状态的进程。在确定了占用处理机的进程后,系统必须进行进程上下文切换以建立与占用处理机进程相适应的执行环境。进程调度可分为如下两种方式。

(1)非抢占方式。非抢占方式不允许进程抢占已经分配出去的处理机。采用非抢占调度方式时,可能引起进程调度的原因有正在执行的进程执行完成,或因发生某事件而不能继续执行;执行中的进程因提出 I/O 请求而暂停执行;在进程通信或同步过程中执行了某种原语操作,如 P 操作(wait()操作)、Block 原语、Wakeup 原语等。

非抢占调度方式的优点是实现简单、系统开销小,适用于大多数批处理系统环境。但它很难满足紧急任务的要求,因而可能造成难以预料的后果。显然,在要求比较严格的实时系统中,不宜采用这种调度方式。

(2)抢占方式。抢占方式允许调度程序根据某种原则暂停某个正在执行的进程,将处理机收回,重新分配给另一个进程。抢占的原则有优先权原则、短作业(或短进程)优先原则和时间片原则等。

作业调度与进程调度的关系如图 3-1 所示。

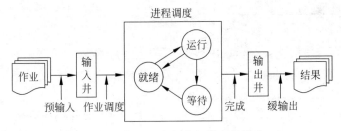

图 3-1　作业调度与进程调度的关系

3.3　作业调度

3.3.1　作业调度的功能

作业调度的主要任务是：根据作业控制块中的信息，审查系统能否满足用户作业的资源需求，以及按照某一作业调度算法，从外存的后备状态作业队列中选择某些作业将其装入内存并执行。为了完成这一任务，作业调度程序应完成以下功能。

（1）确定数据结构。作业调度程序根据各个作业的 JCB 提供的信息对作业进行调度和管理。

（2）确定调度算法。按照一定的调度算法，从后备作业队列中挑选出一个或几个作业投入运行，即将这些作业由后备状态转变为执行状态。这一工作由调度程序完成。作业调度程序的调度时机和调度原则通常与系统的设计目标有关，并由许多因素确定。

（3）分配资源。为被选中的作业的进程分配运行时所需要的系统资源，如内存和外设等。作业调度程序在调度一个作业进入内存时，必须为该作业建立相应的进程，并且为这些进程提供所需的资源。对处理机的分配工作由进程调度程序来完成。

（4）善后处理。在一个作业执行结束时，作业调度程序输出一些必要的信息，例如执行时间、作业执行情况等，然后收回该作业所占用的全部资源，撤销与该作业有关的全部进程和该作业的作业控制块。

作业从后备状态到执行状态的转换过程如图 3-2（a）所示，从执行状态到完成状态的转换过程如图 3-2（b）所示。

Linux 系统的作业一旦输入，就直接进入内存，建立相应的进程，进入下一级的调度。因此，Linux 系统没有作业调度的概念。

3.3.2　调度算法的目标

从操作系统的设计角度，如何选择作业调度及进程调度的方式和算法，都要依据操作系统的类型及设计目标。调度算法的主要目标是提高系统的功能和效率。不同的操作系统会有差别，根据不同操作系统的目标，会有不同的调度算法，如一种算法可能有利于某一类作业或进程的运行，而不利于其他类作业或进程。如，在批处理系统、分时系统和实时操作系统中，通常采用不同的调度算法。

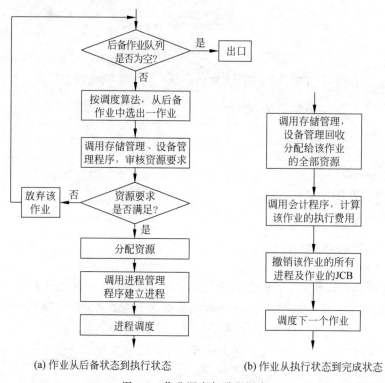

(a) 作业从后备状态到执行状态　　　　　(b) 作业从执行状态到完成状态

图 3-2　作业调度与进程调度

1. 面向系统的目标

设计调度算法时应考虑整个系统的效率,具体包括如下因素:

(1) 处理机及各类资源的利用率。提高资源的利用率就是提高系统的效率,要尽可能使系统中的处理机和各类资源保持有效的忙碌状态。

(2) 平衡性。系统中可能存在多种类型的作业及进程,有的属于计算类型,有的属于输入输出类型,使系统中的 CPU 和各种外设都能经常处于忙的状态,调度算法应尽可能保持系统资源的平衡使用。

(3) 优先权准则。在批处理、分时和实时系统中选择调度算法时都可遵循优权准则,以便使某些紧急作业能够得到及时处理。

(4) 公平性。系统应使各进程都能获得合理的 CPU 时间,不会发生进程饥饿现象。公平性是相对的,对相同类型的进程获得相同的服务,对于不同类型的进程,应提供不同的服务。

2. 批处理系统的目标

(1) 周转时间短。通常把周转时间的长短作为衡量批处理系统的性能、选择作业调度方式与算法的重要准则之一。

周转时间:从作业被提交给系统开始到作业终止为止的这段时间间隔,称为作业周转时间,用 T 表示。它包括作业在外存后备队列上等待调度的时间、进程在就绪队列上等待进程调度的时间、进程占用 CPU 执行的时间和进程等待 I/O 操作完成的时间。对于一个用户来说,作业周转时间越短越好。

作业 J_i 的周转时间 T_i 定义为

$$T_i = T_{ei} - T_{si}$$

其中,T_{ei} 为作业 J_i 的完成时间;T_{si} 为作业 i 的提交时间。

也可将作业的周转时间 T_i 定义为

$$T_i = T_{i等待} + T_{i运行}$$

其中,$T_{i等待}$ 为作业 J_i 等待的时间;$T_{i运行}$ 为作业 J_i 的实际运行时间。

作为计算机系统的管理者,总是希望平均周转时间最短,这不仅能有效地提高系统资源的利用率,而且还可使大多数用户感到满意。若一个作业流含有 n 个作业,每个作业的周转时间为 T_i,则它的平均周转时间 T 为

$$T = \frac{1}{n} \left[\sum_{i=1}^{n} T_i \right]$$

一个作业的周转时间 T 与系统为它提供服务的时间(即作业要求运行时间)T_s 之比称为带权周转时间,即带权周转时间表示为

$$W = T / T_s$$

因为周转时间 T＝等待时间＋运行时间,因此,W 也可表示为

$$W = 1 + \frac{\text{等待时间}}{\text{运行时间}}$$

从公式可以看出,W 值的变化范围是 $W \geqslant 1$,即 $W = 1$ 为 W 取值的最小值。可以看出,带权周转时间越接近 1,该作业相对等待时间越短,系统性能越高。

平均带权周转时间可表示为

$$\overline{W} = \frac{1}{n} \left[\sum_{i=1}^{n} \frac{T_i}{T_{si}} \right]$$

(2) 系统的吞吐量高。吞吐量是指在单位时间内系统所完成的作业数,它与批处理作业的平均长度有密切关系。

(3) 处理机利用率高,各类资源的平衡利用。尽量使 I/O 繁忙的作业(即输入输出型作业)与 CPU 繁忙的作业(即计算型作业)搭配运行,使 CPU 及各种外设并行执行。

3. 分时系统的目标

(1) 响应时间快。常用响应时间的长短来评价分时系统的性能。响应时间是指从用户提交一个作业请求开始,直至系统首次产生响应为止的时间。它包括从键盘输入的请求信息传送到处理机的时间、处理机执行响应处理的时间和将所形成的响应信息在终端显示器上显示出来的时间。

(2) 均衡性。用户对响应时间的要求并非完全相同,通常用户对较复杂的任务允许响应时间较长,而对于较简单的任务响应时间则较短。均衡性是指系统响应时间的快慢与用户所请求服务的复杂性相适应。

4. 实时系统的目标

(1) 截止时间的保证。这是选择实时调度算法的重要准则。截止时间是指某任务必

须完成的最晚时间。对于严格的实时系统,它的调度方式和算法必须满足截止时间的要求。

(2)可预测性。系统根据用户需求的可预测性,选择适当的调度算法实现预测的功能,进而提高系统的实时性。

3.4 进程调度

一般情况下,在单 CPU 系统中,处在就绪状态的用户进程数可能不止一个。同时,系统进程也可能需要使用处理机,这就要求进程调度程序按一定策略,动态地把处理机分配给处于就绪队列中的某一个进程,使之执行。本节介绍进程调度的功能、进程调度发生的时机以及进程调度引起的进程上下文切换等。

3.4.1 进程调度的功能

进程调度的功能可总结为如下几个方面。

1. 记录系统中所有进程的执行情况

在进行进程调度以前,进程管理模块已将系统中各进程的执行情况和状态特征记录在各进程的 PCB 中。而且,进程管理模块根据各进程的状态特征和资源需求,将各进程的 PCB 表排成相应的队列并进行动态队列转接。进程调度模块通过各进程 PCB 的变化,掌握系统中所有进程的执行情况和状态特征,并在适当的时候从就绪队列中选出一个进程占据处理机。

2. 从就绪状态队列中选择一个进程

进程调度的主要功能是在就绪状态的进程 PCB 队列中,按照一定的策略选择一个进程,分配给处理机并使之执行。不同的系统设计目的对应有不同的选择策略。例如,静态优先数算法系统开销较少,因此适合于分时系统的轮转法和多级反馈队列轮转法。策略的选择决定了调度算法的性能。

3. 进行进程上下文的切换

一个进程的上下文包括进程的状态、有关变量和数据结构的值、机器寄存器的值和 PCB 以及有关程序、数据等。一个进程的执行必然是在进程的上下文中执行。当正在执行的进程由于某种原因让出处理机时,系统要做进程上下文切换,以使调度程序新选中的进程得以执行。当进程上下文切换时,系统应首先检查是否允许做上下文切换(有些情况下,上下文切换是不允许的,如系统正在执行某个不允许中断的原语时);然后,系统要保留有关被切换进程的相关信息,以便切换回该进程时顺利恢复该进程的执行。在系统保留了 CPU 现场之后,调度程序从就绪状态队列中选择一个进程,并装配该进程的上下文,将 CPU 的控制权交给它。

3.4.2 进程调度的时机

在并发执行的环境下,有如下引起进程调度的事件。

1. 完成任务

正在执行的进程运行完成,主动释放对 CPU 的控制。

2. 等待资源

由于等待某些资源或事件发生,正在运行的进程不得不放弃 CPU,进入阻塞状态。

3. 运行时间已到

在分时系统中,当前进程使用完规定的时间片,时钟中断,使该进程让出 CPU。

4. 进入睡眠状态

执行中的进程自己调用阻塞原语将自己阻塞起来,进入睡眠状态。

5. 发现标志

执行完系统调用,即核心处理完陷入事件后,从系统程序返回用户进程时,可认为系统进程执行完毕,从而可调度新的用户进程执行。

以上都是在 CPU 执行不可剥夺方式下引起进程调度的原因。当 CPU 执行方式是可剥夺时,引起进程调度的事件除上述五种外,还应再加一条:优先级变化,如以下标题 6 所述。

6. 优先级变化

就绪队列中某进程的优先级高于当前执行进程的优先级时,将引起进程调度。

只要上述几种原因之一发生,操作系统就将进行进程调度。

3.4.3 进程上下文的切换

进程的上下文由正文段、数据段、硬件寄存器的内容以及有关数据结构组成。硬件寄存器主要包括存放 CPU 将要执行的下条指令虚地址的程序计数器、指出机器与进程相关联的硬件状态的处理机状态寄存器 PS、存放过程调用时所传递参数的通用寄存器 R 和堆栈指针寄存器 S 等。数据结构包括 PCB 等在内的所有与执行该进程有关的管理和控制用表格、数组、链等。当进程调度发生时,系统要做进程上下文的切换。进程上下文的切换主要包括以下四个方面。

1. 决定是否要做以及是否允许做上下文切换

检查分析进程调度原因,以及当前执行进程的资格和 CPU 执行方式的检查等。在操作系统中,进程上下文切换程序在如上所述时机进行上下文的切换。

2. 保存当前执行进程的上下文

这里所说的当前执行的进程是指要停止执行的进程。如果上下文切换程序不是被那个当前执行进程所调用,且不属于该进程,则所保存的上下文应该是先前执行进程的上下文,以便该进程下次执行时恢复它的上下文。

3. 选择一个处于就绪态的进程

按照某种进程调度算法选择一个处于就绪态的进程。

4. 使被选中的进程执行

恢复被选中进程的上下文,给它分配处理机,使之执行。

3.4.4　Linux 系统中进程调度发生的时机

对于 Linux 系统,没有设置专门的调度进程,需要进程调度时,调用一个特定的调度函数来完成该功能。通常,Linux 系统中进程调度发生的时机有以下几种。

(1)用户创建一个新的进程时,系统把它加到就绪队列中,返回该进程的进程标识号。这时,调度函数开始执行,这样可以保证系统具有很好的响应特性。

(2)正在执行的进程申请资源或等待某个事件的发生,而得不到满足时,该进程进入等待状态;当正在执行的进程完成了任务或得到特定的信号而退出,将转入僵死状态。这两种进程状态转换完成后,调用调度函数,选择新的进程分配给 CPU。

(3)分时系统中,进程执行完一定的时间片后,释放 CPU 资源。

(4)Linux 系统提供了两级保护,用户进程可以在用户态和核心态下运行。具有不同的特权级别,可以访问不同的地址空间。用户进程可以在用户态和核心态这两种模式之间进行切换,用户态通过中断或系统调用就可以转入核心态。其中,中断是应进程外部发来信息的要求而转入核心态,函数调用则是应进程内部要求转入核心态;而从核心态切换到用户态,则需要一定的硬件支持。当进程从核心态返回到用户态时,将调用调度函数,发生调度。

从根本上说,这些情况可以归结为两类:一是进程本身自动放弃处理机,发生调度,包括进程转换到等待和僵死状态,这类调度是用户进程可以预测的;二是由核心态转入用户态时发生调度,这类调度发生最为频繁。系统调用完成和内核处理完中断之后,系统由核心态转入用户态,时间片用完使系统发送的时钟中断,本质上也是一种中断,而就绪队列加入新进程的工作只能由内核操作完成,无疑是发生于内核态。

3.5　调度算法

本节讨论各种典型的作业调度算法和进程调度算法。在操作系统中,调度的实质是一种资源分配,因而调度算法是根据系统的资源分配策略,规定资源分配的算法。现有的各种调度算法中,有的适用于作业调度,有的则适用于进程调度,也有一些既适合于作业调度,又适合于进程调度。对于不同的系统和调度目标,应采用不同的调度算法。例如,在批处理系统中,考虑作业的平均周转时间、平均带权周转时间等因素,采用的调度算法有先来先服务调度算法、短作业优先的调度算法、优先级调度算法、高响应比优先调度算法等;在分时系统中,为了保证系统具有合理的响应时间,通常采用的调度算法有轮转等;在实时操作系统中,通常采用的调度算法有优先级调度算法、最低松弛度优先等。下面介绍这些典型的调度算法。

3.5.1　先来先服务调度算法

视频讲解

先来先服务(First Come First Served,FCFS)调度算法是一种简单的调度算法,它既适用于作业调度,也适用于进程调度。

先来先服务算法是按照作业或进程到达的先后次序来进行调度。当在作业调度中采用该算法时,每次调度都是从后备队列中选择一个最先进入该队列的作业,将它调入内存,为其创建进程、分配相应的资源,将该作业的进程放入就绪队列。在进程调度中采用该算法时,每次调度是从就绪队列中选择一个最先进入该队列的进程,并给它分配处理机。

FCFS算法比较利于长作业或进程,而不利于短作业或进程。

例 3-1　现有四个作业,假设它们按顺序依次到达,但到达的前后时间忽略不计。要求运行时间分别为 2s、60s、2s、2s,如表 3-3(a)所示。假设作业提交时刻为 0。若系统按照 FCFS 算法进行作业调度,要求计算各作业的开始运行时间、运行结束时间、周转时间和带权周转时间。

通过计算,运算结果如表 3-3(b)所示。

表 3-3　FCFS 算法示例

(a) 各作业运行时间		
作业名	到达次序	运行时间/s
A	1	2
B	2	60
C	3	2
D	4	2

(b) 计算结果					
作业名	到达次序	运行时间/s	开始执行时间	完成时间	周转时间/s	带权周转时间
A	1	2	0	2	2	1
B	2	60	2	62	62	1.03
C	3	2	62	64	64	32
D	4	2	64	66	66	33
平均值					48.5	16.76

从表 3-3(b)可以看出,作业 C 的带权周转时间长达 32,作业 D 的带权周转时间也较大。如果作业 D 的要求运行时间长一些,则它的带权周转时间就会相应地降低。

3.5.2　短作业(进程)优先调度算法

短作业优先调度(Shortest Job First,SJF)算法或短进程调度(Shortest Process First,SPF)算法是指对短作业或短进程优先调度的算法。这里,作业或进程的长短是以作业或进程要求运行时间的长短来衡量的。在把短作业优先调度算法作为作业调度算法时,系统将从外存后备作业队列中选择估计运行时间最短的作业,优先将它调入内存执行。这种算法适合作业调度和进程调度。

例 3-2　仍然用例 3-1 中的四个作业,采用 SJF 算法对它们的开始执行时间、运行结束时间、周转时间和带权周转时间进行讨论。对于相同长度的作业,通常按照 FCFS 算法执行。通过计算,可得如表 3-4 所示的结果。

表 3-4　SJF 算法示例

作业名	到达次序	运行时间/s	开始执行时间	完成时间	周转时间/s	带权周转时间
A	1	2	0	2	2	1
B	2	60	6	66	66	1.1
C	3	2	2	4	4	2
D	4	2	4	6	6	3
平均值					19.5	1.8

表 3-3 列出了各进程的开始执行时间、完成时间、周转时间和带权周转时间。比较表 3-3(b)和表 3-4 可以看出,SJF 算法给短作业带来明显的改善,同时降低了作业的平均周转时间,提高了整个系统的性能。

SJ(P)F 算法也存在一些不容忽视的缺点。

(1)该算法对长作业不利。若系统不断有短作业进入,将造成长作业无限期延迟而得不到调度。

(2)该算法未考虑作业的紧迫度,因而不能保证紧迫作业的及时处理。

(3)由于作业或进程的长短只是由用户估计的,而用户又可能有意无意地缩短作业的估计运行时间,因此不一定保证做到真正意义上的短作业优先调度,因此该调度算法经常作为其他调度算法的比较算法。

3.5.3　高响应比优先调度算法

该算法通常用于作业调度。

高响应比优先调度(Highest Response First,HRF),也称为 HRN(Highest Response Next)算法。FCFS 算法只考虑作业等待时间长短而忽略作业的长度,而 SJF 算法的主要不足是长作业的运行得不到保证,两者都具有片面性。为了克服这两种算法的缺点,可以采用一种折中的方法,既让短作业优先,又考虑系统内等待时间过长的作业,这就是 HRF 算法。该调度策略在考虑每个作业等待时间的长短的同时估计所需的执行时间长短,从中选出响应比最高的作业投入运行。响应比 R 可定义为

$$R = \frac{已等待时间 + 要求服务时间}{要求服务时间}$$

即

$$R = 1 + \frac{已等待时间}{要求服务时间}$$

所谓响应比 R 高者优先调度,是指每次挑选一个作业投入执行时,先计算此时后备作业队列中每个作业的响应比 R 值,选择一个 R 值最高者投入执行。注意公式中的"已等待时间"为一个动态数据,它随着作业等待时间的增长而增加,因此作业等待时间越长,响应比越大。因此,一个长期未被调度的作业,只要等待足够长的时间,总有机会成为响应比高者,从而得以执行;同样长度的作业,其 R 值可以从其等待调度的时间长短来区分;同样等待时间的作业,要求执行时间少的作业 R 值高。因此,该算法既照顾了短作业,又考虑了作业的等待时间。当然,利用该算法时,每次进行调度之前,都要先计算响应比,因此增加了系统的开销。

例 3-3 系统的作业调度采用高响应比优先调度算法,有四个作业先后进入后备状态队列,到达系统时间和所需运行时间如表 3-5 所示,说明各作业的运行顺序,计算各作业的周转时间、带权周转时间,及平均周转时间、平均带权周转时间。

表 3-5 HRF 算法示例

作业名	到达系统时间/ms	要求服务时间/ms
J1	0	20
J2	5	15
J3	10	5
J4	15	10

这四个作业的调度采用 HRF 算法,过程如下:

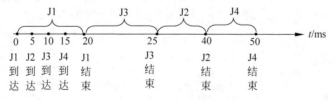

图 3-3 执行过程图

$t = 0$ 时,只有作业 J1 到达,J1 执行,直到 $t = 20$,作业 J1 执行结束。

$t = 20$ 时,作业 J1 运行结束。作业 J2、J3、J4 都已到达后备队列,需要计算各作业的响应比。

$R_2 = 1 + $ J2 已等待时间/J2 需运行时间 $= 1 + 15/15 = 2$。

$R_3 = 1 + $ J3 已等待时间/J3 需运行时间 $= 1 + 10/5 = 3$。

$R_4 = 1 + $ J4 已等待时间/J4 需运行时间 $= 1 + 5/10 = 1.5$。

根据高响应比优先作业调度算法,作业 J3 的响应比 R_3 最大,所以选择 J3 运行。

$t = 25$ 时,作业 J3 运行结束。作业 J2、J4 的响应比如下:

$R_2 = 1 + $ J2 已等待时间/J2 需运行时间 $= 1 + (25 - 5)/15 = 2.3$。

$R_4 = 1 + $ J4 已等待时间/J4 需运行时间 $= 1 + (25 - 15)/10 = 2$。

根据高响应比优先作业调度算法,作业 J2 的响应比 R_3 最大,所以选择 J2 运行。$t=40$ 时,作业 J2 运行结束。作业 J4 开始运行,直到 $t=50$ 作业 J4 运行结束。

因此,这四个作业的运行顺序为:J1→J3→J2→J4。

周转时间和带权周转时间分别为:

$$T_1=(20-0)\text{ms}=20\text{ms} \quad W_1=20/20=1$$
$$T_2=(40-5)\text{ms}=35\text{ms} \quad W_2=35/15=2.33$$
$$T_3=(25-10)\text{ms}=15\text{ms} \quad W_3=15/5=3$$
$$T_4=(50-15)\text{ms}=35\text{ms} \quad W_4=35/10=3.5$$

平均周转时间 $\overline{T}=(T_1+T_2+T_3+T_4)/4=(20+35+15+35)\text{ms}/4=26.25\text{ms}$

平均带权周转时间 $\overline{W}=(W_1+W_2+W_3+W_4)/4=(1+2.33+3+3.5)=2.46$

3.5.4　优先级调度算法

优先级调度(Hightest Priority First,HPF)算法也叫优先权调度算法,可用于作业调度和进程调度。这种算法可用于批处理系统,也可用于实时系统。

系统或用户按某种原则,为作业或进程指定一个优先级。在进程或作业进行调度时,调度程序根据优先级进行调度。

1. 优先级的类型

在优先级调度算法中,优先级用来表示作业或进程所享有的调度优先权。该算法的关键是确定进程或作业的优先级。优先级有两类:静态优先级和动态优先级。静态方法根据作业或进程的静态特性,在作业或进程开始执行前就确定它们的优先级,一旦开始执行后就不能改变;动态算法则不同,它把作业或进程的静态特性和动态特性结合起来确定作业或进程的优先级,随着作业或进程的执行,其优先级不断发生变化。

(1)静态优先级。静态优先级是在创建进程时确定的,且在进程的整个运行期间保持不变。通常,优先级是利用某一范围内的一个整数来表示的。例如,0~7 或 0~255 的某一整数,把该整数称为优先数。优先数具体用法有所不同,有的系统优先数大的优先级别高,而有的系统正好相反,优先数小的优先级别高,如 UNIX 系统。

确定进程优先级的依据有如下三个方面:

① 进程类型。通常,系统进程的优先级高于用户进程的优先级。对于系统进程,也可以根据其所要完成的功能划分为不同的类型。例如,调度进程、I/O 进程、中断处理进程、存储管理进程等。这些进程还可进一步划分成不同类型和赋予不同的优先级。例如,在操作系统中,对键盘中断的处理优先级和对电源掉电中断的处理优先级是不同的。

② 进程对资源的需求。例如,根据估计所需处理机的时间、内存需求、I/O 设备的类型及数量等来确定作业的优先级。

③ 用户要求。用户根据作业的紧急程度确定一个适当的优先级。当用户将自己的作业赋一个较高的优先级时,系统对该用户收取较高的费用。

通常,将作业的静态优先级作为它所属进程的优先级。

(2)动态优先级。动态优先级是指在创建进程时所赋予的优先级,是随进程的推进或等待时间的增加而改变的,以便获得更好的调度性能。例如,可以规定,在就绪队列中的进程,随其等待时间的增长,其优先权也越来越高;处在运行状态的进程,它的优先级越来越低。若所有进程都具有相同的优先权初值,则最先进入就绪队列的进程,将因其动态优先权变得最高而优先获得处理机,这也就是 FCFS 算法。若所有的就绪进程具有各不相同的优先权初值,那么对于优先权初值低的进程,在等待了足够的时间后,其优先权便可能升为最高,从而获得处理机。高响应比优先算法实际上就属于动态优先级调度算法。

2. 优先级调度算法的类型

根据调度程序是否可以在一个作业或进程运行过程中抢占,优先级调度算法又分为非抢占式优先级调度算法和抢占式优先级调度算法。

(1)非抢占式优先级调度算法。若进程调度采用非抢占式优先级调度算法,系统在就绪队列中选择一个优先级最高的进程,分配给处理机后,该进程便一直执行下去,直至完成;只有因发生其他事件,使该进程进入阻塞状态,该进程才放弃处理机,系统在就绪态进程中,再找另一个优先级最高的进程,将处理机分配给它。这种调度算法主要用于批处理系统中,也可用于某些对实时性要求不严的实时系统中。

(2)抢占式优先级调度算法。若进程调度采用抢占式优先级调度算法,系统在就绪队列中选择一个优先级最高的进程,分配给处理机,使之执行。在其执行期间,如果又出现了另一个优先级更高的进程,进程调度程序就立即停止当前进程的执行,重新将处理机分配给新到的优先级更高的进程。因此采用这种调度算法时,每当系统中出现一个新的就绪进程 i 时,就将其优先级 P_i 与正在执行的进程 j 的优先级 P_j 进行比较,如果 $P_i \leqslant P_j$,则原进程 P_j 继续执行;如果 $P_i > P_j$,则立即停止 P_j 的执行,做进程切换,使 i 进程投入执行。显然,这种抢占式优先权调度算法能更好地满足紧迫作业的要求,故而常用于要求比较严格的实时系统中,以及对性能要求较高的批处理和分时系统中。

例 3-4 系统中有四个进程,情况如表 3-6 所示,进程调度采用抢占式优先级调度算法,优先数小的优先级别高。

(1)写出进程执行的顺序。

(2)计算每个进程所在作业的周转时间,以及平均周转时间。

表 3-6 四个进程的情况

进程名	到达时间	需要运行时间/min	优先数
A	10:00	40	5
B	10:20	30	3
C	10:30	50	4
D	10:50	20	6

解:(1)各作业进入时间和结束时间如表 3-7 所示。

表 3-7 作业开始时间和结束时间

作业名	到达时间	开始运行时间	结束时间
A	10:00	10:00	10:20
B	10:20	10:20	10:50

续表

作业名	到达时间	开始运行时间	结束时间
C	10:30	10:50	11:40
A	10:00	11:40	12:00
D	10:50	12:00	12:20

作业执行的序列为 A→B→C→A→D,如图 3-4 所示。

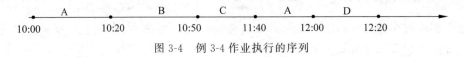

图 3-4　例 3-4 作业执行的序列

(2) 根据周转时间＝完成时间—提交时间,可得各作业的周转时间为:

$$T_A = 12{:}00 - 10{:}00 = 120(\min)$$
$$T_B = 10{:}50 - 10{:}20 = 30(\min)$$
$$T_C = 11{:}40 - 10{:}30 = 70(\min)$$
$$T_D = 12{:}20 - 10{:}50 = 90(\min)$$

平均周转时间 $\overline{T} = (T_A + T_B + T_C + T_D)/4 = 77.5(\min)$

在这个题目中,注意进程调度算法是优先数小的优先级别高;再者,进程调度采用的是抢占式优先级调度算法,如果是非抢占式调度算法,结果也是不同的。这里用的是静态优先级,如果是动态优先级,则优先级需要用一个包含变量的表达式来表示。

例 3-5　有一个具有两道作业的批处理系统,作业调度采用短作业优先的调度算法,进程调度采用以优先数为基础的抢占式调度算法,假设优先数小的优先级别高。表 3-8 所示为作业序列。

(1) 列出所有作业进入内存的时间及作业结束时间。

(2) 计算平均周转时间。

表 3-8　例 3-5 的作用序列

作业名	到达时间	估计运行时间/min	优先数
A	10:00	40	5
B	10:20	30	3
C	10:30	50	4
D	10:50	20	6

解: 两道作业的批处理系统是指内存中能同时容纳两道作业,即系统最多能有两道作业并发执行。作业只有被作业调度程序选中,进入内存后,才能够进行进程调度。

10:00 时,作业 A 到达。因系统的后备作业队列中没有其他作业,进程就绪队列中也没有进程,故作业调度程序将作业 A 调入内存并将它排到就绪队列上,进程调度程序选中它并运行。

10:20 时,作业 B 到达。因系统的后备作业队列中没有其他作业,所以该作业被作业调度程序选中,加载到内存。作业 B 的优先级高于作业 A 的优先级,进程调度程序暂停作业

A 的进程运行,将作业 A 放入就绪队列,调度作业 B 运行。此时,系统中已有两道作业。作业 A 已运行 20min,还需运行 20min。

10:30 时,作业 C 到达。因系统已有两道作业,所以作业 C 只能在后备作业队列中等待作业调度。此时,作业 B 已运行了 10min,还需运行 20min 才能完成。

10:50 时,作业 B 运行 30min 后结束运行,作业 D 到达。作业后备队列中有 C、D 两道作业,按照短作业优先的作业调度算法,作业 D 被作业调度程序选中,作业 C 仍在后备队列中等待。在内存中,作业 A 的优先级高于作业 D,因此作业 A 先运行。需 20min 才能完成。

11:10 时,作业 A 运行结束。系统中只有作业 D 在内存中运行,作业调度程序将作业 C 装入内存运行,因作业 C 的优先级高于作业 D,进程调度程序选中作业 C 运行,作业 D 等待。

12:00 时,作业 C 运行 50min 后结束运行,进程调度程序选中作业 D 运行。

12:20 时,作业 D 运行 20min 后结束运行。

总结以上分析,可知:

(1) 各作业进入时间和结束时间如表 3-9 所示。

表 3-9 作业时间

作 业 名	进 入 时 间	结 束 时 间
A	10:00	11:10
B	10:20	10:50
C	11:10	12:00
D	10:50	12:20

作业执行的序列为 A→B→B→A→C→D,如图 3-5 所示.

```
     A         B         B    A        C    D
  ●─────────●─────────●───●──────────●────●───▶
10:00     10:20     10:30 10:50    11:10  12:00 12:20
```

图 3-5 作业执行的序列

(2) 根据周转时间＝完成时间－提交时间,可得各作业的周转时间为

$$T_A = 11:10 - 10:00 = 70(\text{min})$$
$$T_B = 10:50 - 10:20 = 30(\text{min})$$
$$T_C = 12:00 - 10:30 = 90(\text{min})$$
$$T_D = 12:20 - 10:50 = 90(\text{min})$$
$$\text{平均周转时间} = (T_A + T_B + T_C + T_D)/4 = 70(\text{min})$$

3.5.5 时间片轮转调度算法

视频讲解

时间片轮转调度(Round-Robin,RR)算法主要用于分时系统中的进程调度。

轮转调度的实现原理为系统把所有就绪进程按先入先出的原则排成一个队列,新来的进程加到就绪队列末尾,每当执行进程调度时,就绪队列的队首进程总是先被调度程序选中,在 CPU 上运行一个时间片的时间。时间片是一个小的时间单位,通常为 10～100ms 数量级。当进程用完分给它的时间片后,系统的计时器发出时钟中断,调度程序进行调度,停止该进程的运行,并把它放入就绪队列的末尾;随后,进行进程切换,把 CPU 分给就绪队列的队首进程,同样让它运行一个时间片,如此往复。时间片轮转调度算法的原理如图 3-6 所示。

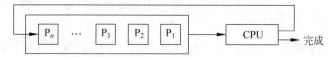

图 3-6　时间片轮转调度算法原理

在时间片轮转调度算法中,时间片的大小对系统的性能会造成较大影响。时间片轮转调度算法是一种剥夺性算法,因为进程切换会占用 CPU 的时间,这个开销与时间片大小有关。因此,若时间片很小,进程调度频繁发生,会增加系统的开销;反之,如果时间片选择太长,随着就绪队列中进程数量的增加,轮转一次所需的总时间增长,就会造成对每个进程的响应速度变慢,特别地,如果时间片大到让一个交互式进程足以完成这一次任务,那么时间片轮转调度算法便退化成 FCFS 算法。通常情况下,时间片的大小是由系统来确定的,为了满足用户对响应时间的要求,解决方法是,要么限制就绪队列中进程的个数,要么采用变化的时间片长度,依据当前负载情况及时调整时间片的大小。所以,现代操作系统在确定时间片长度时,要从进程的数量、进程切换所需要的开销、CPU 利用率、响应时间长短等多个因素进行考虑。

时间片的长短通常由以下几个因素确定。

(1) 系统的响应时间。在进程数目一定时,时间片的长短正比于系统对响应时间的要求。一个较为可取的时间片大小的确定方法是,时间片略大于一次典型的交互时间,使得大多数交互式进程能在一个时间片内完成,从而达到交互式进程响应时间短的目的。

(2) 就绪队列中进程的数目。当系统要求的响应时间一定时,就绪队列中的进程数越多,时间片应越小。

(3) 进程的转换时间。若进程的转换时间为 t,时间片为 q,为保证系统开销不大于某个标准,应使比值 t/q 不大于某一数值,如 $1/10$。

(4) CPU 运行指令速度。CPU 运行速度快,时间片可以短些;反之,则应取得长些。

在时间片轮转调度算法中,进程切换的时机可以分为两种情况:①若一个时间片还没用完,当前进程已经运行完成,此时立即激活调度程序,进行进程切换,将当前进程撤销,选择一个就绪进程分配一个时间片;②基于时钟中断的进程调度,只有当一个时间片用完时,才进行进程切换。现代操作系统在时间片轮转算法中,常常采用第一种方法。

例 3-6　考虑下述四个进程 A、B、C、D 的执行情况。设它们依次进入就绪队列,但前后时间忽略不计。四个进程分别需要运行 12、5、3、6 个时间单位,如表 3-10(a)所示。计算当时间片分别为 $q=1$、$q=4$ 时各进程的开始运行时间、完成时间、周转时间及带权周转时间。假设进程切换时机是一个进程运行完成时立即切换。

表 3-10　例 3-6 的表格及算法比较

(a) 各进程运行时间		
进程名	到 达 时 间	运行时间(时间单位)
A	0	12
B	0	5
C	0	3
D	0	6

续表

		到达 时间	运行 时间	开始 时间	完成 时间	周转 时间	带权周 转时间
进程名 到达时间							
时间片 q＝1	A	0	12	0	26	26	2.17
	B	0	5	1	17	17	3.4
	C	0	3	2	11	11	3.67
	D	0	6	3	20	20	3.33
	平均周转时间 $\overline{T}=18.5$			平均带权周转时间 $\overline{W}=3.14$			
时间片 q＝4	A	0	12	0	26	26	2.17
	B	0	5	4	20	20	4
	C	0	3	8	11	11	3.67
	D	0	6	11	22	22	3.67
	平均周转时间 $\overline{T}=19.75$			平均带权周转时间 $\overline{W}=3.38$			

（b）当 $q＝1$、$q＝4$ 时时间片轮转调度算法的比较

解：（1）当 $q＝1$ 时,通过分析和计算可以得到表 3-10（b）所示的结果。

（2）当 $q＝4$ 时,各进程执行情况如图 3-7 所示。

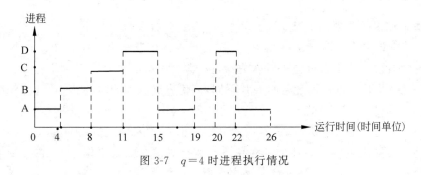

图 3-7　$q＝4$ 时进程执行情况

从上面的比较可以看出,时间片的大小对时间片轮转调度算法的性能有较大影响。如果时间片足够长,使每个进程都能在这段时间内运行完毕,那么时间片轮转调度算法就退化为先来先服务算法,显然,对用户的响应时间必然大大加长。但是,如果时间片太短,那么CPU 在进程间的切换工作就非常频繁,从而导致系统开销增加,因为每个时间片末尾都产生时钟中断,进行进程切换,这个工作需要系统开销。

3.5.6　多级队列调度算法

该算法适合进程调度。

多级队列调度（Multiple-Level Queue,MLQ）算法是先来先服务调度算法、时间片轮转调度算法和优先级算法的综合。该调度算法的主要思想是将系统中的就绪进程,按其优先级高低不同,分为两级或多级队列。进程调度时,首先从高优先级就绪队列中挑选进程,只有高一级队列为空时,才从低优先级就绪队列中选取。每个队列中可按先来先服务（FCFS）算法或时间片轮转调度算法进行调度。在按时间片轮转调度算法调度时,每个就绪队列的时间片 q 值大小可以不同。一般说来,优先级高的就绪队列,其 q 值可设较小值。

进程的优先级可以事先给定。例如,在通用操作系统中既有终端的分时作业,又有批处

理作业。可以将终端上的分时用户进程定为高优先级,而把非终端用户进程定为低优先级。有的系统把使用 I/O 设备频繁的进程定为高优先级或中优先级,有的系统设更多的级,如系统作业、交互型作业、编辑型作业、批处理型作业、学生型作业等,这样,系统中就设置了多个级别的就绪队列,并赋予它们不同的优先级。也可以对每个队列采用不同的调度算法,如对系统作业可采用优先级优先调度算法,对交互性作业采用时间片轮转调度算法,对批处理型作业队列采用 FCFS 算法。仅当无系统作业时才运行交互作业;仅当无系统型作业和交互型作业时才运行编辑型作业;学生型作业队列优先级最低,只有当系统中无其他类型作业时才运行学生型作业。

这种算法的性能及实用性能很好,且容易实现,被目前流行的操作系统所采用,如 UNIX、Linux 和 Windows NT 等。

3.5.7　多级反馈队列调度算法

该算法适合进程调度。

1. 多级反馈队列调度算法的实现思想

该算法是在多级队列法的基础上加进"反馈"措施,具体描述如下。

(1) 系统中设置多个就绪队列,各个队列具有不同的优先级:第一个队列的优先级最高,第二个队列次之,以下各个队列的优先级逐个降低。

(2) 各就绪队列中进程的运行时间片不同,高优先级队列的时间片小,低优先级队列的时间片大,如从高到低依次加倍。

(3) 一个新进程进入系统后,首先被放入第一队列的末尾,各队列按 FCFS 方式排队,每个进程运行一个时间片;如某个进程在一次运行时没有完成工作,则把它转到下一级队列的末尾。

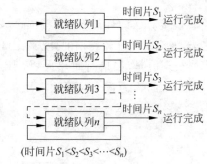

(时间片 $S_1 < S_2 < S_3 < \cdots < S_n$)

图 3-8　多级反馈队列调度算法示意

(4) 系统先运行第一队列中的进程,第一队列为空后,才运行第二队列中的进程,以此类推。最后一个队列(最低级)中的进程仍然采用时间片轮转的方式进行调度。

(5) 当比运行进程更高级别的队列中有一个新进程时,它将抢占运行进程的处理机,而被抢占的进程回到原队列的末尾。

多级反馈队列调度算法示意图如图 3-8 所示。

2. 多级反馈队列调度算法的几点说明

(1) 照顾输入输出型进程是系统的宗旨。其目的在于充分利用外部设备,以及对终端交互及时地予以响应。输入输出型进程通常进入最高优先级队列,能很快得到处理机。另外,第一级队列的时间片的大小也应使之大于大多数 I/O 型进程产生一个输入输出所需的运行时间。这样既能使输入输出型进程得到及时的处理,也可避免过多进程间转接操作,减少了系统开销。

（2）照顾了较短的作业。如果作业或进程仅在第一队列中执行一个时间片即可完成，作业的周转时间就非常短。对于稍长的作业，通常也只需在第二队列和第三队列各执行一个时间片即可完成。

（3）计算进程总是用尽时间片，而由最高级逐次进入低级队列，虽然运行优先级降低了，等待时间也较长，但终究得到较大的时间片来运行。同时，对于长作业，响应时间较短。

（4）在有些分时系统中，一个进程由于输入输出完成而要求重新进入就绪队列时，并不是将它放入最高级别的就绪队列，而是进入因输入输出而要求离开原来的一级就绪队列，这就需要对进程所在的就绪队列进行记录。这样做的好处是有些计算型进程，偶尔产生一次输入输出要求，输入输出完成后仍然需要很长的处理机运行时间，为减小进程的调度次数和系统开销，不让它从最高级队列逐次下降，而是直接放入原来所在的队列。

以上介绍了几种典型的调度算法。在单道批处理系统中，作业调度的主要任务是解决作业之间的自动接续问题，减少操作员的干预，提高系统资源的利用率。所采用的调度算法比较简单，通常采用先来先服务调度（FCFS）算法、短作业（进程）优先调度算法和高响应比优先调度算法。在多道批处理系统中，大多数多道程序系统的作业调度采用以下策略：先来先服务、考虑优先级、分时和优先级相结合、综合考虑资源要求等。分时系统通常采用时间片轮转调度算法、多级队列调度算法及多级反馈队列调度算法等调度策略。实时系统的调度通常采用如抢占式优先级、多级队列轮转及多级反馈队列轮转等策略。

3.6 Linux 系统的调度算法

Linux 系统作业调度非常简单，或者说没有作业调度，作业一旦提交，就直接进入内存，建立相应的进程，进入下一级的调度。交换调度主要涉及系统存储管理的内容，将在内存管理中进行研究。Linux 系统中的内核级线程和进程在表示、管理调度方面没有差别，系统也没有专门的线程调度，采用进程调度统一处理进程和内核级线程。因此，在此主要讨论 Linux 系统中的进程调度方法。

3.6.1 Linux 系统的进程调度策略

Linux 系统的调度程序就是内核中的 schedule() 函数，它的主要任务是在就绪队列 run_queue 中选出一个进程并投入运行。schedule() 函数需要确定以下参数：

（1）进程调度算法 Policy。

（2）进程过程中剩余的时间片 Counter。

（3）进程静态优先级 Priority，在 Linux 2.4 版本中取消了这个变量，但是它所代表的默认值 20 作为常数还在继续使用。

（4）实时进程的优先级 Rt_priority。

（5）用户可控制的 Nice 因子。

这些参数的变量被存放在进程控制块中相应的调度成员中。

Linux 系统提供了三种进程调度算法，这三种算法可由用户通过宏定义来选择。可使用的调度策略如表 3-11 所示。

表 3-11　调度策略

调度策略标志	所代表的调度策略
♯define SCHED_OTHER	普通的分时进程
♯define SCHED_FIFO	先进先出的实时进程
define SCHED_RR	基于优先级的轮转算法(动态优先级调度)
♯define SCHED_YIELD	不是调度策略,表示进程让出 CPU

内核把进程分为实时进程和非实时进程(普通进程)两种。实时进程获得 CPU 比普通进程优先。用户可以通过系统调用 sched_setschedule()函数改变自己的调度策略,通过系统调用 sys_setpriority()和 sys_nice()改变其静态优先级。一旦进程变为实时进程,它的子孙进程也是实时进程。

3.6.2　Linux 系统的优先级调度策略

进程的优先级是一些短整数,代表每个进程的相对获得 CPU 的权值。因此,进程的优先级越高,得到 CPU 的机会也就越大。Linux 内核又进一步把进程优先级分为静态优先级、动态优先级以及实时优先级。

1. 静态优先级

Linux 进程的静态优先级为 task_struct 结构中的一个分量 Priority。

进程静态优先级 Priority 是在进程建立时继承父进程的,用户可以通过系统调用 nice()或 setpriority()来设置,除此之外,Priority 在一个进程整个运行期间其值保持不变。在 Linux 1.0 版中,静态优先级的取值范围是 1～35,普通用户使用 nice()系统调用设置静态优先级时只能在这个范围内设置,其后的版本中新增的 setpriority()系统调用允许超级用户将一个进程的动态优先级定义为任意大的值。当然,如果将一个进程的动态优先级设得过大,系统将降级为一个单任务的操作系统。

2. 普通进程的调度策略

对于普通进程即非实时进程,Linux 的调度策略采用抢占式动态优先级调度算法。这是一种经常被采用的进程调度算法,这种算法不设进程就绪队列。进程调度子程序 schedule()总是选择动态优先级最高的进程来分配给 CPU,如图 3-9 所示。

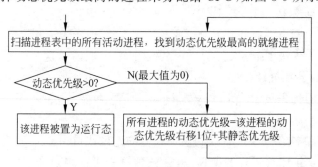

图 3-9　Linux 的进程调度过程

动态优先级是通过 task_struct 结构中的 Counter 分量定义的。Counter 表示在抢占式中断调度前该进程还能运行的时间,这个时间的单位是 tick,即时钟中断的发生周期。在 Linux 中,一个 tick 可以是 10ms,即每隔 10ms 发生一次时钟中断。因此,如果一个进程在某个时刻的动态优先级是 55,那么该进程这次使用 CPU 至少还能再连续运行 550ms,在此期间不能发生抢占式中断调度,即在此期间只能进行快中断处理,除非该进程因需等待 I/O 等原因而主动退出运行态,否则不能被抢占式中断调度强迫退出运行态。如果某个时刻,系统中共有四个就绪进程,它们的优先级分别是 2、20、30、10,那么调度程序显然会选中动态优先级为 30 的那个进程来使用 CPU。从时间片的角度来看,Linux 的时间片是动态时间片,同一时刻上不同进程的时间片是不同的,同一进程在不同时刻的时间片也是不同的,Linux 的进程调度算法总是选中当前时刻时间片最大的那个进程来使用 CPU。

进程动态优先级 Counter 的值的产生和变化与进程静态优先级有关。

在进程建立时,进程动态优先级的值是从父进程(当时的值)继承的。之后,在该进程存在期间,进程动态优先级是变化的。每当时钟中断发生时,当前运行进程的 Counter 值减 1,这种递减过程会在下列两种情况下停止。

(1) 当 Counter 递减到 0 时,进程就会在时钟中断处理过程中被迫从运行态进入就绪态。系统中处于就绪态的进程,其进程动态优先级不一定全为 0:对于那些从运行态进入就绪态的进程,其进程动态优先级一定为 0;对于那些从等待态进入就绪态的进程,其进程动态优先级通常不为 0。从运行态进入就绪态的进程,会在就绪态中一直保持动态优先级为 0,这样,不为 0 的那些进程会很快进入运行态,又很快进入等待状态或以 0 值进入就绪态,直到系统中的所有就绪态进程的动态优先级都为 0,再在进程调度程序中被重新置为各自进程的静态优先级的值,然后按动态优先级的值依次进入运行态运行。

(2) 对于处于运行态的进程,可能在 Counter 还没递减到 0 时,进程就因需等待某个事件的发生而进入了等待态。处于等待态的进程,其动态优先级通常逐渐增加,也可能不变,但不可能减小。

从图 3-9 可以看出 CPU 的调度过程。请注意该过程的"N"这一分支,这一步是当所有就绪进程的动态优先级都为 0 时,重新计算所有进程的动态优先级,所有就绪进程的动态优先级都被设为该进程的静态优先级。这一步有三点需要注意:

(1) 并不是当所有进程的动态优先级都递减到 0 时才一起这样做;

(2) 所有进程都参加了重新计算,包括就绪态进程和等待态进程;

(3) 并不是直接将静态优先级值赋给动态优先级,而是利用一个专用的计算公式给出 Linux 进程的动态优先级的计算方法。Counter 的计算公式为

```
p->counter = (p->counter >> 1) + p->priority    //p 为每个进程的 task 结构指针
```

对每个进程,将该进程的动态优先级的值右移一位(即除以 2 后取整)后,再加上该进程的静态优先级的值,就得到该进程的动态优先级的新值。对就绪进程,实质上仍是直接赋值(因为此时所有就绪进程的动态优先级已都为 0)。但对于处于等待态的进程来说,这个公式表示等待态进程的动态优先级大于其静态优先级,但不会比静态优先级的两倍更大。

Counter 的这种变化带来了如下效果:

（1）等待态进程会有较高的优先级，而且处于等待态时间越长的进程，其进程动态优先级就越高（直至等于其静态优先级两倍，此后便不再变化，直至进入运行态），这就意味着，I/O 较多的进程（通常从运行态退出时是进入等待态）会有较高的优先级。

（2）计算较多的进程（通常从运行态退出时是进入就绪态）会有较低的优先级，因为它不仅不会像等待进程那样增加优先级，而且会在就绪态等待较长时间。

大多数操作系统都有调度队列，如 Solaris 和 Windows 2000/NT，调度算法都采用多重队列动态优先级算法。Linux 中进程动态优先级的上述变化过程在一定程度上达到了多重队列调度算法的效果。

3.6.3 实时进程的调度策略

对于实时进程，Linux 系统使用两种调度策略：先来先服务调度算法和时间片轮转调度算法。因为实时进程对时间响应要求较高，为了保证实时进程能够优先于普通进程运行，内核为实时进程增加了第三种优先级，称为实时优先级。实时优先级被保存在进程控制块 PCB 的 Rt_priority 成员中，它是一个 0～99 的整数。实时进程使用静态优先级 Priority 常数和动态优先级 Counter 完成的功能与普通进程相同，但是 Counter 不作为实时进程调度的依据，这与普通进程不同。

视频讲解

3.7 死锁问题

计算机系统中有很多资源，如打印机、磁带机、一个文件的索引节点等，在多道程序设计环境中，若干进程往往要共享这类资源，而且一个进程所需的资源不止一个，这样，若干进程就会相互竞争有限的资源，因得不到满足而陷入阻塞状态。

系统发生死锁现象不仅浪费大量的系统资源，甚至导致整个系统崩溃，带来灾难性后果。所以，对死锁问题在理论上和技术上都必须给予高度重视，应采取一些有效的措施预防和避免死锁的发生，也可以采用相关的措施检测死锁。死锁一旦发生，要解除死锁，只有这样才能保证系统的安全与顺利执行。

3.7.1 死锁的概念

死锁是进程死锁的简称，是由 Dijkstra 于 1965 年研究银行家算法时首先提出来的，也是计算机操作系统乃至并发程序设计中非常重要但又最难处理的问题之一。掌握操作系统中对于死锁的处理方法，对于指导我们的现实生活会有积极的意义。

下面来看一个死锁的例子，如图 3-10 所示，假设某系统中，进程 P_1 和进程 P_2 并发执行。进程 P_1 已占有临界资源 R_1，进程 P_2 已占有临界资源 R_2。在以后运行的过程中，进程 P_1 再申请 R_2 将得不到满足，因此被加入到阻塞态队列；进程 P_2 又申请 R_1，因 R_1 被 P_1 占有，且 P_1 不能运行，因此不能释放 R_1，所以进程 P_2 也被放入阻塞态队列。这样，系统中的两个进程都因等待对方的临界资源而不能继续运行，这种现象称为死锁。该例中的临界资源 R_1 和 R_2

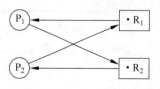
图 3-10 进程 P_1、P_2 陷入死锁状态

可能是打印机、磁带机和缓冲区等。

死锁是指多个进程循环等待其他进程占有的资源,因而无限期僵持下去的局面,也可以说死锁是进程之间无限期互相等待永不发生的事件。很显然,如果没有外界的作用,死锁中的各个进程将永远处于阻塞状态。

实际上,在前面的一些例子中,我们已经成功地解决过死锁问题,如生产者-消费者问题中,对于生产者进程,先做 wait(empty),后进行 wait(mutex);在消费者进程中,先做 wait(full),再做 wait(mutex),这种先后顺序也是为了避免死锁的发生。

研究死锁是为了让死锁不发生,这也就是死锁的预防和避免;在系统中应该能够检测死锁,当死锁发生时,要解除死锁。

3.7.2 解决死锁问题的基本方法

为保证系统的正常运行,应事先采取措施,预防或避免死锁的发生。在系统已出现死锁后,要及时检测到死锁并解除死锁。目前用于处理死锁问题的方法如下。

1. 死锁的预防

采取某种策略,限制并发进程对资源的请求,从而保证死锁的必要条件在系统执行的任何时间都得不到满足。

2. 死锁的避免

在分配资源时,根据资源的使用情况提前做出预测,给定一个合适、安全的进程推进顺序,从而避免死锁的发生。这种方法实现起来有一定难度,但在一些较完善的系统中常用这种方法。

3. 死锁的检测

允许系统发生死锁。系统设有专门的机构,当死锁发生时,该机构能够检测到死锁的发生,并能确定参与死锁的进程及相关资源。

4. 死锁的解除

这是与死锁检测相配套的措施,用于将进程从死锁状态中解脱出来。

由于操作系统的并发与共享以及随机性等特点,通过预防和避免死锁的手段达到排除死锁的目的十分困难,需要相当大的系统开销,对资源的利用也不够充分。死锁的检测与解除则相反,不必花费多少执行时间就能发现死锁并从死锁中恢复出来。因此,实际操作系统很多都采用了后两种方法。

3.7.3 产生死锁的原因及必要条件

1. 产生死锁的原因

从上例可以看出,系统产生死锁的根本原因可归结为以下两点。

(1) 各进程竞争有限的资源。系统提供的资源数量有限,远不能满足并发进程对资源的需求。可将系统中的资源分为可剥夺性资源和不可剥夺性资源。可剥夺性资源是指某进程在获得这类资源后,该资源可被其他进程抢占,如处理机、内存。优先权高的进程可以剥夺优先权低的进程的处理机;内存区可由内存管理程序把一个进程从一个存储区移到另一个存储区,即剥夺了该进程原来占有的存储区。不可剥夺性资源是指进程一旦占有该资源就不可抢占,不管其他进程的优先权是否高于当前进程,只能在该进程用完后自行释放,如打印机、磁带机等。

大多数情况下,引起死锁的资源竞争是指对于不可剥夺性资源的竞争。另外一种因资源竞争而死锁的资源是一些临时性资源,也称为消耗性资源,这种资源是被另一进程使用很短的时间而以后便无用的资源,如消息等。

(2) 进程推进顺序不当。图 3-10 中,两进程并发执行,占有资源并申请另一资源,这时因各进程互相等待另一进程释放临界资源而陷入死锁状态。如果此时先让进程 P_1 运行,待进程 P_1 获得它所需的两个资源 R_1 和 R_2 后,马上让 P_2 开始运行,这样就可以避免死锁的发生。以后将要讨论的银行家算法就是要找到一个合适、安全的进程推进顺序,以保证系统的正常运行。

2. 死锁产生的必要条件

通过以上对于死锁的分析,可以看出,系统如果发生死锁,一定同时具备下列四个条件,即死锁的必要条件。

(1) 互斥条件。对于一个排他性资源,某一时刻最多只能由一个进程占有,不能同时分配给两个以上的进程。只有占有该资源的进程放弃该资源后,其他进程才能占有该资源,如打印机是临界资源,各进程必须互斥地使用。

(2) 占有且申请条件。进程至少已经占有一个资源,但又申请新的资源;由于该资源已被其他进程占有,此时该进程阻塞,但是它在等待新资源时,仍不释放已占有的资源。

(3) 不可抢占条件,也称为不剥夺条件。进程所获得的资源在未使用完毕之前,资源申请者不能强行从资源占有者进程夺取该资源,只能等待占有该资源的进程释放该资源后,其他进程才可以使用。

(4) 环路条件。存在一个进程等待序列 $\{P_1, P_2, \cdots, P_n\}$,其中 P_1 等待进程 P_2 所占有的资源,P_2 等待进程 P_3 所占有的资源,$\cdots$,P_{n-1} 等待进程 P_n 所占有的资源,P_n 等待进程 P_1 所占有的资源,形成一个循环等待的环路。

上面四个条件是在死锁发生时同时出现的,可以利用它的逆否命题,即四个条件中只要有一个不满足,则死锁不会发生。这正是预防死锁所需要考虑的方法。

3.8 死锁的预防

视频讲解

在系统中采用各种方法都是为了防止死锁的发生,它们在实现上也分别采用了不同的原理:死锁的预防是根据死锁的四个必要条件,即只要有一个条件不满足,则死锁不发生。

死锁的必要条件中,第一个条件是"互斥条件",对于可分配的资源要互斥使用,这是由资源的固有特性决定的,不可改变。因此,只有通过摒弃后面三个条件之一,使它们中的一条不成立来达到预防死锁的目的。

3.8.1 摒弃占有且申请条件

可以采用资源的静态预分配策略或释放已占资源策略。

1. 资源的静态预分配策略

在进程运行以前，一次性地向系统申请它所需的全部资源。如果某个进程所需的全部资源得不到满足，则不分配任何资源，此进程暂不执行。只有当系统能够满足当前进程的全部资源的需求时，才一次性地将所申请的资源全部分配给该进程。这种方法存在一些缺点：

（1）一般情况下，一个进程在执行期前不可能知道它所需的全部资源，因为进程执行时是动态的。

（2）资源的利用率低。无论所分配资源何时用到，一个进程只有在占有所需全部资源后才能执行。

（3）降低了进程的并发性，因此系统的效率不高。由于资源有限，能分配到全部资源的进程数量必然减少。

2. 释放已占资源策略

仅当进程没有占用资源时才允许它去申请资源。如果进程已经占用了某些资源而再申请资源，应先归还所占用的资源后再申请新资源。例如，进程对存放在磁带机上的文件进行处理，然后将处理结果打印输出。进程可以先申请磁带机，得到磁带机后进程就可以开始执行，启动磁带机，读出文件后进行处理，把处理后的文件保存在自己的工作区。然后释放磁带机，再申请打印机。得到打印机后，就可把处理好的文件打印输出。

这种方法仍会使一些进程处于等待资源状态。进程所申请的资源可能已被其他进程占用，只能等待占用者进程释放资源后，系统才可能分配给申请进程。

3.8.2 摒弃不可抢占条件

我们采取的策略是隐式抢占。约定如果一个进程已经占有了某些资源又要申请另外的资源，而被申请的资源不满足时，该进程必须等待，同时释放已占有的资源，以后再进行申请。它所释放的资源可以重新被分配给其他进程，这就相当于该进程占有的资源被隐式地抢占了，这种预防死锁的方法实现起来较为困难。

3.8.3 摒弃环路条件

实行资源的有序分配策略，即把资源事先分类编号，按序分配，使进程在申请、占有时不会形成环路。例如，令输入机的序号为 1、打印机的序号为 2、磁带机的序号为 3、磁盘的序号为 4 等。所有进程对资源的请求必须严格按照资源序号递增的次序提出，这样在资源分配图中，就能保证不再存在环路。

这些预防死锁的策略与前面两种策略相比，其资源利用率和系统吞吐量都有较为明显的改善。但也存在缺点，如各类资源所分配的序号必须相对稳定，这就限制了新类型设备的增加；虽考虑到大多数作业在实际使用资源时的顺序，但也经常会出现作业使用各类资源的顺序与系统规定的顺序不同,造成对资源的浪费;为方便用户,系统对用户在编程时所施加的限制条件应尽量多,然而这种按规定次序申请的方法必然会限制用户自然、简单地编程。

视频讲解

3.9　死锁的避免

以上讲到的死锁的预防是排除死锁的静态策略,它使产生死锁的四个必要条件不能同时具备,从而对进程申请资源的活动加以限制,以保证死锁不会发生。死锁的避免是一种排除死锁的动态策略,给系统中并发执行的进程找到一个安全的推进顺序,而不限制进程有关申请资源的命令,对进程所发出的每一个申请资源的活动都加以动态的检查,并根据检查结果决定是否进行资源分配,即在资源分配过程中预测是否会出现死锁,如果不会死锁,则分配资源;若有发生死锁的可能,则加以避免。这种方法的关键是确保资源分配的安全性。

3.9.1　系统的安全状态

由于避免死锁的策略允许进程动态地申请资源,系统需提供某种方法在进行资源分配之前先计算资源分配的安全性,若此次分配不会导致系统进入死锁状态,则将资源分配给进程,否则进程等待。

安全状态是指系统中的所有进程能够按照某种次序分配资源,并且依次运行完毕,进程序列$\{P_1, P_2, \cdots, P_n\}$就是安全序列。如果存在这样一个安全序列,则系统是安全的,称此时系统处于安全状态。如果系统不存在这样一个序列,则称系统是不安全的。

例 3-7　有三个客户C_1、C_2、C_3向银行家贷款。该银行家的资金总额为10个资金单位,其中客户C_1要借9个资金单位,客户C_2要借3个资金单位,客户C_3要借8个资金单位,总计20个资金单位。若T_0时刻,客户占用和还需申请资源的状态如表3-12所示,银行家应如何分配资金?

表 3-12　例 3-7 客户占用和还需申请资源的状态

客户	已分配资源	还需申请资源
C_1	2	7
C_2	2	1
C_3	4	4

解: 银行家手里剩余的资源单位数是$10-(2+2+4)=2$。此时银行家只有将资金分配给C_2才能最终收回贷款。然后,再将资金依次分配给C_3和C_1,这样银行家能最终收回所有贷款。这里就存在一个安全序列$\{C_2, C_3, C_1\}$,此时系统是安全的。

3.9.2　由安全状态向不安全状态的转化

如果不按照安全序列的顺序分配资源,系统可能由安全状态进入不安全状态。例如,若在T_0时刻以后,C_3又申请到2个资金单位,则系统进入不安全状态。因为,此时无法再找到一个安全序列,结果造成系统产生死锁。由此可见,当C_3申请资源时,尽管当时系统中还有可用资源,但是不能分配给它,必须让它等待。按银行家的术语说,某客户若无偿还能力时,就不要贷款给他。

3.9.3 银行家算法

最具有代表性的避免死锁的算法是 Dijkstra 的银行家算法,由于该算法可能用于银行现金贷款而得名。一个银行家把他的固定资金贷给若干顾客,只要不出现一个顾客借走所有资金后还不够,银行家的资金应是安全的。银行家需要一个算法保证借出去的资金在有限时间内可以收回。

假定顾客分成若干次进行贷款,并在第一次贷款时说明他的最大借款额。具体算法如下:

(1) 顾客的贷款操作依次顺序进行,直到全部操作完成。

(2) 银行家对当前顾客的贷款操作进行判断,以确定其安全性,看能否支持顾客贷款,即该客户能否运行完成。

(3) 安全时,贷款;否则,暂不贷款。

3.10 利用银行家算法避免死锁

视频讲解

3.10.1 银行家算法中的数据结构

1. 可利用资源向量 Available

可利用资源向量也称为空闲向量,是一个含有 m 个元素的数组。每一个元素代表一类可利用的资源数目,其初始值是系统中所配置的该类全部可用资源的数目,其数值随该类资源的分配和回收而动态地改变。如果 Available$[j]=K$,则表示系统中现有 R_j 类资源 K 个。

2. 最大需求矩阵 Max

最大需求矩阵是一个 $n \times m$ 的矩阵,它定义了系统中 n 个进程中的每一个进程对 m 类资源的最大需求。如果 Max$[i,j]=K$,则表示第 i 个进程需要 R_j 类资源的最大数目为 K。

3. 分配矩阵 Allocation

分配矩阵也叫占有矩阵,是一个 $n \times m$ 的矩阵,它定义了系统中每一进程已占有的每一类资源数。如果 Allocation$[i,j]=K$,则表示第 i 个进程当前已分得 R_j 类资源的数目为 K。

4. 需求矩阵 Need

需求矩阵也叫申请矩阵,是一个 $n \times m$ 的矩阵,用以表示每一个进程尚需的各类资源数。如果 Need$[i,j]=K$,则表示第 i 个进程还需要 R_j 类资源 K 个才能完成任务。

显然,前三个矩阵之间存在如下关系:

$$Need[i,j] = Max[i,j] - Allocation[i,j]$$

3.10.2　银行家算法的实现

1. 进程申请资源的情况

设 $Request_i$ 是进程 P_i 的请求向量,如果 $Request_i[j]=K$,表示进程 P_i 需要 R_j 类资源的个数为 K。$Request_i$ 与 $Need[i]$ 的关系可能为以下三种情况。

(1) $Request_i > Need[i]$。这种情况表示该进程的资源需求已超过系统所宣布的最大值,因此认为出错。

(2) $Request_i = Need[i]$。这种情况表示该进程现在对它所需的全部资源一次申请完成。

(3) $Requesti < Need[i]$。这种情况表示该进程现在对它所需资源再进行部分的申请,剩余的资源以后可再次申请。

2. 银行家算法的描述

当进程 P_i 发出资源请求后,系统按下述步骤进行检查。

(1) 如果 $Request_i \leqslant Need[i]$,便转向步骤(2);否则显示出错,因为它所需的资源数已超过它事先要求的最大值。

(2) 如果 $Request_i \leqslant Available$,便转向步骤(3);否则,表示尚无足够资源,$P_i$ 须等待。

(3) 假设系统将资源分配给 P_i,则需修改如下数据结构的值:

```
Available: = Available - Request_i;
Allocation[i]: = Allocation[i] + Request_i;
Need[i]: = Need[i] - Request_i;
```

(4) 系统执行安全性算法,检查此次资源分配后,系统是否处于安全状态。如果是安全的,则将资源真正地分配给进程 P_i,否则,将本进程的试探分配作废,恢复原来的资源分配状态,进程 P_i 等待。

3. 安全性算法

工作向量 Work 表示在算法执行过程中,系统可提供给进程继续运行所需的各类资源数目,它含有 m 个元素,在执行安全算法开始时,初始值 $Work := Available$。

完成向量 Finish 表示系统能否运行完成。它有 n 个分量,分别表示各进程是否可执行完成。若 $Finish[i] := true$,表示第 i 个进程能够获得足够的资源,运行完成;若 $Finish[i] := false$,表示该进程不能获得所需全部资源,不能运行完成。

设初值 $Finish[i] := false, i=0,1,2,\cdots,n-1$。当有足够资源分配给第 i 个进程时,再令 $Finish[i] := true$。

安全算法的步骤如下。

(1) 设置两个工作向量。设置工作向量 Work、完成向量 Finish,并赋初值。

(2) 进行安全性检查。从进程集合中查找一个能满足下述条件的进程 i:

```
Finish[i]: = false
Need_i ≤ Work;
```

若找到这样的进程,执行步骤(3);若找不到这样的进程,则转步骤(4)。

(3)

Work : = Work + Allocation[i];
Finish[i] : = true;

返回步骤(2)。

因为进程 P_i 若能执行完成,则能够释放它所占的资源。

(4) 若所有进程的 Finish[i]：＝true 都满足,则表示系统处于安全状态,正式将资源分配给进程 P_i；否则,系统处于不安全状态,系统不能进行这次试探性分配,恢复原来的资源分配状态,让进程 P_i 等待。

如果已判定系统处于安全状态,则通过运算过程同时可以找到一个安全序列。

银行家算法具有较好的理论意义。但由于在实际系统中,难以预见或获得各个进程申请的最大资源向量,且实际运行进程的个数是动态变化的,因此银行家算法在实际系统中难以实施,或实施过程代价过大。

3.10.3　银行家算法的应用

例 3-8　某系统有 A、B、C 类型的三种资源,在 T_0 时刻进程 P_1、P_2、P_3、P_4 对资源的占用和需求情况如表 3-13 所示,此刻系统可用资源向量为(2,1,2)。

表 3-13　各进程对资源的占用和需求情况

资源请求进程	最大需求量 Max			已分配资源 Allocation		
	A	B	C	A	B	C
P_1	3	2	2	1	0	0
P_2	6	1	3	4	1	1
P_3	3	1	4	2	1	1
P_4	4	2	2	0	0	2

(1) 将系统中各种资源总数和进程对资源的需求数目用向量或矩阵表示出来。

(2) 判定此刻系统的安全性。如果是安全的,写出安全序列,如果是不安全的,写出参与死锁的进程。

(3) 如果此时 P_1 和 P_2 均再发出资源请求向量 Request 为(1,0,1),为了保持系统安全性,应如何分配资源给这两个进程?说明所采用策略的原因。

(4) 如果(3)中的请求都立刻满足后,系统此刻是否处于死锁状态?最终能否进入死锁状态?若能,说明参与死锁的进程;若不能,说明原因。

解：(1) 由题意可知,Available＝(2,1,2)

$$系统资源总数向量 = Available + Allocation$$
$$= (2,1,2) + (7,2,4)$$
$$= (9,3,6)$$

进程对资源的需求矩阵

$$\text{Need} = \text{Max} - \text{Allocation} = \begin{bmatrix} 3 & 2 & 2 \\ 6 & 1 & 3 \\ 3 & 1 & 4 \\ 4 & 2 & 2 \end{bmatrix} - \begin{bmatrix} 1 & 0 & 0 \\ 4 & 1 & 1 \\ 2 & 1 & 1 \\ 0 & 0 & 2 \end{bmatrix} = \begin{bmatrix} 2 & 2 & 2 \\ 2 & 0 & 2 \\ 1 & 0 & 3 \\ 4 & 2 & 0 \end{bmatrix}$$

(2) 采用银行家算法进行计算步骤如下：

```
Work = Available = (2,1,2)
Finish = (false,false,false,false)
```

① 因为 Need[2]<Work，故系统可以满足 P_2 对资源的请求，将资源分配给 P_2 后，P_2 可执行完成，然后释放它所占有的资源。因此

```
Finish[2] = true;
Work = Work + Allocation[2] = (2,1,2) + (4,1,1) = (6,2,3)
```

② 此时，Need[1]<Work，故 P_1 可执行完成。

```
Finish[1] = true;
Work = Work + Allocation[1] = ( 6,2,3) + (1,0,0) = (7,2,3)
```

③ 此时，Need[3]<Work，故 P_3 可执行完成。

```
Finish[3] = true;
Work = Work + Allocation[3] = ( 7,2,3) + (2,1,1) = (9,3,4)
```

④ 此时，Need[4]<Work，故 P_4 可执行完成。

```
Finish[4] = true;
Work = Work + Allocation[4] = ( 9,3,4) + (0,0,2) = (9,3,6)
```

系统至少可以找到一个安全的执行序列，如(P_2,P_1,P_3,P_4)，使各进程正常运行终结。

(3) 系统不能将资源分配给进程 P_1，因为虽然可利用资源还可以满足进程 P_1 现在的需求，但是一旦分配给进程 P_1 后，就找不到一个安全执行的序列保证各进程能够正常运行终结，所以进程 P_1 应该进入阻塞状态。

(4) 系统满足进程 P_1 和 P_2 的请求后，没有立即进入死锁状态，因为这时所有进程没有提出新的资源申请，全部进程均没有因资源未得到满足而进入阻塞状态。

例 3-9　某系统有同类资源 m 个，n 个并发进程可共享该类临界资源。求每个进程最多可申请多少个该类临界资源，保证系统一定不发生死锁。

分析：要使系统不发生死锁，则每个进程能获得的资源数最大值应是让每个进程得到最大需求数减 1，另外还有一个空闲资源。这样，就有一个进程可以申请到所需资源，执行完成后，再释放资源，以此类推，最终整个系统中所有的进程都能执行完成。

解： 设每个进程最多申请该类资源的最大量为 x。

每个进程最多申请 x 个资源，则 n 个进程最多同时申请的该类临界资源数为 $n \times x$。

为保证系统不发生死锁，应满足下列不等式：

$$n(x-1)+1 \leqslant m \tag{*}$$

这是因为进程最多申请 x 个资源，最坏的情况是每个进程都已得到了 $(x-1)$ 个资源，现均申请最后一个资源。只要系统至少还有一个资源就可使其中一个或几个进程得到所需

的全部资源,在它们执行结束后归还的资源可供其他进程使用,因而不可能发生死锁。

解不等式(＊),可得

$$x \leqslant 1+[(m-1)/n]$$

即 x 的最大值为 $1+[(m-1)/n]$。因而,当每个进程申请资源的最大数值为 $1+[(m-1)/n]$ 时,系统肯定不会发生死锁。

3.11 死锁的检测与解除

死锁的预防和避免都是对资源的分配加以限制,操作系统解决死锁问题的另一条途径是死锁的检测方法。死锁检测方法与死锁预防和避免策略不同,这种方法对资源的分配不加限制,只要有剩余的资源,就可把资源分配给申请的进程,允许系统有死锁发生,这样做的结果可能会造成死锁。关键是当死锁发生时系统能够尽快检测到,以便及时解除死锁,使系统恢复正常运行。因此,采用这种方法必须解决三个问题:一是何时检测死锁的发生;二是如何判断系统是否出现了死锁;三是当发现死锁发生时如何解除死锁。

3.11.1 死锁检测的时机

由于死锁检测算法允许系统发生死锁,因此最好的情况是一旦死锁产生,就能立即检测到,也就是说死锁发现得越早越好。

死锁一般是在资源分配时发生的,所以将死锁的检测时机定在有资源请求时比较合理,但是采用这种方法检测的次数过于频繁,若没有死锁,将占用CPU非常大的时间开销。

另一种方法是周期性地检测,即每隔一定时间检测一次,或者根据CPU的使用效率去检测,先为CPU的使用率设定一个最低的阈值,每当发现CPU使用率降到该阈值以下时就启动检测程序,以减少由于死锁造成CPU的无谓操作。

3.11.2 死锁的检测

1. 利用资源分配图

系统对资源的分配情况可以用有向图加以描述,该图由结对组成 $G=(V,E)$。其中,V 是顶点的集合,E 是有向边的集合,顶点集合可分为 $P=\{P_1,P_2,\cdots,P_n\}$,由系统中全部进程组成;$R=\{r_1,r_2,r_3\}$,由系统中的全部资源组成。

由边组成的集合 E 中,每一个元素都是一个有序结对 (p_i,r_j) 或 (r_j,p_i)。其中,p_i 是 P 中的一个进程 $(p_i \in P)$,r_j 是 R 中的资源类型 $(r_j \in R)$。如果 $(p_i,r_j) \in E$,则存在一条从进程 p_i 指向资源 r_j 的有向边,进程 p_i 申请一个 r_j 资源单位。当前 p_i 在等待资源。如果 $(p_i,r_j) \in E$,则有向边从资源 r_j 指向进程 p_i,表示有一个 r_j 资源分配给进程 p_i。边 (p_i,r_j) 称为申请边,而边 (r_j,p_i) 称为赋给边。在资源分配图中,用圆圈表示每个进程,用方框表示各种资源的类型,方框中圆点的数量表示该类资源的个数。当然,申请边只能指向方框,而赋给边必须指向方框中的一个圆点。

图 3-11 所示的资源分配图表示 P_1 申请临界资源 R,同时 R 已被进程 P_2 占有。临界资源 R 类中只有一个资源。

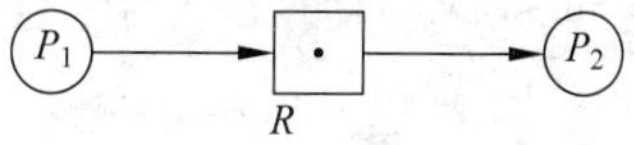

图 3-11 资源分配图

2. 资源分配图的简化

利用资源分配图进行死锁检测的目的是判定当前状态是否发生死锁。如果有进程没有被阻塞、进程没有请求边,那么一个资源分配图就能够进行化简。

通过消除所有指向进程的分配边,可以化简资源分配图。如果一个资源分配图不能通过任何一个进程化简,那么它就是不可被简化的;如果有一个化简序列导致图中没有任何一种类的边,那么它就是可完全简化的。

3. 死锁定理

通过资源分配图可以很直观地得到系统中的进程使用资源的情况。显然,如果图中不出现封闭的环路,则系统中不会存在死锁;如果系统出现由各有向边组成的环路,则是否产生死锁,还需进一步分析:如果环路可以通过简化的方式取消,则系统一定不产生死锁;如果环路通过化简的方式仍不能取消,即不能再进行简化,则系统一定会产生死锁,这就是著名的死锁定理。

某系统状态 S 为死锁状态的充分条件是,当 S 状态的资源分配图是不可完全简化的,即如果资源分配图中不存在环路,则系统不存在死锁;如果资源分配图中存在环路,并且不可再简化,则系统产生死锁。

例如,在图 3-10 中,存在进程与资源的环路 $P_1 \rightarrow R_2 \rightarrow P_2 \rightarrow R_1 \rightarrow P_1$,且不可再被简化,因此系统死锁。

例 3-10　如图 3-12 和图 3-13 所示的资源分配图,试分析两系统是否发生死锁。

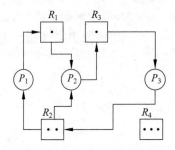
图 3-12　例 3-10 资源分配图 1

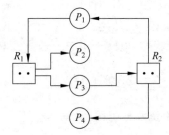
图 3-13　例 3-10 资源分配图 2

解: 图 3-12 中存在两个环路 $P_1 \rightarrow R_1 \rightarrow P_2 \rightarrow R_3 \rightarrow P_3 \rightarrow R_2 \rightarrow P_1$ 和 $P_2 \rightarrow R_3 \rightarrow P_3 \rightarrow R_2 \rightarrow P_2$。通过分析,不能再对该资源分配图进行简化,所以,该系统处于死锁状态,进程 P_1、P_2 和 P_3 都参与了死锁。在图 3-13 中,虽然也存在一个环路,但该资源分配图是可以简化的,因此该系统并不死锁。

4. 死锁检测中的算法

死锁检测中的数据结构和算法类似于银行家算法。算法中的 Available、Allocation、Request、Work 的意义与银行家算法的相同,L 是初值为空的进程表。

(1) 置初值:

```
Work = Available;
```

将不需要也不占用资源的进程记入表 L 中。

（2）从进程集合中找到一个满足下列条件的进程 i：

Request$_i$≤Work,

且该进程不在表 L 中。

若能找到这样的进程,则将该进程放入表列 L 中,然后增加工作向量：

Work = Work + Allocation[i];

返回步骤(2)。

若不能找到这样的进程,则执行步骤(3)。

（3）若不能把所有进程记入表列 L 中,则表明系统状态 S 将发生死锁。

当发现系统处于不安全状态时,就要执行死锁的恢复策略。

3.11.3 死锁的解除

一旦在死锁检测时发现了死锁,就要解除死锁,使系统从死锁状态中恢复过来。一般采用两种方式来解除死锁：一种是终止一个或几个进程的执行以破坏循环等待；另一种是抢占参与死锁的进程的资源。

1. 终止进程

终止参与死锁的进程执行,系统可收回被终止进程所占用的资源,并进行再分配,以达到解除死锁的目的。

（1）终止涉及死锁的所有进程。这种方法能彻底破坏死锁的循环等待状态,但将付出很大的代价,因为有些进程可能已经运行了很长时间,由于被终止而使产生的部分结果也被删除了,在重新执行时还要再次进行计算及运行。

（2）一次终止一个进程。这种方法是每次终止一个涉及死锁的进程执行,收回它所占的资源作为可分配的资源,然后再由死锁检测程序判断是否仍然存在死锁。若死锁依然存在,则再终止一个处于死锁中的进程,如此循环直到死锁解除。

死锁解除后,应在适当的时机让被终止的进程重新执行。当重启运行进程时应让进程从头开始执行,也有的系统在进程执行的过程中设置校验点,重新启动时让进程回退到发生死锁之前的那个校验点开始执行。设置校验点对执行时间长的进程来说是有必要的,但系统的开销较大。

2. 抢占资源

从参与死锁的一个或几个进程中抢夺资源,把释放的资源再分配给另一些参与死锁的进程,直到死锁解除。采用此方法应注意以下三点。

（1）抢占哪些进程的资源。希望能以最小的代价结束死锁,因此必须关注参与死锁的进程所占有的资源数,以及它们已经执行的时间等因素。

（2）被抢夺进程的恢复。如果一个进程被抢夺了资源就无法继续执行,因而应该让它返回到某个安全状态并记录有关的信息,以便重新启动该进程执行。

（3）进程的"饿死"。如果经常从同一个进程中抢占资源,则该进程总是处于资源不足的状态而不能完成,该进程就会被"饿死"。因此,一般情况下总是从执行时间短的进程中抢夺资源,以免该现象发生。

此外,还有进程回退策略,即让参与死锁的进程回退到没有发生死锁前的某一点处,并由此点处继续执行,以求再次执行时不再发生死锁。虽然这是个较理想的办法,但操作起来系统开销极大,要有堆栈这样的机构记录进程的每一步变化,以便以后的回退,有时无法做到。

本章小结

本章主要介绍操作系统中的三级调度与死锁。

处理机的三级调度:高级调度是作业调度,中级调度是内外存对换,低级调度是进程调度。用户交给计算机的一个任务称为作业,作业有四个基本状态:提交状态、后备状态、运行状态和完成状态。从后备态队列中选择一个作业执行,称为作业调度。进程调度是指按照一定的算法从就绪态队列中选择一个进程运行。在本章中分析了作业调度及进程调度的过程。

不同的操作系统类型追求的目标是有差异的。总的来讲调度算法追求的目标是系统的高效率、CPU以及资源的利用率。不同的操作系统的目标因素有:系统的效率、吞吐量及各类资源的平衡利用、作业的周转时间、作业的响应时间、作业的截止时间、优先权准则等。

作业调度算法和进程调度算法有先来先服务调度算法、短作业(短进程)优先调度算法、高响应比优先调度算法、优先级调度算法和时间片轮转调度算法。其中,优先级调度算法包括非抢占式优先级调度算法和抢占式优先级调度算法。

死锁是指多个进程循环等待其他进程占有的资源,因而无限期地僵持下去的局面。死锁产生的原因有各进程间竞争有限的资源、进程推进顺序不当。产生死锁的必要条件有互斥条件、占有且申请条件、不可抢占条件、环路等待条件。解决死锁的基本方法有死锁的预防、死锁的避免、死锁的检测、死锁的解除。预防死锁是利用死锁的四个必要条件,只要保证一个条件不满足,死锁就不会发生;死锁的避免通常使用银行家算法,在并发执行的进程中寻找一个安全序列,如果能找到,假设系统按照安全序列的顺序分配资源,系统不会死锁。如果在进程的推进过程中,对资源的分配不加以限制,就有可能造成死锁,这时需采用死锁的检测方法,对系统是否陷入死锁加以检测。死锁的检测可以利用死锁定理,即死锁的充要条件是当且仅当资源分配图是不可完全被简化的;也可利用死锁检测算法来实现。如果发生死锁,则采用死锁的解除策略来解除死锁。

习题 3

3-1　处理机调度的主要目的是什么?

3-2　高级调度与低级调度的功能是什么?

3-3　处理机调度一般可分为哪三级?其中哪一级调度必不可少?为什么?

3-4　作业在其存在的过程中分为哪四种状态?

3-5　作业提交后是否立刻加载内存?为什么?

3-6　在批处理系统、分时系统和实时系统中,各采用哪几种进程或作业调度算法?

3-7　什么是实时调度?与非实时调度相比,有何区别?

3-8　在批处理系统、分时系统和实时系统中,各采用哪几种进程(作业)调度算法?

3-9　在操作系统中,引起进程调度的主要因素有哪些?

3-10　假设有四道作业,它们的提交时刻及需要执行的时间如表 3-14 所示。

表 3-14　各作业提交时刻及需要执行的时间

作业号	提交时刻	执行时间
1	10:00	2h
2	10:20	1h
3	10:40	50min
4	10:50	30min

试计算在单道程序环境下,采用先来先服务调度算法和短作业优先调度算法时的平均周转时间和平均带权周转时间,并指出它们的调度顺序。

3-11　在单 CPU 条件下有下列要执行的作业序列,如表 3-15 所示。作业到来的时间是按作业编号顺序进行的(后面作业依次比前一个作业迟到 1s)。

(1) 用一个执行时间图描述在采用非抢占式优先级算法时执行这些作业的情况。

(2) 对于上述算法,各个作业的周转时间是多少?平均周转时间是多少?

表 3-15　第 3-11 题表

作业	运行时间/s	优先级
1	10	2
2	4	3
3	3	5

3-12　现有四个作业,假设它们按顺序依次到达,假设作业提交时刻为 0,但到达的前后时间忽略不计。要求运行时间分别为 2s、60s、2s、2s,如表 3-16 所示。系统按照高响应比优先调度算法进行作业调度,要求计算各作业的执行顺序、开始运行时间、运行结束时间、周转时间和带权周转时间。

表 3-16　第 3-12 题表

作业名	到达次序	要求运行时间/s
A	1	2
B	2	10
C	3	3
D	4	2

3-13　什么叫死锁?死锁产生的原因和必要条件有哪些?

3-14　在解决死锁问题的几个方法中,哪种方法最易实现?哪种方法资源利用率最高?

3-15　设时间片为一个时间单位。现有四个进程,每个进程比上一个进程迟到一个时间单位,各进程要求运行时间如表 3-17 所示。系统对进程调度采用时间片轮转调度算法。试计算各进程的完成时间和周转时间。

表 3-17   习题 3-15 表

进程	进 入 时 间	要求运行时间/s
A	0	12
B	1	5
C	2	3
D	3	1

3-16   什么是安全状态?为什么安全状态可以向不安全状态转化?

3-17   假定某系统有五个进程 P_1、P_2、P_3、P_4、P_5 共享三类资源 A、B、C。资源类 A 共有 17 个资源,资源类 B 共有 5 个资源,资源类 C 共有 20 个资源。某一时刻,各进程对资源的需求和占用情况如表 3-18 所示。

表 3-18   习题 3-17 表

请 求 进 程	最大资源需求量			已分配资源数量		
	A	B	C	A	B	C
P_1	5	5	9	2	1	2
P_2	5	3	6	4	0	2
P_3	4	0	11	4	0	5
P_4	4	2	5	2	0	4
P_5	4	2	4	3	1	4

(1)判定系统的安全性。若安全,给出安全序列;若不安全,说明原因。

(2)在该时刻若进程 P_2 请求资源(0,3,4),是否能分配资源?为什么?

3-18   试说明 Linux 系统的进程调度算法所采用的策略。

第4章

内存管理

本章学习目标

本章介绍操作系统内存管理功能,包括基本内存管理方式和虚拟存储管理方式。基本内存管理方式包括分区存储管理方式、页式存储管理方式、段式存储管理方式、段页式存储管理方式;虚拟存储管理方式包括虚拟存储的概念、原理及实现。本章以 Linux 系统为例进行讲解。通过对本章的学习,读者应掌握以下内容:

- 掌握内存管理的基本概念;
- 掌握分区存储管理方式、页式存储管理方式、段式存储管理方式的基本思想,数据结构及重定位方法,并能灵活运用;
- 理解段页式存储管理方式;
- 掌握虚拟存储器的概念及实现原理;
- 了解 Linux 操作系统的存储管理方法;
- 掌握请求分页、请求分段内存管理的思想及实现方法;
- 掌握页面置换算法,并能灵活运用。

4.1 存储器管理概述

存储器是计算机系统的重要组成部分,近年来,随着计算机技术的发展,系统软件和应用软件在种类、功能及其所需存储空间等方面急剧地膨胀,虽然存储器容量也一直在不断扩大,但仍不能满足现代软件发展的需要。因此,存储器仍然是一种宝贵且紧俏的资源。如何对它们施行有效的管理,不仅直接影响存储器的利用率,而且对系统性能也有重大影响。存储器管理讨论的主要对象是内存,主要讨论内存管理方法及对内存的有效利用。

4.1.1 存储层次结构

程序是以文件的方式存储在辅存(即辅助存储器)上,为了执行或存取程序和数据,需要把它们放到内存上,但在具体系统中,内存容量有限,为了支持多道程序运行和大量的数据处理,就利用磁盘、磁带等容量巨大、价格便宜的存储器作为内存的后备支撑,CPU 不能直接存取外存上的信息,但内外存之间可以相互传递数据。只有将程序和数据存储到内存中才能执行和访问。外存的运行速度低于内存的存取速度。

4.1.2　存储层次结构部分

在运行程序时,几乎每条指令及数据都要对存储器进行访问,因此对于存储器的访问速度要求与处理机的运行速度相匹配,也就是说,存储器的速度要求接近处理机的速度,才能够支持程序顺利执行;另外,还要求存储器有非常大的容量;从经济实用性角度,还要求存储器在价格方面不要太高。基于这样的实际需求,现代操作系统大都采用了多层结构的存储器系统。

可执行程序必须被保存在内存中,与设备交换的信息也要通过内存空间才能执行。因为处理器在执行指令时访问内存的时间远远大于它的处理时间,所以为了加快指令的执行,引入了寄存器和高速缓存。

在通用的计算机系统中,至少具有三级存储层次,从高层到低层分别是寄存器、主存和辅助存储器;在较高级的计算机中,还可以根据具体功能

第一层次	寄存器
	高速缓冲存储器
第二层次	内存
	磁盘缓存
第三层次	磁盘
	可移动存储介质

图 4-1　多级存储器体系示意图

细分为寄存器、高速缓冲存储器、内存、磁盘缓存、磁盘、可移动存储介质等存储管理层次,如图 4-1 所示。在这些层次中,越靠近 CPU 的存储介质层次越高,价格越高,访问速度越快,存储容量越低。寄存器、高速缓冲存储器、内存和磁盘缓存均属于操作系统存储管理的管理范围,不能长久保存数据;而相对底层的磁盘、可移动存储介质则属于设备管理的管理范围,可以长久保存数据。

1. 寄存器

寄存器是访问速度最快但是价格最贵的存储器,它的容量较小,通常以字节为单位。一个计算机系统中寄存器的数量可能是几百至几千个字节,嵌入式系统一般有几十个字节。寄存器用于加速存储访问的速度,如用寄存器存放操作数、用作地址寄存器或变址寄存器,以加快地址变换的速度等。

2. 高速缓冲存储器

为了进一步提高运算速度和增强处理能力,可采用高速缓冲存储器来存放程序和数据。高速缓冲存储器是由硬件寄存器构成的,因而其存取速度相当快,等同于构成寄存器的电子线路的开关速度,CPU 可以直接存取其中的信息。高速缓冲存储器的容量远大于寄存器的容量,但又比内存的容量小几十个数量级,从几千字节到几百兆字节;它的速度比内存快。在计算机系统中通常设置了两级或多级高速缓冲存储器,靠近 CPU 的为一级高速缓冲存储器,速度最快,价格最高。根据程序执行的局部性原理,将内存中一些经常访问的信息存放在高速缓冲存储器中,用来减少 CPU 访问内存的次数,从而大幅提高程序的执行速度。通常情况下,程序执行时的指令和数据存放在内存中,当这些指令和数据被使用时,就会被临时复制到高速缓冲存储器中,当 CPU 访问一组特定的信息时,首先检测它是否在高速缓冲存储器中,如果已经存在,则直接从中取出使用;否则,从内存读出这些信息。如果计算机系统中没有指令高速缓冲存储器,CPU 将空等若干个周期,直到要被执行的指令从内存中取出为止;所以在多数计算机系统中设置了指令高速缓冲存储器,用于暂存下一条要执

行的指令,从而提高运行速度。

3. 内存

内存又称为主存储器,用于存放进程运行时的程序和数据,它的容量一般在数百兆字节至数吉字节。CPU 的控制部件只能从内存中取得指令和数据,并将它们存入寄存器中,或者从寄存器存入内存。CPU 与外部设备交换信息,一般也需要通过内存空间来完成。内存的访问速度远低于 CPU 执行指令的速度,因此在计算机中引入了寄存器和高速缓冲存储器。

4. 磁盘缓存

磁盘的输入输出速度通常远低于内存的访问速度,因此可以将磁盘上经常使用的部分信息暂时存放在磁盘缓存中,以达到减少访问磁盘次数的目的。磁盘缓存物理上不是一种特别的存储器,而是利用内存中的部分存储空间暂时存放从磁盘上输入输出的信息,因此,内存可以看作是外存的缓存。一个文件的数据可能前后出现在不同层次的存储器中,例如,一个文件的数据通常情况下存储在磁盘,当该文件被访问时,又通常被加载到内存,有时也存放在磁盘的高速缓冲存储器中。

4.1.3 用户程序的处理过程

1. 系统对用户程序的处理过程

系统对用户程序的处理分为以下几个阶段。

(1)编译。由编译程序将用户源代码编译成若干个目标模块。

(2)链接。由链接程序将编译后形成的目标代码以及它们所需的库函数链接在一起,形成一个装入模块。

(3)装入。由装入程序将装入模块装入内存。

具体处理过程示意如图 4-2 所示。

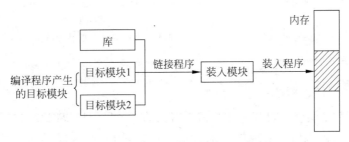

图 4-2 系统对用户程序的处理过程

2. 目标程序装入内存的方式

程序只有装入内存后才能运行。装入方式分为绝对装入方式、可重定位装入方式和动态运行时装入方式。

(1)绝对装入方式。在编译时,如果知道程序将驻留在内存什么位置,那么编译程序将产生绝对地址的目标代码。绝对装入程序按照装入模块中的地址,将程序和数据装入内存。

装入模块被装入内存后,无须对程序和数据的地址进行修改,程序中所使用的绝对地址既可以在编译或汇编中给出,也可以由程序员直接给予。一般不允许程序员给予地址,通常情况是在程序中采用符号地址,然后在编译或汇编时,将这些符号地址再转换为绝对地址。

(2) 可重定位装入方式。在程序执行之前,由操作系统的重定位装入程序完成。一般用于多道程序环境中,编译程序不能预知所编译的目标模块在内存什么地址。重定位程序根据装入程序的内存起始地址,直接修改所涉及的逻辑地址,将内存的起始地址加上逻辑地址得到正确的内存地址。

如图 4-3 所示,用户程序的 2000 号单元处有一指令 Load 1,3500。该指令的功能是将3500 号单元的整数 360 取至 1 号寄存器。装入情况如图 4-3 所示,由于程序装入的起始地址是 10000,所以如果还是从 3500 号单元取数,必然是错误的。正确的方法是将指令的3500 号单元改为 13500,即将起始地址和逻辑地址相加,得到正确的物理地址,然后从该物理地址中将其操作数 360 取出。

(3) 动态运行时装入方式是在程序执行期间进行的。一般来说,这种转换由专门的硬件机构来完成,通常采用一个重定位寄存器,每次进行存储访问时,将取出的逻辑地址加上重定位寄存器的内容,形成正确的内存地址,该方法一般用于多道程序环境中。因为多道程序运行时,进程可能经常换进换出,每次换入后的位置是不相同的,在这种情况下,静态重定位不能解决问题,需要用动态重定位,如图 4-4 所示。

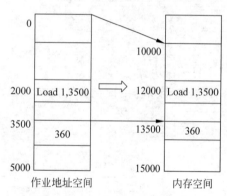

图 4-3　作业装入内存时的情况

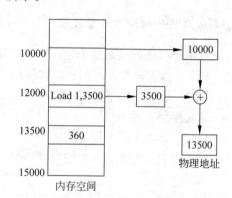

图 4-4　动态重定位时内存空间及地址重定位示意图

3. 目标程序链接

链接程序的功能是将经过编译或汇编后得到的一组目标模块以及它们所需的库函数装配成一个完整的装入模块。实现链接的方法有静态链接、装入时动态链接和运行时动态链接。

(1) 静态链接。假设编译后得到的三个目标模块 A、B、C,它们的长度分别为 L、M、N。程序链接示意图如图 4-5 所示。需要完成的工作是对相对地址进行修改,同时变换外部调用符号,将每个 CALL 语句改为跳转到某个相对地址,从而形成一个完整的装入模块(又称可执行文件),装入模块通常不再拆开,运行时可直接装入内存。这种事先进行链接,以后不再拆开的方式称为静态链接。

(2) 装入时动态链接。用户源程序经编译后得到目标模块,在装入内存时边装入边链接,即在装入一个目标模块时,若发生一个外部模块调用,装入程序将去寻找相应的外部目标模块,并将它装入内存。

（3）运行时动态链接。装入时进行的链接虽然可以将整个模块装入内存的任何地方,但装入模块的结构是静态的。在程序执行期间装入模块是不可改变的,因为无法预知本次要运行哪个模块,只能将所有可能要运行的模块在装入时全部链接在一起,使得每次执行的模块都相同,这样效率很低,因此采用运行时动态链接。在这种链接方式中,可将某些目标模块的链接推迟到执行时才进行,即在执行过程中,若发现一个被调用模块尚未装入内存时,由操作系统去找该模块,将它装入内存,并把它连接到调用模块上。

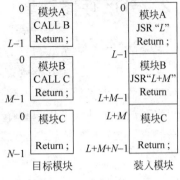

图 4-5　程序链接示意图

4.1.4　存储空间及重定位

1. 逻辑空间和物理空间

逻辑空间是用户的编程空间,也可以理解为程序空间。若用户使用机器指令编写程序,则编程空间由用户自己确定;若用户使用高级语言编写程序,则编程空间是编译程序产生的。编程空间通常是从 0 开始编址的。逻辑地址有时也叫虚地址、编程地址、CPU 地址、相对地址等,而逻辑空间有时也叫虚空间、编程空间或地址空间,等等。一个操作数在逻辑空间中的地址称为逻辑地址,实际上一个操作数的逻辑地址就是这个操作数距离程序开头的距离,以字节为单位。

物理空间是由物理存储单元组成的空间,即内存空间,是由存储器总线扫描出来的空间。一个操作数加载内存的地址称为它的物理地址。

2. 重定位和地址变换

为确定程序在内存中的物理地址而进行地址变换就叫作重定位,也就是说,重定位就是已知逻辑地址计算物理地址。重定位在实际中有以下两种情况:其一,当一个程序装入内存运行时,必须根据所分得空间的位置,将程序的逻辑地址变换为相应的物理地址,以便将该程序定位在其所分得的物理空间内;其二,当程序在执行过程中,由于种种原因在内存挪动了位置后,需要将程序的逻辑地址重新变换,以便将该程序重新定位在新的位置上。可见,重定位与地址变换是紧密相关的,是由地址变换实现的。

根据地址变换的时机,可以把重定位分为两类:动态重定位和静态重定位。如果地址变换是在程序运行之前由编译装配程序一次完成的,则叫静态重定位。静态重定位要求事先知道程序将放在内存的具体地址。地址变换的方法是将程序中所有的逻辑地址,包括指令本身的地址和指令中的操作数地址,逐个变换成物理地址。若地址变换是在程序执行时进行的,则叫动态重定位。对于一个操作数,已知逻辑地址计算其加载内存的物理地址,如果这个程序是连续加载内存的,重定位的基本计算方法可以表示为:

物理地址＝该程序加载内存的起始地址＋逻辑地址

视频讲解

4.2　分区存储管理

基本的内存管理方式包括分区存储管理方式、页式存储管理方式和段式存储管理方式。接下来我们研究每一种存储管理方式的基本思想、数据结构、实现过程及重定位方法。分区存储管理的基本思想是：将内存空间分为一个或若干个连续的区域(称为分区)，每个分区中可以存放一个独立的用户程序。分区的特点是将一个程序连续地加载内存。根据分区的划分特点，将分区管理方式分为以下几种不同的类型：单一分区、固定分区、可变分区和可重定位分区。

4.2.1　单道程序的连续分配

单道程序的连续分配是一种最简单的存储分配方式，只能用于单用户、单任务的操作系统。在这种存储管理方式中，内存分为系统区和用户区两个分区，如图 4-6 所示。

图 4-6　单一连续分区的内存结构

1. 系统区

系统区仅供操作系统使用，一般驻留在内存的低地址区域，其中包括中断向量。中断向量是操作系统核心部分的功能模块加载内存的起始地址，该地址在系统调用时被使用。例如，MS-DOS 系统采用了这种存储管理方式。在该系统中，共 256 个中断向量，每个中断向量占 4B，因此，系统的中断向量区占 1KB，该部分被分配在内存 0 地址开始的区域。

2. 用户区

用户区指操作系统所占区域以外的全部内存空间。为了避免用户程序执行时访问了操作系统所占空间，将用户程序的执行严格控制在用户区，称为存储保护，保护措施主要由硬件实现。硬件提供界地址寄存器和越界检查机构，将操作系统所在空间的下界 a 存放在界地址寄存器中，用户程序执行时，每访问一次主存，越界检查机构便将访问主存的地址和界地址寄存器的值进行比较，若出界则地址报错。单一连续分配方式的优点是：实现简单，不需要复杂的软件和硬件支持；缺点是：不允许多个进程并发执行，仅支持单任务；存在内存碎片问题，资源的利用率低。

4.2.2　固定分区分配方式

固定分区分配方式比较简单，在这种方式下，操作系统启动时就划分好分区的个数、大小和每个分区的起始地址，在程序运行期间，整个系统中的分区不再变化。这样，用户空间划分为几个分区，便允许几道作业并发执行。

一旦一个区域分配给某个作业后，它所剩余空间便不能再用，称为内存的内碎片；一个作业加载内存时，如果内存中分区的长度小于作业程序的长度，则该程序无法装入，此时称该分区为外碎片。内碎片和外碎片都造成了存储空间的浪费。

例 4-1　假设有一个内存空间,分区如图 4-7 所示。

这种分区分配方式在整个系统运行期间是不变的。在这种情况下,为一个作业分配空间时,应先根据一定的分区分配策略为作业选择一个分区,然后再进行分配。假设有一个作业队列:Job1=100KB,Job2=21KB,Job3=50KB。

显然,如果要将三个作业都加载内存,应将 job1 分配第 3 分区,job2 分配第 1 个分区,job3 分配在第 2 个分区,如图 4-8 所示。

序号	分区类型	分区大小
0	操作系统	100KB
1	小作业	40KB
2	中等作业区	60KB
3	大作业区	120KB

图 4-7　内存空间的分配 1

序号	作业	作业大小	分区大小
0	操作系统	100KB	100KB
1	job2	21KB	40KB
2	job3	50KB	60KB
3	job1	100KB	120KB

图 4-8　内存空间的分配 2

应将 job1 分配在第 3 分区,job2 分配在第 1 个分区,job3 分配在第 2 个分区,如图 4-9 所示。

固定式分区管理方式的另一个问题是如何划分区域、划分几个区域、每个区域占据多大的空间,这往往要根据作业流的具体情况确定,即分别算出小作业、中作业和大作业的平均大小,然后根据其平均值划分区域。在实际系统中,为了灵活,也可以事先准备几种划分方法,操作员可根据现行作业流的不同情况选用不同的划分方法。

图 4-9　分区示意图

将内存空间划分为若干固定大小的分区,有如下两种方案。

(1) 分区大小相等,即使所有的内存分区大小相等。其缺点是缺乏灵活性,即当程序太小时,会造成内存空间的浪费;当程序太大时,一个分区又不足以装入该程序,致使该程序无法运行。尽管如此,这种划分方式仍被用于利用一台计算机去控制多个相同对象的场合,因为这些对象所需的内存空间是大小相等的。

(2) 分区大小不等。为了克服分区大小相等而缺乏灵活性的这个缺点,可把内存区划分成含有多个较小的分区、适量的中等分区及少量的大分区。这样,便可根据程序的大小为之分配适当的分区。

4.2.3　动态分区分配

动态分区也叫作可变分区,它是根据进程的实际需要动态地分割内存。当进程运行完毕并释放了其所占用的空间时,如果这块被释放的内存有相邻的空闲空间,便将它们合并成较大的空间。在这种管理方式下,内存区域的个数、各区域的大小、装入内存的作业的道数都随时间而变化,所以这种管理方式也称为 MVT,即具有可变道数的多道程序设计。

动态分区分配需要解决的问题有:分区分配中的数据结构、分区分配算法、分区分配与回收。

1. 分区分配中的数据结构

要实现分区分配,系统必须配置相应的数据结构来记录内存的使用情况,为分配内存和程序运行提供依据。分区表(Memory Allocation Table,MAT)用来描述分区的情况,包含分区的序号、大小、起始地址、分区的状态。分区的状态有两种,即已分配和未分配。在分区的分配过程中,为了将一个未分配的即可用的分区分配给作业,需要查寻状态为可用的分区表项,所以空闲分区表是分区表的一个子表。用来描述空闲分区情况的数据结构有空闲分区表和空闲分区链表。

(1) 空闲分区表结构如表 4-1 所示。

表 4-1　空闲分区表结构

序　　号	分区大小/KB	分区起始地址/KB	状　　态
1	64	44	可用
2	24	132	可用
3	40	210	可用
4	30	270	可用
…	…	…	…

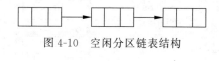

图 4-10　空闲分区链表结构

(2) 空闲分区链表。为了实现对空闲分区的分配与链接,在每个分区的起始部分都设置一些用于控制分区分配的信息,以及用于链接各分区的前向指针,形成一个链表。其结构如图 4-10 所示。

2. 分区分配算法

为把一个新作业装入内存,应按照一定的分配算法,从空闲分区表或空闲分区链表中选一个分区分配给该作业,目前常用以下四种分配算法。

1) 首次适应算法

首次适应算法(First Fit)也称为最先符合算法。此算法可以在上述两种数据结构上实施。当需分配空间时,总是从内存低端开始查找,直到找到一个符合要求的自由块。如果系统采用首次适应算法,为了提高内存分配的速度,空闲分区表的表项应该按照分区起始地址由小到大的顺序排序。

2) 循环首次适应算法

循环首次适应算法(Next Fit)是由首次适应算法演变而成的。在为进程分配内存空间时,不再是每次都从链首开始查找,而是从上次找到的空闲分区的下一个空闲分区开始查找,直至找到一个能满足要求的空闲分区,从中划出一块与请求大小相等的内存空间分配给作业。为实现该算法,应设置一起始查寻指针,用于指示下一次起始查寻的空闲分区,并采用循环查找方式,即如果最后一个(链尾)空闲分区的大小仍不能满足要求,则应返回到第一个空闲分区,比较其大小是否满足要求。找到后,应调整起始查寻指针。该算法能使内存中的空闲分区分布得更均匀,从而减少了查找空闲分区时的开销,但这样会缺乏大的空闲分区。

3) 最佳适应算法

最佳适应算法(Best Fit)可以在上述两种数据结构上实施,但要求按自由块从小到大的顺序排序。分配从头开始查找,即从小端到大端的方向查找,直到找到第一个满足要求的自由块。显然,找到的自由块是能满足要求的最小块。如果系统采用最佳适应算法,空闲分区表的表项应该按照分区大小由小到大的顺序排序。

4)最坏适应算法

数据结构和排序方法同上。当分配空间时不是从小往大查,而是从大往小查,因此,找到的自由块是所有自由块中最大者。如果系统采用最坏适应算法(Worst Fit),空闲分区表的表项应该按照分区大小由大到小的顺序排序。

评价一个算法性能的标准有两条:一是算法本身的时间复杂度;二是此算法下的空间利用率。就算法本身来讲,复杂度由排序(按地址大小或块的大小)和查找(查找所需要的自由块)两项决定。四个算法都要排序,这一点是相同的,所以它们的差别仅在查找上。显然,最坏适应算法查找最快,它只要在内存块大的方向上考查第一个自由块,便可以得知此次是否可分配;从内存使用的角度来讲,首次适应算法可以得到最快的速度;最佳适应算法具有最好的内存利用率,但实现起来查找需花费更多的时间;最先适应算法则优先分配内存的低地址区域。在实际系统中,首次适应算法用得比较多。

3. 分区分配和回收

动态分区存储管理方式中,主要操作是分配内存和回收内存。

(1)分配内存。首先,系统利用某种内存分配算法,从空闲区表中找到所需的分区。设所请求分区的大小为 u. size,分区表中每个分区的大小都可表示为 m. size。若 m. size－u. size≤size(size 是事先规定的、不再切割的剩余分区的大小),说明多余部分太小,可不再切割,将整个分区分给请求者;否则,从该分区中划分出与请求的大小相等的内存空间并分配出去,余下的部分仍留在空闲分区链表或空闲分区表中。最后,将分配的首地址返回给调用者。

(2)回收内存。回收分区的主要工作是首先检查是否有邻接的空闲区,如有则合并,使之成为一个连续的空闲区,避免形成许多离散的小分区。然后,修改有关的分区描述信息。一个回收分区邻接空闲区的情况有四种,如图 4-11 所示。第一种情况是回收分区 r 上邻的一个空闲区,此时应合并成为一个连续的空闲区,起始地址为 r 上邻的空闲区始地址,大小为两者之和;第二种情况 r 与下面的空闲区相邻,直接合并;第三种情况是与上、下空闲区相邻,将三个区域合并成一个连续的空闲区;第四种情况是不和任何空闲区相邻,应建立一个新的空闲区,并加到自由主存队列中。

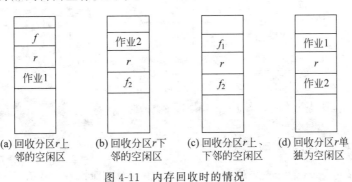

(a) 回收分区r上　　(b) 回收分区r下　　(c) 回收分区r上、　　(d) 回收分区r单
　　邻的空闲区　　　　　邻的空闲区　　　　　　下邻的空闲区　　　　　独为空闲区

图 4-11　内存回收时的情况

4.2.4　可重定位分区

1. 紧凑

在连续分配方式中,必须把一个系统程序或用户程序装入到连续的内存空间中,如果系统中存在若干小的分区,每个小分区都不能满足待装入程序的要求,该程序就不能装入内存,但各空闲分区之和大于要装入的程序,如图 4-12(a)所示,紧凑后如图 4-12(b)所示。

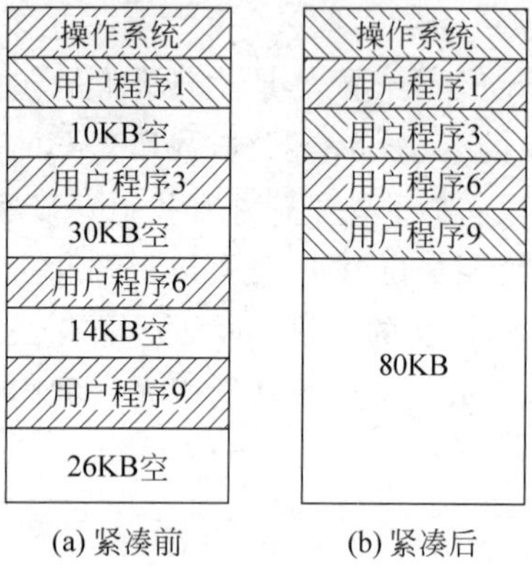

在图 4-12(a)中,出现了四个不相邻的内存空间,共80KB,如果有一个作业到达,要求申请 40KB 的内存空间。由于必须为其分配一连续空间,故此作业无法被装入。在这种情况下,要想装入作业,可采用的方法是将内存中的作业进行移动,使它们相邻,使原来许多分散的小分区可以拼接成大的分区,这称为"紧凑"。通过作业平移,得到了图 4-12(b)中的 80KB 的空闲分区,该作业可以装入。由于经过紧凑的用户程序在内存中的位置发生了变化,若不对程序中的数据地址进行修改、变换,程序无法执行,因此必须进行重定位。

图 4-12　紧凑示意

2. 动态重定位

在动态重定位方式中,将程序中的相对地址变换为物理地址的工作被推迟到程序指令执行时进行,这必须获得硬件地址变换机构的支持,即在系统中增加一个重定位寄存器,用它来装入程序在内存的起始地址。程序在执行时,访问的内存地址是由程序中的逻辑地址与重定位寄存器中程序加载内存的起始地址相加而形成的。地址变换过程是在程序执行期间随着对每条指令和数据访问而进行的,故称为动态重定位,图 4-13 描述了动态重定位的原理。当系统对内存进行了"紧凑"而使若干程序从内存的某处移到另一处时,不需要对程序做任何修改,只需将该程序在内存的新的起始地址置换原来起始地址即可。

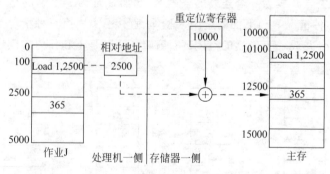

图 4-13　动态重定位的原理示意

3. 动态重定位分区分配的实现

动态重定位分区分配算法与动态分区分配算法基本相同,差别仅在于这种分配算法中增加了"紧凑"功能。通常,若找不到足够大的空闲区来满足用户的需要,则进行"紧凑",然后寻找合适的内存空间。

4.3 页式存储管理

4.3.1 页式存储管理的思想

采用"紧凑"技术把碎片连接成一个大的空闲区能够满足作业对连续内存空间的要求,这样就可以解决按区分配中存在的碎片问题。但这是以花费 CPU 的时间为代价换来的。这种办法只有在分配区的数目不太多,而且分配不太频繁的情况下采用才较为合适,那么如何寻找解决碎片问题的新途径呢?

为此,很容易想到让程序不连续存放,例如,有一个作业要求运行,其程序的地址空间是 3KB,而主存当前只有两个各为 1KB 和 2KB 的空闲区,显然各空闲区的长度都分别小于该程序的逻辑空间大小,而各空闲分区的总和与程序逻辑空间大小相同,这样考虑将程序分开存放,放在不相邻的两个区域中,这正是分页的思想。在分页存储管理中,主存被分成一些大小相等的物理块,程序的地址空间被分成一些逻辑页面,逻辑页与物理块大小相同。为程序分配内存空间时,程序和数据以页为单位分配内存块,将一个逻辑页存放在一个物理块中。为了便于实现动态地址变换,通常物理块的大小为 2^n 个扇区,如 1KB、2KB、4KB 等。

4.3.2 页式存储管理的数据结构

1. 页面和物理块

在分页存储管理中,将一个进程的逻辑地址空间分成若干相等的逻辑页,称为页面或页。相应地,内存空间也分成与页大小相同的若干存储块,称为物理块,又称为页框或者帧。为它们从 0 开始依次编号,如图 4-14 所示。为进程分配内存时,以块为单位将进程中若干页分别装入不相接的块中。由于进程的最后一页经常装不满一块,而形成不可利用的碎片称为页内碎片。每个作业最多能够形成一个页内碎片,它的长度小于 1 个页面大小。

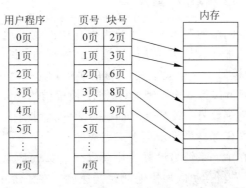

图 4-14 页表机制

分页系统中的页面大小应适中。如果页面较大,虽然可以减少页表的长度,减少页面换进换出的次数,但会使页内碎片增大;页面若太小,虽然可以减小内存碎片,但会使每个进程占用较多的页面,从而导致进程的页表过长,占用大量内存。因此,页面大小应当选择适中,且大小应为 2^n 字节,如 1KB、2KB、4KB、8KB 等。

2. 页表

在分页系统中,程序的逻辑地址空间分为一些逻辑页,每个逻辑页加载内存时是连续的,即一个逻辑页加载一个物理块,但逻辑地址空间连续的逻辑页加载内存之后占据不同的物理块,即各物理块之间可以是不连续的。系统为了能保证进程的正确运行,要能在内存中找到每个页面所对应的物理块。因此由系统为每个进程建立一张页面映像表,简称页表。在进程地址空间的所有页(0~n)内,依次在页表中有一页表项,其中记录了各逻辑页在内存中对应的物理块号,如图 4-14 的中间部分。可见页表的作用是实现了从页号到物理块号的地址映射。系统为每个进程在内存建立一个页表结构,这个页表是连续的。对于页式存储管理方式,程序加载内存是不连续的,这为虚拟存储器的实现奠定了基础。

3. 虚地址结构

利用页表进行地址变换的方法与计算机所采用的地址结构有关,而地址结构又与所选择的页面大小有关。例如,当 CPU 给出的虚地址长度为 32 位,页面的大小为 4KB 时,内存中共有 2^{20} 个物理块。分页系统中的地址结构如图 4-15 所示。

页号 P	页内偏移量 W

图 4-15　页式存储的虚地址结构

对于某特定机器,其地址结构是一定的。若给定一个逻辑地址空间中的地址为 A,页面的大小为 L,则页号 P 和页内地址 W 可按下式求得:

$$P = (\text{int}) [A/L]$$
$$W = A \% L$$

其中,int 是取整运算,% 是取余运算。例如,其系统的页面大小为 1KB,设 $A = 2170B$,则由上式可以求得 $P = 2$,$W = 122B$。

4.3.3　页式存储管理的重定位

为了能将用户地址空间中的逻辑地址变换为内存中的物理地址,在系统中必须设置地址变换机构。该机构的基本任务是实现从逻辑地址到物理地址的变换。由于页内地址和物理地址是一一对应的(假设对于页面大小是 1KB 的页内地址 0~1023B,其相应的物理块内的地址是 0~1023B,无须再进行变换),因此,地址变换机构的任务,实际上只是将逻辑地址的页号变换为内存中的物理块号。又因为页面映像表的作用就是用于实现从页号到物理块号的变换,因此,地址变换任务是借助于页表来完成的。

页表大多驻留在内存中。系统另设置专用硬件——页表基地址寄存器,存放当前运行进程的页表起始地址和页表长度,以加快地址变换速度。在系统中只设置一个页表寄存器 PTR,在其中存放页表在内存的起始地址和页表的长度。通常情况下,进程未执行时,页表的始址和页表的长度存放在本进程的 PCB 中。当调度程序调度到某进程时,才将这两个数

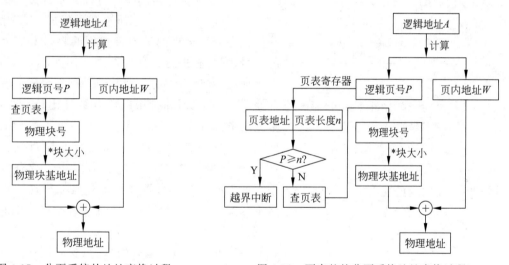

据装入页表寄存器中。因此,在单处理机环境下,虽然系统中可以运行多个进程,但只需要一个页表寄存器。图 4-16 所示为页表访问机制。

当进程要访问某个逻辑地址中的数据时,分页地址变换机构会自动地将有效地址(相对地址)分为页号和页内地址两部分,再以页号为索引去检索页表。查找操作由硬件执行,在执行检索之前,先将页号和页表长度进行比较,如果页号大于或等于页表长度,则表示本次所访问的地址超越进程的地址空间。于是,这一错误将被系统发现并产生一地址越界中断。若未出现越界错误,则将页表始址与页号和页表项长度的乘积相加,便得到该表项在页表中的位置,于是可以从中得到该页的物理块号,将之装入物理地址寄存器中。与此同时,再将有效地址寄存器中的页内地址送入物理地址寄存器的块内地址字段中。这样便完成了从逻辑地址到物理地址的变换。图 4-17 示出了分页系统的地址变换过程,图 4-18 示出了更完整的分页系统的地址变换过程。

图 4-17 分页系统的地址变换过程　　图 4-18 更完整的分页系统地址变换过程

在页式存储管理方式下,程序员编制的程序或由编译程序给出的目标程序经装配连接后形成一个连续的地址空间,其地址空间的分页是由系统自动完成的,而地址变换是通过页表自动、连续进行的,系统的这些功能对用户或程序员来说是透明的。因为在分页系统中,地址变换过程主要是通过页表来实现的,因此称页表为地址变换表或地址映像表。

例 4-2 某页式存储管理的系统中,设每页大小为 1KB。在某时刻,页表如表 4-2 所示,则逻辑地址 3.4KB 所对应的物理地址是多少?

表 4-2　例 4-2 页表

页　号	物 理 块 号	页　号	物 理 块 号
0	35	2	64
1	101	3	77

解：(1) 页的大小为 1KB。

(2) $P=(\text{int})(3.4\text{KB}/1\text{KB})=3$。

(3) $W=3.4\text{KB}\%1\text{KB}=0.4\text{KB}$。

(4) 查页表,该逻辑地址在第 77 个物理块上。

(5) 物理地址$=77\times1\text{KB}+0.4\text{KB}=77.4\text{KB}$。

4.3.4　快表

从上面介绍的地址变换过程可知,若页表全部放在主存内,则取一个数据(或一条指令)至少要访问两次内存:第一次是访问页表,确定要取的数据或指令的物理地址;第二次是根据所取的物理地址,到内存相关地址单元取要访问的操作数。写入一个数据的情况也是一样。为了提高查询页表的速度,减少访问内存的次数,可以考虑将页表放在一个高速缓冲存储器中。高速缓冲存储器一般是由半导体存储器实现的。现在,有的计算机系统用硬件实现地址变换,也有一些系统将部分页表放在快速存储器中,其余部分仍放在主存中。存放页表部分内容的快速存储器称相联存储器,也称为联想寄存器。联想寄存器中存放的部分页表称为"快表",它的格式如页表。这样的联想存储器一般由 8～16 个单元组成,它们用来存放正在运行进程的当前最常用的页号和它相应的块号,并具有进行查找的能力。例如,CPU 给出的虚地址为(P,W),分页机构自动把页号送入联想存储器,然后立即和其中的所有页号比较,如与某单元的页号符合,则取出该单元中的块号b,然后用(b,w)访问存储器。这样,和通常的执行过程一样,只要访问一次内存就可以取出指令或存取数据。如果需要查的页号和联想存储器中所有的页号不匹配,则地址变换过程还需再通过主存中的页表进行。实际上这两者是同时进行的,即一旦联想存储器中发现有所要查找的页号,就立即停止查找主存中的页表。如果地址变换是通过查找主存中的页表完成的,还应把这次所查的页号和查得的块号一并放入联想存储器的空闲单元中,若无空闲单元,则通常把最先装入的那个页号淘汰,以腾出位置。采用联想存储器和主存中页表相结合的分页地址变换过程如图 4-19 所示。

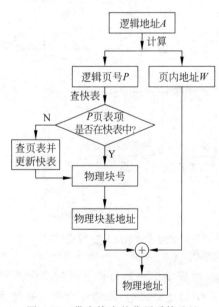

图 4-19　带有快表的分页系统地址变换过程

4.3.5　两级和多级页表

现代大多数计算机系统都支持大的逻辑地址空间($2^{32}\sim2^{54}$)。在这样的环境下,页表就变得非常大,要占用相当大的内存空间。例如,对于一个具有 32 位逻辑地址空间的分页系统,规定页面的大小为 4KB,则每个进程页表中的页表项可达 1MB($2^{32}/4K$)个。假设每个页表占用 4B,则仅页表就要占用 4MB 的内存空间,而且还要求是连续的。显然这是不现实的,因为页表所需的内存空间采用离散分配方式来解决,难以找到连续的较大内存空间;只将当前需要的部分页表调入内存,其余的页表项驻留在磁盘上,需要时将它们调入内存。因此,利用两级页表或多级页表来解决这一问题。

1. 两级页表

程序较大时,程序和数据的页表也较大,而且需要占据连续存储空间,这个问题可利用将页表进行分页的办法,即采用页式存储管理方式来管理页表,离散地将分割后页表的不同页表项放到不同的物理块中,同样再为每个离散的页面建立一张页表,称为外层页表。在每个页表项中记录内层页表的物理块号,如图 4-20 所示。

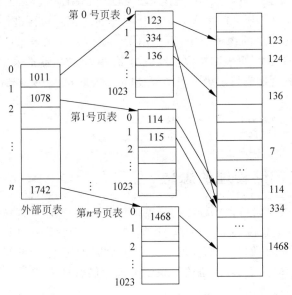

图 4-20 两级页表的结构

如图 4-20 所示,页表的每个表项中存放的是进程某页在内存中的物理块号,如 0 号页存放在 123 号物理块中,1 号页存放在 334 号物理块中。而在外层页表的每个页表项中,所存放的是内层页表的内存物理块号。如 0 号页表存放在第 1011 号物理块中。可以利用外层页表和(内层)页表实现从进程的逻辑地址到物理地址的变换。

为了实现地址变换,在地址机构中同样需要设置一个外层页表寄存器用于存放外层页表的始地址,并利用逻辑地址的外层页号作为外层页表的索引,从中找到指定页表分页的首地址;再利用 P_2 作为指定页表分页的索引,找到指定的页表项,其中含有该页在内存中的物理块号,用该块号和页内地址 d 可构成访问内存的物理地址。图 4-21 所示为两级页表的地址变换机构。

2. 多级页表结构

对于 32 位处理器,采用两级页表的结构是合适的,现在我们来计算一下,对于 64 位逻辑地址空间,两级页表是否合适。如果页面大小仍采用 4KB,那么在页表中,页内地址需要占有 12 位,还剩 52(64-12=52)位可以用来存放两级页号。假定仍按物理块的大小 4KB(即 2^{12}B)来划分页表,假设每个页表项占 4B,那么一个物理块可以存放 1K 个页表项,外层

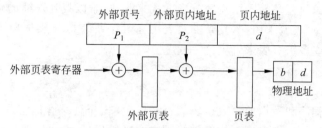

图 4-21   具有两级页表的地址变换机构

页表项的数量为 $2^{52}/1\mathrm{K}=2^{42}$（个），也就是将这 42 位用于存放内层页表中的物理块号。此时外层页表中有 $2^{42}=4\mathrm{G}$ 个页表项，要占用 $4\mathrm{G}\times4\mathrm{B}=16\mathrm{GB}$ 的连续内存空间。可见，其结果是不能接受的。因此，必须采用多级页表，将 16GB 的外层页表再进行分页，也就是将各个分页离散地分配到不相邻接的物理块中，再利用第二级的外层页表来映射它们之间的关系。事实上，对于 64 位机器，三级页表结构都难以适用，有些 32 位机器都采用了三级页表结构，如 SUN 公司的 SPARC 处理器支持三级页表结构、Motorola 的 68030 处理器支持四级页表结构。

4.4   段式存储管理

4.4.1   段式存储管理的思想

页式存储管理方式仅仅考虑了程序的长度，可以使一个程序不连续地加载内存，虽然解决了内存碎片的问题，但是没有考虑程序的逻辑结构。一个程序在加载内存时，可能不同的部分访问权限是不一样的，如程序部分可以多个进程共享，不可以修改，但是数据部分仅仅是一个进程独占的，不能共享，可以修改。采用页式存储管理方式无法解决这个问题，为此引入分段存储管理（也称段式存储管理）方式。

1．分段

在分段存储管理方式中，段是一组逻辑信息集合。例如，把作业按逻辑关系加以组织，划分成若干段，并按这些段来分配内存，这些段可以是主程序段 MAIN、子程序段 X、数据段 D 和堆栈段 S 等。每个段都有自己的名字和长度，为了实现简单，通常用一个段号来代替段名。每个段从 0 开始编号，并采用一段连续的内存空间，各段长度不同。加载内存后，段和段之间可以是不连续的。

分段管理是将作业的地址空间划分成若干个逻辑段，并且按段进行存储分配。加载内存时，每个逻辑段占据一块连续的内存空间，但段和段之间可以是不连续的。分段的作业地址空间是二维的。一个操作数的逻辑地址由段号 s 和段内偏移量 w 组成，其地址结构如图 4-22 所示。

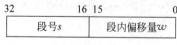

图 4-22   分段系统中的地址结构

2．段表

系统为每个进程建立一张段表，每个段在表中占有一个表项，其中记录了该段在内存中的至少四个数据项，即段号、段长、内存起始地址和存取控制。其中，段号为段的序号，段长指明段的大小,内存起始地址指明该段在内存中的地址,存取控制说明对该段访问的权限。如图 4-23 所示。段表可以存放在一组寄存器中,这样有利于提高计算物理地址的速度,但是更常见的是将段表放在内存中。

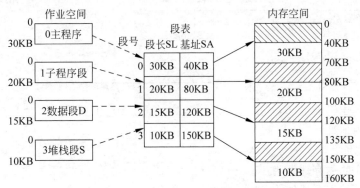

图 4-23　利用段表实现地址映射

在配置了段表之后,执行中的进程可以通过查找段表找到每个段所对应的内存区,实现逻辑地址到物理地址的映射。

3．地址变换机构

为了实现重定位,在系统中设置了段表寄存器,用于存放段表的起始地址和段表长度 TL。在地址变换时,系统将逻辑地址中的段号 s 与段表长度 TL 进行比较,若 $s > TL$,表示段号超长,系统产生越界中断信号;否则,未越界,根据段表的始址和该段的段号,计算出该段对应表项的位置,从中读出该段在内存的起始地址,然后,再检查段内地址 d 是否超过段的段长 SL。若超过,即 $d > SL$,则发出越界中断信号;否则未越界,将该段的基地址与段内地址 d 相加,即可得到要访问的内存物理地址。图 4-24 示出了系统的地址变换过程。

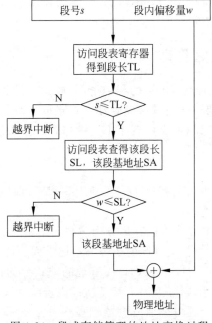

图 4-24　段式存储管理的地址变换过程

例4-3 某段式存储管理系统中,有一作业共4段,段表如表4-3所示。

表4-3 例4-3 段表

段 号	段 长	起 始 地 址
0	500	1500
1	400	2600
2	120	3444
3	85	380

试分别计算逻辑地址[0,45]、[1,50]、[4,160]、[3,90]相应的主存地址(其方括号内分别为段号和段内地址)。

解:逻辑地址:

[0,45]相应的主存地址为1500+45=1545(B)。

[1,50]相应的主存地址为2600+50=2650(B)。

[4,160],逻辑段号为4,段号超长,产生缺段中断。

[3,90]:段内地址90B 段长,产生越界中断。

4. 分页和分段的主要区别

分页和分段存储管理方式有很多地方相似,例如,它们在内存中的存储是离散的,都是通过地址映射机构将逻辑地址映射到物理地址中,但两者在概念上完全不同。

(1) 页是信息的物理单位,分页是为了实现离散分配,提高内存利用率,便于系统管理;而段是信息的逻辑单位,每一段在逻辑上是相对完整的一组信息,如一个函数、一个过程或一个数组,分段是为了满足用户的需要。

(2) 页式存储管理的逻辑空间是一维的,地址从0开始编号,直到末尾;而分段式存储管理作业地址空间是二维的,要识别一个地址,除给出段内地址外,还必须给出段号。

(3) 物理块的长度由系统决定,是等长的;而段的长度是由具有相对完整意义的信息长度决定的。

4.4.2 段页式存储管理

分页式存储管理能有效地提高内存的利用率,分段式存储管理充分考虑程序的逻辑结构,能有效地满足用户的需要。段页式存储管理方式吸取了分页和分段存储管理两种方式的优点,既考虑了程序的逻辑结构,又实现了不连续加载内存的目的。

1. 基本思想

段页式存储管理使用方便而且提高了内存利用率,是目前应用较为广泛的一种存储管理方式。它主要涉及以下概念。

(1) 采用页式存储管理的方式将内存划分为一些大小相等的物理块。

(2) 逻辑空间采用分段方式,按程序的逻辑关系把进程的地址空间分成若干逻辑段。

(3) 段内分页。将每个逻辑段按页式存储管理的方式分为一些大小相等的逻辑页,页大小等于内存块大小。在每个段内,从0开始依次编以连续的页号。

(4) 逻辑地址结构。一个逻辑地址由段号s、段内页号p和页内地址d构成,记作$v=$

(s,p,d),如图 4-25 所示。

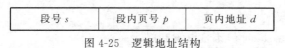

| 段号 s | 段内页号 p | 页内地址 d |

图 4-25　逻辑地址结构

（5）内存分配。内存以物理块为单位分配给每个进程。

（6）段表、页表和段表地址寄存器。为了实现从逻辑地址到物理地址的变换,系统要为每个进程或作业建立一张段表,并且还要为该作业中的每一段建立一个页表。这样,作业段表的内容是页表长度和页表地址,为了指出运行作业的段表地址,系统有一个段表地址寄存器,它指出作业的段表长度和段表起始地址。图 4-26 给出了段表、页表和内存的关系。

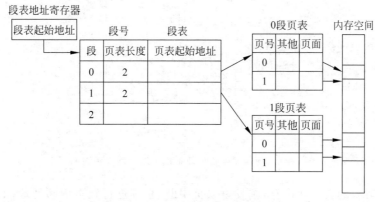

图 4-26　段页式存储管理的地址映射

在段页式存储管理系统中,面向物理实现的地址空间是页式划分的,而面向用户的地址空间是段式划分的,也就是说,用户程序被逻辑划分为若干段,每段又划分成若干页面,内存划分成对应大小的块,进程映像是以页为单位进行的,从而使逻辑上连续的段存入到分散内存块中。需要说明的是,虽然段页式内存管理方式的逻辑地址结构可以由段号、段内页号和页内地址来表达,但由于段内地址可以确定段内页号和页内地址,所以段页式存储管理方式依然是二维的地址空间。

2. 地址变换

在段页式存储管理系统中,一个程序首先被分成若干程序段,每一段赋予不同的分段标识符,然后,将每一段再分成若干固定大小的页面。段页式系统中地址变换过程如图 4-27 所示。

段页式存储管理方式中的地址变换过程包括如下步骤。

（1）首先利用段号 s,将它与段长 TL 进行比较,若 $s<$TL,表示未越界。于是地址变换硬件将段表地址寄存器的内容和逻辑地址中的段号相加,得到访问该作业段表的入口地址。

（2）将段表中的页表长度与逻辑地址中页号 p 进行比较,如果页号 p 大于页表长度,则发生中断,否则正常进行步骤（3）。

（3）按照该段的页表基地址,找到该段的页表。在该页表中,找到页号 p 所在的项,得到访问段 s 的页表和第 p 页的入口地址。

（4）从该页表对应的表项中读出该页所在的物理块号 f,再用块号 f 和页内地址 w 得到物理地址。

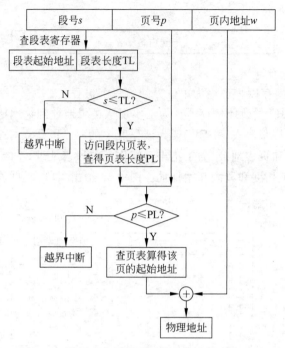

图 4-27　段页式存储管理系统中的地址变换过程

（5）如果对应的页不在内存，则发生缺页中断，系统进行缺页中断处理，如果该段的页表不在内存中，则发生缺段中断，然后由系统为该段在内存建立页表。

在段页式存储管理系统中，为了获得一条指令或数据，需要访问内存三次。第一次是访问段表，取得页表起始地址；第二次是访问页表，获得要访问操作数的物理地址；第三次是根据物理地址取出指令或数据。为了提高访问速度，在地址变换机构中增设一高速缓冲寄存器，它的基本原理与分页和分段式的情况相似。

3. 管理算法

在地址变换过程中，软、硬件应密切配合，这在分页和分段式存储管理中已体现出来，段页式存储管理也是如此，如图 4-28 所示。

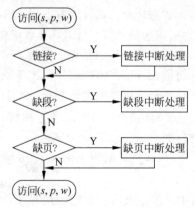

图 4-28　段页式地址变换中硬、软件的相互作用过程

（1）链接中断。这个模块的功能是实现动态链接，即给每个段一个段号，在相应的段表和现行调用表中为其设置表目，并利用段号改造链接间接字。

（2）缺段中断。这个模块的功能是在系统的现行分段表中建立一个表目，并为调进的段建立一张页表，在其段表的相应表目中登记此页表的起始地址。

（3）缺页中断。发生缺页时进行。这个模块的功能是在内存中查找空闲的存储块，如果找到，则将该页调入内存相应空闲块；如果没找到，则调用交换算法，交换内存中的页到外存，并调进所需页面到内存，然后修改相应的页表表目。

段页式存储管理是分段技术和分页技术的结合，因而它具备了这些技术的综合优点，便于处理变化的数据结构，段可以动态增长；便于共享和控制存取访问权限。

段页式存储管理方式存在的缺点是增加了软件的复杂性和管理开销，也增加了硬件成本，需要更多的硬件支持；此外，各种表格要占用一定的存储空间。

4.5 虚拟存储器

视频讲解

4.5.1 局部性原理

早在 1968 年，P.Denning 就指出，程序在执行时将呈现出局部性规律，即在很短的时间内，程序的执行仅限于某个部分。相应地，它所访问的存储空间仅限于某个区域。他提出以下几个论点：

（1）程序执行时，除少部分的转移和过程调用外，大多数程序顺序执行。

（2）过程调用将使程序的执行轨迹从一部分区域转到另一部分区域。程序将在一段时间内在这些过程内运行。

（3）程序中存在许多循环结构，它们由少数指令组成，但执行多次。

（4）程序中还包括许多对数据结构的处理。当对数组进行操作时，往往局限于很小的范围。

局限性表现在时间的局限性和空间的局限性。时间的局限性：程序中某条指令一旦执行，不久又可能再被执行；某个数据结构被访问，不久又可能被访问。空间的局限性：一旦某个存储单元被访问，不久后又会被访问。

4.5.2 对换

1. 对换的引入

在多道程序环境下，一方面，在内存中的某些进程由于某事件尚未发生而被阻塞运行，但它占用了大量的内存空间，甚至有时可能出现在内存中所有进程都被阻塞而迫使 CPU 停止下来等待的情况；另一方面，却又有许多作业在外存等待，因分配不到内存而不能进入内存运行的情况。显然，这对系统资源是一种严重的浪费，且使系统的吞吐量下降。为了解决这一问题，在系统中又引入了对换技术。

所谓对换，是指把内存中暂时不能运行的进程或者暂时不用的程序和数据，调出到外存上，以便腾出足够的内存空间，再把已具备运行条件的进程或进程所需的程序和数据调入内存。对换是提高内存利用率的有效措施。自从 20 世纪 60 年代初期出现"对换"技术后，它便引起了人们的重视，现在该技术已被广泛用应用于操作系统中。

如果对换是以整个进程为单位，则称为"整体对换"或"进程对换"。这种对换被广泛应用于分时系统中，其目的是解决内存紧张问题，并可进一步提高内存利用率；如果对换是以"页"或"段"为单位进行的，则分别称为"页面对换"或"分段对换"，又统称为"部分对换"。部分对换方法是实现请求分页和请求分段式存储管理的基础，其目的是支持虚拟存储系统。为了实现进程对换，必须实现三个方面的功能：对换空间的管理、进程的换出和进程的换入。

2. 对换空间的管理

在具有对换功能的操作系统中，通常把外存分为文件区和对换区。前者用于存放文件，后者用于存放从内存换出的进程。由于通常文件都是驻留在外存上，故对文件区管理的主要目标是提高文件存储空间的利用率，为此，对文件区采取离散分配方式。然而进程对换在对换区中驻留的时间是短暂的，对换操作又较频繁，故对于对换空间的管理的主要目标是提高进程换入和换出的速度。为此，采取的是连续分配的方式，较少考虑外存中的碎片问题。

为了能对对换区中的空闲块进行管理，在系统中应配置相应的数据结构，以记录外存的使用情况。同样可以用空闲分区表或空闲分区链。在空闲分区表中的每个表目中应包含两项，即对换区的首地址及其大小，分别用盘块号和盘块数来表示。

由于对换分区的分配采用连续分配的方式，因而对换空间的分配与回收与动态分区方式时的内存分配与回收的方法相似。

3. 进程的换出与换入

(1) 进程的换出。每当一进程由于创建子进程而需要更多的内存空间，但又无足够的内存空间等情况发生时，系统应将某进程换出。其过程是：系统首先选择处于阻塞状态且优先级最低的进程作为换出进程，然后启动磁盘，将该进程的程序和数据传送到磁盘的对换区上。若传送过程未出现错误，便可回收该进程所占的内存空间，并对该进程的进程控制块做相应的修改。

(2) 进程的换入。系统应定时查看所有进程的状态，从中找出"就绪"状态但已换出的进程，将其中换出时间最久的进程作为换入进程，将之换入，直至已无可换入的进程或无可换出的进程为止。

4.5.3 覆盖

在单用户系统中，为了能在较小的内存中运行大作业，一些计算机采用了覆盖技术。覆盖技术就是将一个大程序按程序的逻辑结构划分成若干个程序段或数据段，并将不会同时执行，从而不必同时装入内存的程序段分在一组内，该组称为覆盖段。这个覆盖段可分配到同一个称为覆盖区的存储区域。

例 4-4 有一个程序的调用结构如图 4-29 所示。整个程序全部装入需要 160KB 内存。由于模块 A 和模块 B 不会同时被主函数(main())调用，所以调用模块 A 时，不必将模块 B

也装入内存。在调用模块 B 时,由于模块 A 已运行完成,模块 B 就可以占用模块 A 的内存空间。这样,就可以将模块 A 和模块 B 划分成两个相对独立的覆盖,它们可以组成一个覆盖段,并为这个覆盖段分配一个长度为 30KB 的覆盖区。同样,可将模块 C、D、E 分配到一个长度为 40KB 的另一个覆盖区中。覆盖段和覆盖区的分配情况如图 4-30 所示。

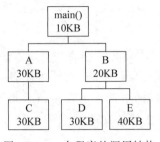
图 4-29　一个程序的调用结构

逻辑段	覆盖段大小
main()	10KB
A和B	30KB
C、D和E	40KB

图 4-30　覆盖段分配示意

由本例看出,采用覆盖技术后总共只需要 80KB 内存就可以运行该作业。这种覆盖管理技术采用的是静态存储分配和静态重定位方式。如在采用动态重定位的系统中运行,事先就不必划分或指定覆盖区,在执行中调用模块时才覆盖管理程序决定装入内存地址。

覆盖对程序员是不透明的。为了提高覆盖的效果,用户在编制程序时就要精心安排好程序的覆盖结构,并用覆盖描述语言描述覆盖和覆盖段。覆盖描述语言可写入独立的覆盖描述文件中,并连同目标程序一起提交给系统,也可在源文件中一起编译。

4.5.4　虚拟存储器

前面讲的存储管理都要求作业一次性装入内存,但在实际运行中,作业一次性装入内存是没有必要的,因为作业装入内存后,便一直驻留在内存,占据了宝贵的内存资源,且程序的运行一般是局部性的,因此没必要在运行前将程序全部装入内存。

1. 虚拟存储器的概念

基于局部性原理,作业在装入前,没必要一次性装入,仅将当前要运行的部分装入即可,其余的仍存放在磁盘上。程序要访问的页如果未装入内存,则将它们装入到内存,继续执行;若内存已满,则将内存中暂时不用的页调出内存,释放所占内存空间,再将要访问的页加载内存。这样就可以将一个较大的程序调到一个较小的内存空间中运行。从用户角度看,该系统所具有的内存容量比实际的内存容量要大得多,人们把这样的存储器称为虚拟存储器。

虚拟存储器是作业运行时,仅把部分运行到的程序和数据装入内存便可以运行的虚拟存储系统。具体地讲,虚拟存储器是指具有请求调入功能和置换功能,并能从逻辑上对内存空间进行扩充的一种存储器系统。虚拟存储器是一种逻辑上的存储器,它使用户感觉到它占有比实际内存大得多的内存空间。

必须指出,实现虚拟存储技术需要一定物质基础:第一是需要相当容量的辅存,以便足以存放多用户作业的地址空间；第二是要一定容量的主存；第三是需要地址变换机构。所以设计虚拟存储器时,应在可能的情况下力求地址变换机构快速地进行。

2. 虚拟存储器的实现方法

虚拟存储器的实现包括请求分页系统和请求分段系统两大类。

1) 请求分页系统

请求分页系统是在分页存储的基础上增加了请求分页的功能和页面置换功能所形成的页式虚拟存储系统。程序开始只是装入若干页的用户程序和数据便可以启动运行,在以后的运行过程中,访问到其他逻辑页时,再陆续将所需的页调入内存。请求调页和置换时,需要请求分页的页表机构、缺页中断机构和地址变换机构的支持。

2) 请求分段系统

请求分段系统是在分段存储管理的方式的基础上增加了请求调段及分段置换功能而形成的段式虚拟存储系统,它允许只装入部分程序和数据,运行时动态调入。实现请求分段需要以下机构的支持：请求分段的段表机制、缺段中断机构和地址变换机构。

3. 虚拟存储器的特征

虚拟存储器具有虚拟性、离散性、多次性及对换性等特征,其中最重要的特征是虚拟性。

(1) 虚拟性。虚拟性是指能够从逻辑上扩充内存容量,使用户所看到的内存容量远大于实际的内存容量。这是虚拟存储器所表现出的最重要的特征,也是虚拟存储器最重要的目标。

(2) 离散性。离散性是指内存分配时采用离散分配的方式。没有离散性就不可能实现虚拟存储器。如果采用连续分配方式,需将作业装入到连续的内存区域,这样需要连续地一次性申请一部分内存空间,以便将整个作业先后多次装入内存。如果仍然采用连续装入的方式,无法实现虚拟存储功能,只有采用离散分配方式才能为它申请内存空间,以避免浪费内存空间。

(3) 多次性。多次性是指一个作业被分成多次调入内存运行。作业在运行时,只将当前运行的那部分程序和数据装入内存,以后再需要那部分时,再从外存调入内存。

(4) 对换性。对换性是指允许在作业运行过程中换进换出。允许将暂时不用的程序和数据从内存调至外存的对换区,以后需要时再从外存调到内存。

4.6 请求分页内存管理

4.6.1 请求分页的实现

请求分页式存储管理是建立在页式存储管理的基础上,结合虚拟存储系统原理实现的。由于换入、换出的基本单位是固定长度的页面,它实现起来比请求分段要容易,因此,请求分页是目前常用的一种实现虚拟存储器的方式。它既需要硬件支持又需要软件支持。

为了实现请求分页,系统必须提供一定的硬件支持。除了需要一台具有一定容量的内存及外存的计算机系统外,还需要有页表机制、缺页中断机构和地址变换机构。

1. 页表机制

分页系统中地址映像是通过页表实现的。在请求分页系统中,页表项包括下列信息:逻辑页号、物理块号、状态位 P、访问字段 A、修改位 M 和外存地址。

逻辑页号	物理块号	状态位 P	访问字段 A	修改位 M	外存地址

(1) 状态位 P,用于指示该页是否已调入内存。

(2) 访问字段 A,用于记录本页在一段时间内被访问的次数,或最近多长时间没被访问,供置换算法换出页面时参考。

(3) 修改位 M,表示该页在调入内存后是否被修改过。由于内存的每一页在外存都有备份,所以在该页被换出时,若查出该页被修改过,则将该页再写回外存;若调入内存后未被修改过,则直接进行覆盖,无须写回。

(4) 外存地址,用于指出该页在外存的地址,如果外存采用磁盘,则指磁盘块号。

2. 缺页中断机构

在请求分页系统中,若所访问的页不在主存,便产生一个缺页中断。缺页中断和一般中断相比具有明显的区别,主要表现在以下几个方面。

(1) 在指令执行期间产生和处理中断信号。通常,CPU 都是在一条指令执行完后,再去判断是否有中断。若有,则响应中断,没有则执行下一条指令。

(2) 一条指令在执行期间可能产生多次中断。系统中的硬件应能保存多次中断时的状态,并保证最后能返回到中断前的缺页中断的指令处,继续执行。缺页中断处理的流程如图 4-31 所示。

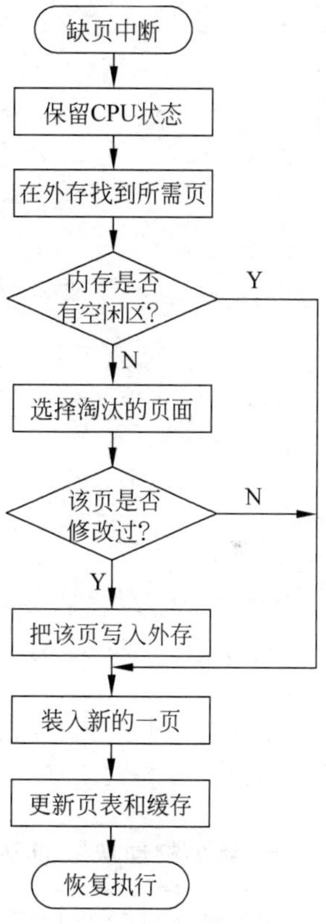

图 4-31 缺页中断处理的流程

3. 地址变换机构

请求分页系统中的地址变换机构是在分页系统的地址变换基础上,为实现虚拟存储器而增加了某些功能实现的。当出现缺页中断时,保留当前 CPU 的状态,在外存找到所需页面,按照一定的页面置换算法,将新的页面调入内存,然后恢复 CPU 的状态,继续执行。

请求分页的地址变换流程如图 4-32 所示。

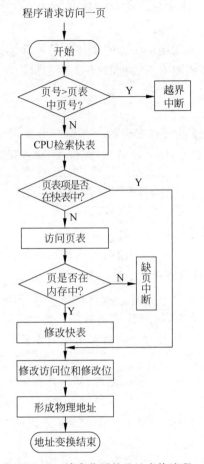

图 4-32 请求分页的地址变换流程

4.6.2 内存分配策略

在为进程分配内存时,涉及三个问题:①最小物理块数的确定;②物理块的分配策略;③物理块的分配算法。

1. 最小物理块数的确定

这里所说的最小物理块数,是指能保证进程正常运行所需的最小物理块数。当系统为进程分配的物理块数少于此值时,进程将无法正常运行。进程应获得的最少物理块数与计算机的硬件结构有关,取决于指令的格式、功能和寻址方式。对于某些简单的机器,若是单地址指令且采用直接寻址方式,则所需的最少物理块数为 2,其中,一块是用于存放指令的页面,另一块则是用于存放数据的页面。如果该指令允许间接寻址,则至少要求有三个物理块。对于某些功能较强的机器,其指令长度可能是两个或多于两个字节,因而其指令本身可能跨越两个页面,且源地址和目标地址所涉及的区域也都可能跨越两个页面。正如前面所介绍的缺页中断机构中要发生 6 次中断的情况一样,对于这种机器,至少要为每个进程分配 6 个物理块,以装入 6 个页面。

2．物理块的分配策略

在请求分页系统中，可采用两种内存分配策略，即固定分配策略和可变分配策略。在进行置换时，也可采取两种策略，即全局置换和局部置换。于是可以组合出以下三种适应策略。

1）固定分配局部置换

这是指基于进程的类型，或根据程序员、程序管理员的建议，为每个进程分配一定数目的物理块，在整个运行期间都不再改变。采用该策略时，如果进程在运行中发现缺页，则只能从该进程在内存的 n 个页面中选取一页换出，然后再调入一页，以保证分配给该进程的内存空间不变。

实现这种策略的困难在于为每个进程分配多少个物理块进行计算难以恰当地实现。若太少，会频繁地出现缺页中断，降低了系统的吞吐量；若太多，又必然使内存中驻留的进程数目减少，进而可能造成 CPU 空闲或其他资源空闲的情况，而且在实现进程对换时，会花费更多的时间。

2）可变分配全局置换

这可能是最易实现的一种物理块分配和置换策略，已用于若干个操作系统中。在采用这种策略时，先为系统的每个进程都分配一定数目的物理块，而操作系统自身也保持一个空闲物理块队列。当某进程发现缺页时，由系统从空闲物理块队列中取出一个物理块分配给该进程，并将欲调入的缺页装入其中。这样，凡产生缺页中断的进程都将获得新的物理块。仅当空闲物理块队列中的物理块用完时，操作系统才能从内存中选择一页调出，该页可能是系统中任一进程的页，这样，自然又会使那个进程的物理块减少，进而使其缺页率增加。

3）可变分配局部置换

它同样是基于进程的类型或根据程序员的要求，为每一个进程分配一定数目的物理块，但当某进程发现缺页时，只允许从该进程在内存的页面中选出一页换出，这样就不会影响其他进程的运行。如果进程在运行中频繁地发生缺页中断，则系统必须再为该进程分配若干附加的物理块，直至该进程的缺页率减少到适当的程度为止；反之，若一个进程在运行过程中的缺页率特别低，则此时可适当减少分配给该进程的物理块数，但不应引起其缺页率的明显增加。

3．物理块的分配算法

在采用固定分配策略时，如何将系统中可供分配的物理块分配给各个进程，可以采用如下几种算法。

1）平均分配算法

这是将系统中所有可供分配的物理块平均分配给各个进程。例如，当系统中有 100 个物理块，有 5 个进程在运行时，每个进程可分得 20 个物理块。这种方式貌似公平，但实际上是不公平的，因为它未考虑各进程本身的大小。如有一个进程，其大小为 200 页，只分配给它 20 个块，这样，它必然会有很高的缺页率；而另一个进程只有 10 页，却有 10 个物理块闲置未用。

2）按比例分配算法

这是根据进程大小按比例分配物理块的算法。如果系统中共有 n 个进程，每个进程的

页面数为 S_i ,则系统中各进程页面数的总和为

$$S = S_1 + S_2 + \cdots + S_n$$

又假定系统中可用的物理块总数为 m ,则每个进程所能分到的物理块数为 b_i ,将有

$$b_i = \frac{S_i}{S} m$$

b 应该取整,它必须大于最小的物理块数。

3) 考虑优先权的分配算法

在实际应用中,为了照顾到重要的、紧迫的作业能尽快地完成,应为它分配较多的内存空间。通常采取的方法是把内存中可供分配的所有物理块分为两部分:一部分按比例分配给各进程;另一部分则根据各进程的优先权,适当地增加其相应份额后分配给各进程。在有的系统中,如重要的实时控制系统,则可能是完全按优先权来为各进程分配其物理块。

视频讲解

4.7　页面置换算法

在进程运行过程中,若其所要访问的页面不在内存,则需要将它调入内存。当内存没有空闲空间时,必须从内存空间中调出一页。这就产生了在诸页面中淘汰哪个页面的问题。调出页面的原则必须根据一定的算法进行,该算法称为页面置换算法,也叫页面淘汰算法。置换算法的好坏直接影响系统的性能。

下面介绍几种常用的页面置换算法。

4.7.1　先进先出页面置换算法

采用该算法,当需要置换一个页面时,总是置换最先进入内存的那个页面。先进先出算法是一种最简单的置换算法,实现时只需将调入内存的页面按先后顺序排成一个队列。当需要置换一个页面时,总是将年龄最大的那个页面淘汰出内存。

假设某进程的最大页面数为3,页面走向为7,0,1,2,0,3,0,4,2,3,0,3,2,1,2,0,1,7,0,1,如图4-33所示。其页面失效的次数为15,页面失效率为3/4。先进先出(First Input First Output,FIFO)置换算法是易于理解和实现的。只要建立一个FIFO队列,并规定最新进入的页面总排在队列末尾,而需要置换时,总是把当前队首的那个页面换掉。

```
页面走向  7 0 1 2 0 3 0    4 2    3 0 3 2 1 2 0 1 7 0 1
页面置换  7 7 7 2 2 2     4 4 4 0    0 0 7 7 7
            0 0 0 3 3    3 2 2 2    1 1 1 0 0
              1 1 1 1    0 2 3 3    3 2 2 2 1
```

图 4-33　FIFO 页面置换算法

4.7.2　最近最久未使用页面置换算法

该算法在出现缺页中断时,总是选择最近一段时间内最长时间没有被访问过的页面,将它唤出外存。最近最久未使用(Least Recently Used,LRU)页面算法是一种比较好的页面置换算法,能适应各种类型的程序,但实现起来有相当大的难度,因为它要求系统具有较多

的支持硬件。所需要解决的问题是一个进程在内存中的各个页面有多长时间未被进程使用,如何快速知道哪一页是最近最久未使用的页面。为此,需要利用以下两类支持硬件。

（1）寄存器。用于记录某进程在内存中各页的使用情况。所以,需要为每个内存中的页面配置一个移位寄存器,可表示为 $R = R_{n-1}R_{n-2}R_{n-3}\cdots R_2R_1R_0$。

当进程访问某物理块时,要将相应寄存器的 R_{n-1} 位置成 1。此时,定时信号每隔一定时间将寄存器右移一位。如果把 n 位寄存器的数看作是一个页符号的整数,那么最小数值的寄存器所对应的页面就是最近最久未使用的页面,如表 4-4 所示。

表 4-4 某进程具有 8 个页面时的 LRU 访问情况

R 实页	R_7	R_6	R_5	R_4	R_3	R_2	R_1	R_0
1	0	1	0	1	0	0	1	0
2	1	0	1	0	1	1	0	0
3	0	0	0	0	0	1	0	0
4	0	1	1	0	1	0	1	1
5	1	1	0	1	0	1	1	0
6	0	0	1	0	1	0	1	1
7	0	0	0	0	0	1	1	1
8	0	1	1	0	1	0	1	0

（2）栈。利用一个特殊的栈来保存当前使用的各个页面的页号。每当进程访问某页面时,便将该页面的页面号从栈中移出,将它压入栈顶。因此,栈顶始终是最新被访问页面的编号,而栈底则是最近最久未使用页面的页面号。假设有一进程所访问页面的页号序列为 4,7,0,7,1,0,1,2,1,2,6。随着进程的访问,栈中页面号的变化情况如图 4-34 所示,当访问页面 6 时,发生缺页,此时页面 4 是最近最久未被访问的页,应将它置换出内存。

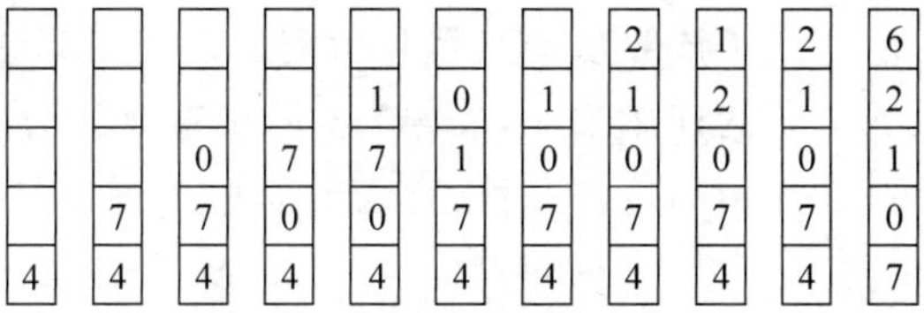

图 4-34 用栈保存当前使用页面时栈中页面号的变化情况

4.7.3 最佳置换算法

最佳置换（Optimal Page Replacement,OPT）算法是由 Belady 于 1966 年提出的一种理论上的理想算法,它所选择被淘汰的页面将是最长时间不被使用的。对于固定分配页面方式,采用最佳置换算法可以保证最低的缺页率。但由于人们目前还无法预知一个进程在内存的若干个页面中,哪个页面是未来最长时间内不再被访问的,因而该算法基本上是很难实现的,但可以利用该算法评价其他算法。

例 4-5 已知系统为一个作业分配了三个物理块,该作业的页面走向为 7,0,1,2,0,3,0,4,2,3,0,3,2,1,2,0,1,7,0,1。计算该作业的页面淘汰次序及缺页次数。

解：进程运行时先将 7,0,1 三个页面装入内存。当进程访问页面 2 时,将会产生缺页中断,此时,操作系统根据最佳置换算法,将选择页面 7 淘汰,这是因为页面 0 将作为第 5 次被访问的页面,页面 1 是第 14 次被访问的页面,页面 7 将是第 18 次要被访问的页面。很显然要淘汰最久才访问的页面。

页面置换过程如图 4-35 所示。

```
7  0  1  2 0 3 0  4 2  3 0 3 2 1  2 0 1 7 0 1
┌─┬─┬─┬──┬──┬──┬──┬──┬──────┬─┐
│7│7│7│  2│  2│  2│  2│      7│
│ │0│0│  0│  4│  0│  0│      0│
│ │ │1│  3│  3│  3│  1│      1│
└─┴─┴─┴──┴──┴──┴──┴──┴──────┴─┘
```

图 4-35　利用最佳页面置换算法时的页面置换过程

4.7.4　时钟置换算法

LRU 算法是一种较好的页面置换算法,但由于它要求有较多的硬件支持,所以在实际应用中,很多操作系统采用了时钟（Clock）置换算法,它是一种 LRU 算法的近似算法。

1. 简单的 Clock 置换算法

Clock 置换算法比 LRU 置换算法少了很多硬件支持,实现比较简单。当采用简单 Clock 置换算法时,只需为每页设置一位访问位,再将内存中的所有页面都通过链接指针链接成一个循环队列。当某页被访问时,其访问位被置 1。置换算法在选择一页淘汰时,只需检查页的访问位。如果是 0,就选择该页换出;若为 1,则重新将它置 0,暂不换出,而给该页第二次驻留内存的机会,再按照 FIFO 置换算法检查下一个页面。当检查到队列中的最后一个页面时,若其访问位仍为 1,则再返回到队首去检查第一个页面。图 4-36 示出了该算法的流程和示例。由于该算法是循环地检查各页面的使用情况,故称为 Clock 置换算法。但因该算法只有一个访问位,只能用它表示该页是否已经使用过,而置换时是将未使用过的页面换出去,故又把该算法称为最近未用算法（Not Recently Used,NRU）。

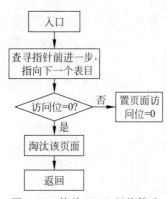

图 4-36　简单 Clock 置换算法的流程

2. 改进型 Clock 置换算法

在将一个页面换出时,如果该页已被修改过,便需将该页重新写回到磁盘上;但如果该页未被修改过,则不必将它复制回磁盘。在改进型 Clock 置换算法中,除须考虑页面的使用情况外,还须再增加一个因素,即置换代价,这样,选择页面换出时,要求它既是未使用过的页面,又是未被修改过的页面。把同时满足这两个条件的页面作为首选淘汰的页面。由访问位 A 和修改位 M 可以组合成下面四种类型的页面。

1 类（$A=0,M=0$）:表示该页最近既未被访问,又未被修改,是最佳淘汰页。

2 类（$A=0,M=1$）:表示该页最近未被访问,但已被修改,并不是很好的淘汰页。

3 类（$A=1,M=0$）:表示该页最近已被访问,但未被修改,该页有可能再被访问。

4 类（$A=1,M=1$）:表示该页最近已被访问且被修改,该页可能再被访问。

在内存中的每个页必定是这四类页面之一,在进行页面置换时,可采用与简单 Clock 置换算法相类似的算法,其差别在于该算法须同时检查访问位与修改位,以确定该页是四类页面中的哪一种。其执行过程可分成以下三步。

(1) 从指针所指示的当前位置开始,扫描循环队列,寻找 $A=0$ 且 $M=0$ 的第一类页面,将所遇到的第一个页面作为所选中的淘汰页。在第一次扫描期间不改变访问位 A。

(2) 如果第一步失败,即查找一遍后未遇到第一类页面,则开始第二轮扫描,寻找 $A=0$ 且 $M=1$ 的第二类页面,将所遇到的第一个这类页面作为淘汰页。在第二轮扫描期间,将所有扫描过的页面的访问位都置 0。

(3) 如果第二步也失败,也即未找到第二类页面,则将指针返回到开始的位置,并将所有的访问位复 0。然后重复第一步,如果仍失败,必要时再重复第二步,此时就一定能找到被淘汰的页。

该算法与简单 Clock 置换算法比较,可减少磁盘的 I/O 操作次数。但为了找到一个可置换的页,可能需经过几轮扫描。换言之,实现该算法本身的开销将有所增加。

4.7.5　抖动与工作集

1. Belady 现象

所谓 Belady 现象是指,如果对一个进程未分配给它所要求的全部页面,有时就会出现分配的页面数增多但缺页率反而提高的异常现象,也就是说,有时候缺页率可能会随着所分配的物理块数的增加而增加,这种反常现象叫作 Belady 异常。例如,对如下引用串:1,2,3,4,1,2,5,1,2,3,4,5。内存中物理块数为 3 时,发生 9 次缺页中断,而物理块数为 4 时,反而产生 10 次缺页中断。

FIFO 页面置换算法可能会出现 Belady 异常,而 LRU 置换算法和最佳置换算法却永远不会出现 Belady 异常。出现 Belady 现象的原因是置换特征与进程访问内存的动态特征不一致或是矛盾的,即被置换的页面可能是即将要被进程访问的。

2. 抖动

所谓抖动现象是指,刚被置换出去的页,很快又要访问,因而要把它重新调入;可是调入不久又再次被置换出去,页面频繁调入调出,以致大部分的机器时间都花费在页面的换入换出上,只用小部分时间用于进程的实际运算。抖动会使系统的利用率降低,系统的吞吐量降低,因而严重影响了系统的效率。

产生抖动的原因是,系统中并发执行的进程太多,系统分配给每一个进程的物理块数量太少,不能满足进程正常运行的需求,使得一些进程在运行时缺页率较高,缺页时必须请求系统将所需页调入内存,这样就使得系统中排队等待调入/调出的进程数增加,因而很多进程对磁盘访问的次数和时间也随之增加,从而导致处理机的利用率大幅减少的现象。抖动可能是页面调度算法不恰当产生的,也可能是系统中并发执行的进程太多产生的,所以,可以通过选择合理的调度算法,以及降低系统的多道程序度来降低抖动的发生。

3. 工作集原理

为了解决抖动问题,引入了工作集的概念。工作集是基于局部性原理假设的。工作集就是一个进程在某一小段时间内访问页面的集合。它是程序局部性的近似表示。

工作集是最近 n 次内存访问的页面的集合,数字 n 称为工作集窗口,也就是工作集的大小。经常被使用的页面会在工作集中,而若一个页面不再被使用,则它会从工作集中替换出去。当一个进程寻址不在工作集内的页面时,会导致一个缺页中断,系统在处理缺页中断时,更新工作集并在需要时从磁盘中读入此页面。

工作集模型的原理是让操作系统监视各个进程的工作集,主要是监视各个工作集的大小。若有空闲的物理块时,则可以再调一个进程到内存增加多道程序;若工作集的大小总和增加超过了所有可用物理块的数量之和时,操作系统可以选择内存中的一个进程对换到磁盘上,以减少内存中的进程数量,防止抖动的发生。

4.8　请求分段存储管理

4.8.1　请求分段的原理和硬件支持

请求分页内存管理方式是以页面为单位进行换入、换出的,而在段式存储管理基础上实现的虚拟存储器,则以段为单位进行换入、换出。在请求分段系统中,程序运行之前先将开始运行时用到的段调入内存,便可以运行。当访问到的段不在内存时,再将该段调入内存。因为分段的大小不是固定的,所以当内存中的空闲区域不够时就需要采用比较复杂的置换算法,可能需要置换内存中不止一个段后才有足够的空闲区域。

为了实现请求分段存储管理方式,应在系统中配置多种硬件机构,包括段表机制、缺段中断机构及地址变换机构。

1. 段表机制

请求分段式管理采用的主要数据结构是段表,如下所示。

段名	段长	存取方式	状态位 P	访问字段 A	修改位 M	存在位 P	增补位	外存起始地址

段表结构包括段名、段长、段的基址、存取方式、访问字段 A、修改位 M、存在位 P、增补位和外存起始地址。在段表项中,除了段名、段长、段在内存的起始地址外,还增加了以下几项:

(1) 存取方式,用于标识本分段的存取属性是执行、只读还是可读可写。

(2) 访问字段 A,其含义与请求分段的相应字段相同,用于记录被访问段的频率。

(3) 修改位 M,表示该页进入内存后是否被修改过。

(4) 存在位 P,指示本段是否已调入内存。

(5) 增补位,表示该段在运行过程中是否动态增长。

(6) 外存起始地址,指示本段在外存中的起始地址,即起始磁盘块号。

2．缺段中断机构

请求分段系统采用的是请求调段策略。每当进程要访问的段不在内存时，就产生缺段中断。缺段中断的处理过程如下：

（1）判断虚段 S 是否在内存。

（2）若不在，则让请求进程处于阻塞状态。

（3）判断内存中是否有空闲区域。

（4）若有空闲区域，则从外存读入段 S，修改段表和空闲区域表，唤醒请求进程。

（5）若没有空闲区域，判断总的空闲区是否满足，若满足，则将各空闲区合并，调入段 S，修改段表。若总的空闲区不够，则淘汰一个或几个段，形成一个合适的空闲区，再调入段 S。缺段中断流程如图 4-37 所示。

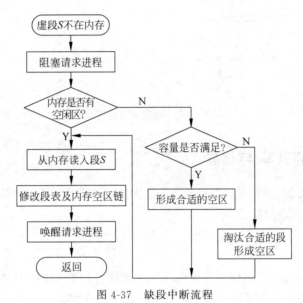

图 4-37　缺段中断流程

3．地址变换机构

请求分段系统的地址变换机构是在分段系统地址变换的基础上形成的。当所要访问的段不在内存时，将所缺的段调入内存，并修改段表，再利用段表进行地址变换。变换过程如下：

（1）有一个要访问的逻辑地址格式为 $[S|w]$，其中 S 为段号，w 为段内偏移量。

（2）判定若 w 的值大于段长，则进行越界中断处理。

（3）若 w 的值小于段长，则检查是否为合法的存取方式，若不是，则进行分段保护中断处理。

（4）若其他两种情况合法，则判断段 S 是否在主存。若在，则修改访问位，将形成主存的地址段的起始地址加上偏移量。

地址变换机构流程如图 4-38 所示。

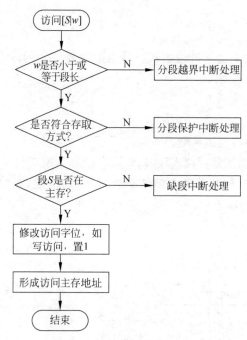

图 4-38　地址变换机构流程

4.8.2　段的共享与保护

段是按逻辑意义划分的,可以按名存取,所以段式存储管理可以方便地实现内存的信息共享,并进行有效的内存保护。

1. 段的共享

段的共享是指两个以上的作业使用同一个子程序段或数据段,该部分在内存中只包含一个副本。具体的操作是在每个进程的段表中,用相应的表项指向共享段在内存中的起始地址,如图 4-39 所示。

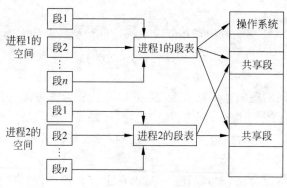

图 4-39　分段系统中段的共享

当用户进程或作业需要共享内存中某段的程序或数据时,只要用户使用相同的名字,就可以在新的段表中填入已存在段的内存起始地址,并设置一定的访问权限,从而实现段的共享。当共享此段的某进程不再需要它时,应将该段释放,取消在该进程中共享段所对应的表项。

2．段的保护

在分段系统中,由于每个分段在逻辑上都是独立的,因而比较容易实现信息保护。段的保护是实现段的共享和保证作业正常运行的一种措施。分段存储管理中的保护主要有地址越界保护和存取方式控制保护。地址越界保护是利用段表中的段长和逻辑地址中的段内相对地址相比较,如果段内地址大于段长,则发出地址越界中断,系统会对段进行保护。这样,各段都限定了一定的空间,每个作业都在自己的地址空间中运行,不会发生一个用户作业破坏另一个用户作业的危险。但有的系统中允许段动态增长,在此系统中,段内相对地址大于段长是允许的,为此,段表中设置增补位,以指示该段是否允许动态增长。

例 4-6　一作业的段表如表 4-5 所示。已知各操作数的逻辑地址分别为[2,15]、[0,60]、[3,18],其中,括号中第一个元素为段号,第二个元素为段内地址。试求各操作数的物理地址。

表 4-5　某作业段表

段号	主存起始地址	段长度	段号	主存起始地址	段长度
0	1200B	40B	2	4800B	20B
1	7600B	30B	3	3700B	20B

解：段式存储器管理的地址变换过程如下所述。

(1) 根据逻辑地址中段号查段表的相应栏目。

(2) 根据段内地址小于段长度,检查地址是否越界。

(3) 若不越界,则物理地址＝该段的主存起始地址＋段内地址。

逻辑地址[2,15]查段表得到段长度为 20B,段内地址 15<20,地址不越界;段号 2 查段表得到段首地址为 4800B,于是该操作数在内存的物理地址为 4800B+15B=4815B。

逻辑地址[0,60]查段表得到第 0 段的段长为 40B,段内地址 60>40,地址越界,系统发出地址越界中断。

逻辑地址[3,18]查段表得到段长度为 20B,段内地址 18<20,地址不越界;段号 3 查表得段首地址为 3700B,于是绝对地址＝3700B+18B=3718B。

4.8.3　段的共享与保护的实现

请求分段存储管理方式便于实现分段的共享和保护。段的共享和保护通常通过段表来实现。

1．段表

为了实现分段共享,可在系统中配置一张段表,所有的共享段在段表中占一项。段表项的结构如图 4-40 所示。

段名	段长	内存起始地址	状态	外存起始地址
共享进程计数 count				
状态	进程名	进程号	段号	存储控制
...				

图 4-40　共享段表

(1) 共享进程计数 count。为了记录有多少个进程需要共享该段,特别设置了一个整型变量 count 用以记录系统中共享该段的进程数。当进程不再需要该段时,可释放该段,并收回该段所占用的内存空间,count 减 1。

(2) 存取控制字段。对于一个共享段,应给不同的进程以不同的存取权限。例如,对于文件主,通常允许读和写;而对其他进程,只允许读或执行。

(3) 段号。对于同一个共享段,不同的进程可以使用不同的段号去共享该段。

2. 共享段的分配与回收

(1) 共享段的分配。由于共享段是供多个进程共享的,因此共享段的内存分配方式和非共享段的内存分配方式是不同的。在分配共享段时,对第一个使用该段的进程,系统将该共享段调入内存,为共享段加一表项,并填写有关表项,把 count 加 1。当其他的进程要共享该段时,不再需要调入内存,只需加一表项,填入该共享段的物理地址;在共享段的段表中,填上进程名、存取控制权限,再执行 count=count+1 操作,表明增加一个进程共享该段。

(2) 共享段的回收。当共享某段的某进程不再需要该段时,则将该段释放,包括取消在该进程段表中共享该段所对应的表项,以及执行 count=count−1 操作。若减 1 后结果为 0,则由该系统收回该共享段的物理地址。

3. 分段保护

在分段系统中,由于每个分段逻辑上都是独立的,并且加载内存后可以分别在不同的区域,因此比较容易实现信息保护。目前,采用以下几种方式对段进行保护。

(1) 越界检查。在段表寄存器中,存放着段表的长度信息;同样,在段表中也为每个段表设置段长度字段。进行访问时,将操作数逻辑地址空间的段号和段表长度进行比较,若等于或大于段表长度,则发出越界中断信号;其次,还要检查段内地址是否等于或大于段长。若大于段长,将产生越界中断信号,从而保证各进程只能访问自己的地址空间。

(2) 存取控制检查。在段表的每个表项中,设置一个存取控制字段,通常的访问方式有:

① 只读。只允许进程对该段中的程序和数据进行访问。

② 只执行。只允许执行,不允许读写。

③ 读写。允许进程对该段进行读写控制。对不同的访问对象,赋予不同的权限。

(3) 环保护机构。它是一种较完善的保护机构。其规定低编号的环具有较高的优先权。操作系统居于 0 环内;某些重要的系统软件占据中间环,而一般的应用程序位于外环。

程序访问和调用遵循以下规则:

① 一个程序可以访问驻留在相同环或较低环中的数据。

② 一个程序可以调用驻留在相同环或高特权环中的服务。

4.9　Linux 系统的内存管理方法

Linux 采用"按需调页"算法,支持三层管理策略。由于 Intel CPU 在硬件级提供了段式存储管理和二层页式存储管理功能,Linux 操作系统作为一种软件,必须与之兼容。Linux 根据 Intel CPU 的要求,最低限度地设置与段相关的结构和初始化程序,但实质上是放弃了段式存储管理。Intel 微机上的 Linux 系统考虑到 CPU 的限制,将第二层上的页式管理(PMD)与第一层上的页式管理(PGD)合并,因此真正发挥作用的是以页目录和页表为中心的数据结构和函数。

4.9.1　Linux 的分页管理机制

在 Linux 中,每个用户进程都可以访问 4GB 的线性虚拟内存空间。其中,0~3GB 的虚拟地址空间是用户空间,用户进程可以直接对其进行访问;3~4GB 的虚拟内存地址空间为内核态空间,存放仅供内核态访问的代码和数据,用户态进程不可访问。当用户进程通过中断或系统调用访问内核态空间时,就会触发处理特权级转换,即从操作系统的用户态转换到内核态。

所有进程从 3GB 到 4GB 的虚拟空间是一样的,有相同的页目录项和页表,对应同样的物理内存段。Linux 以此方式让内核态进程共享代码段和数据段。

Linux 采用"按需调页"技术管理虚拟内存。标准 Linux 的虚存页表应为三级页表,依次为页目录(Page Directory,PGD)、中间页目录(Page Middle Directory,PMD)和页表(PageTable,PTE),如图 4-41 所示。

在 Intel 微型计算机上,Linux 的页表结构实际为两级。80386 体系结构的页管理机制中的页目录是

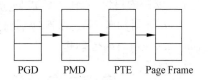

图 4-41　Linux 的三级页表结构

PGD,页表是 PTE,而 PGD 和 PMD 实际上合二为一。在用户进程中用到的与内存管理有关的数据结构是 mm_struct 结构,此结构中包含了用户进程中与存储有关的信息。

4.9.2　虚存段的组织与管理

用户共有 4GB 的虚存空间,但并不是 4GB 空间都可以让用户进程读写或申请使用。用户进程实际可申请的虚存空间为 0~3GB。在用户进程创建时,已由系统调用 fork() 的执行函数 do_fork() 将内核的代码段和数据段映射到 3GB 以后的虚存空间,供内核态进程访问。所有进程的 3~4GB 的虚存空间的映像都是相同的,并以此方式共享代码段和数据段。

为了能以自然的方式管理进程虚存空间,Linux 定义了虚存段(Virtual Memory Area,VMA),一个 VMA 段是某个进程的一段连续的虚拟空间,在这段虚存空间的所有单元拥有相同的特征。例如,属于同一个进程、具有相同的访问权限、同时被锁定、同时受保护等。

4.9.3　内存的共享和保护

Linux 中内存共享以页表的形式实现,共享该页的各进程的页表项直接指向共享页,如图 4-42 所示。这种结构不需要设立共享页表,节约内存,但效率较低。当共享页状态发生变化时,共享该页的各进程的页表均需修改,并要多次访问页表。

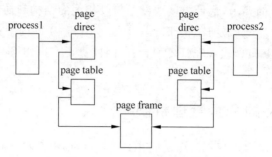

图 4-42　Linux 页共享结构

4.9.4　内存空间管理

尽管 Linux 采用虚拟存储管理策略,有些申请仍然需要直接分配物理空间。例如,为刚创建的进程分配页目录、为装入进程的代码段分配空间、为 I/O 操作准备缓冲区等。物理内存以页帧为单位,页帧的长度固定,等于页长,对于 Intel CPU 默认为 4KB。

Linux 对物理内存的管理通过 mem_map 表描述。mem_map 在系统初始化时,由 free_area_init()函数创建。

4.9.5　空闲内存管理

在物理内存低端,紧跟 mem_map 表的 bitmap 表以位示图方式记录了所有物理内存的空闲情况。与 men_map 一样,bitmap 表在系统初始化时由 free_area_init()函数创建。

4.9.6　内核态内存的申请与释放

内核态内存是用来存放 Linux 内核系统数据结构的内存区域,处于进程虚拟空间的3～4GB(准确地说是 3GB+high_memory,其中 high_memory 是系统在启动阶段测得物理内存的实际容量)范围内。

4.9.7　用户态内存的申请和释放

Linux 用 kmalloc()函数和 kfree()函数提供内核内存申请和释放的接口,它还实现另一种虚拟空间的申请和释放界面,就是 vmalloc()和 vfree()。

由 vmalloc()分配的存储空间在进程的虚拟空间是连续的,但它对应的物理内存仍需经缺页中断后,由缺页中断服务程序分配,所分配的物理页帧不是连续的。这些特征和访问用户内存相似,所以不妨把 vmalloc()和 vfree()称作用户态内存的申请和释放界面。

可分配的虚拟空间在 3GB＋high_memory＋HOLE_8MB 以上的高端,由 vmlist 链表管理。3GB 是内核态赖以访问物理内存的起始地址。high_memory 是安装在计算机中实际可用的物理内存的最高地址。因此 3GB＋high_memory 也是(从虚拟空间中看到的)物理内存的上界。HOLE_8MB 则是长度为 8MB 的"隔离带",起越界保护作用。这样,vmlist 管辖的虚拟空间既不与进程用户态 0～3GB 的虚拟空间冲突,也不与进程内核态映射到的 3GB～3GB＋high_memory 的虚拟空间冲突。

4.9.8 交换空间

计算机的物理内存空间总是影响机器性能。内存太小时,操作系统采用交换的方式。20 世纪 70 年代后,按需调页算法得到了应用,它是 Linux 操作系统采用的虚拟存储器的策略。换页操作时,Linux 区分两种不同的内存数据。一部分没有写权限的进程空间在换页时无须存入交换空间,直接丢弃即可。那些修改过的页面,换页时,其内容必须保存,保存的位置属于交换空间的某个页面。

Linux 采用两种方式保存换出的页面:一种是整个块设备,如磁盘的一个分区,称为交换设备;另一种是文件系统的固定长度的文件,称为交换文件。交换设备和交换文件统称为交换空间。

尽管交换空间有两种不同的方式,但它们的内部格式是一致的。一个交换空间最多可容纳 32 687 个页面。如果一个交换空间不够用,Linux 允许并行管理多个交换空间。交换设备远比交换文件有效。在交换设备中,属于同一页面的数据块总是连续的,第一个数据块地址确定,后续的数据块可以按顺序读出或写入。而在交换文件中,属于同一页面的数据块虽然在逻辑上是连续的,但数据块的实际位置可能是零散的。

当交换进程 kswapd 尝试换出页面时,调用测试进程 try_to_swap_out()测试页面的年龄。如果某物理页面可以换出,则调用进程 get_swap_page()申请交换空间的页面,得到交换进程的入口地址 entry,将要换出的物理页面换到 entry 指定的交换空间的某个页面中。

4.9.9 页交换进程和页面换出

当物理页面不够时,Linux 存储管理系统必须释放部分物理页面,将它们的内容写到交换空间。实现此功能的是内核态交换程序 Kswapd。

Kswapd 属于一种特殊的进程,称为内核态进程。Linux 的内核态进程没有虚拟存储空间进程,它们运行在内核态,直接使用物理地址空间。它不仅能将页面换出交换空间,而且保证系统中有足够的空闲页面,保证存储系统高效地运行。

Kswapd 在系统初始启动时由内核态进程 init 创建,其初始化程序段以调用 init_swap_timer()函数结束,进而转入 while(1)循环,并马上睡眠。

4.9.10 缺页中断和页面换入

磁盘中的可执行文件映像(Image)一旦被映射到一个进程的虚拟空间就可以开始执行。由于只有该映像区的开始部分调入内存,因此,进程迟早会执行到那些尚未调入内存的代码。当一个进程访问了一个还没有有效页表项的虚拟地址时(即页表项的 P 位为 0),处理器将产生缺页中断,通知操作系统,并将出现缺页的虚存地址(在 CR2 寄存器中)和缺页时访问虚存的模式,并传递给 Linux 的缺页中断服务程序。

本章小结

　　存储管理在操作系统中占有重要的地位,存储管理的目的是方便用户和提高内存利用率。存储管理的基本任务是管理内存空间、进行虚拟地址到物理地址的变换、实现内存的逻辑扩充、完成内存的共享和保护。随着计算机技术的逐步发展,存储器的种类越来越多,按照其容量、存取速度以及在操作系统中的作用,可分为三级存储器:寄存器、内存和外存。

　　各种存储管理技术各具特点,在存储分配方式上有静态和动态、连续和非连续之分。所谓静态重定位是指在目标程序运行之前就完成了存储分配,如分区式存储管理和静态分区管理。动态重定位是指在目标程序运行过程中再实现存储分配,如动态分页管理、段式和段页式管理。连续性存储分配要求给作业分配一块地址连续的内存空间,非连续性的分配是指作业分得的内存空间可以是离散的、地址不连续的内存块,如分页、分段内存管理方式。在将逻辑地址变换为物理地址时,固定分区采用的是静态重定位。其他采用的是动态重定位。静态重定位是由专门设计的重定位装配程序来完成,而动态重定位是由硬件地址变换机构来实现的。虚拟存储技术是通过请求调入和置换功能,对内外进程进行统一的管理,为用户提供了似乎比实际内存容量大得多的存储器,这是一种性能优越的存储管理技术。在完成信息共享和保护方面,分区管理不能实现共享,页式存储管理方式实现共享较难,但是分段和段页式管理就能容易实现共享。分区管理采用的是越界保护技术,其他的均采用越界保护和存取权控制保护相结合的方法。

　　在进程运行过程中,当实际内存不能满足需求时,为释放内存块给新的页面,需要进行页面置换,有很多种页面置换算法供使用。FIFO 置换算法是最容易实现的,但性能不是很好;OPT 算法仅具有理论价值;LRU 置换算法是缺页率较低的页面置换算法,但是实现时要有硬件的支持和软件开销。Clock 置换算法是 LRU 置换算法的近似算法。

　　在页式存储管理以及段式存储管理的基础上,采用对换和覆盖技术,就形成了请求分页、请求分段存储管理方式,这就可以实现虚拟存储器。

　　在大型通用系统中,经常把段页式存储管理和虚拟存储技术结合起来,形成带虚拟存储的段页式系统,它兼顾了分段存储管理在逻辑上的优点和请求式分页存储管理在存储管理方面的长处,是最通用、最灵活的系统。

　　本章的最后介绍了 Linux 操作系统的分页管理机制、虚存段的组织与管理、内存的共享和保护、内存空间管理、空闲内存管理、内核态内存的申请与释放、用户态内存的申请与释放、交换空间、页交换进程和页面换出,以及缺页中断和页面换入。

习题 4

　　4-1　存储管理的功能是什么?
　　4-2　存储分配的方式有几种?

4-3 分区分配方法有哪几种？各有什么优缺点？

4-4 简述页式存储管理的实现思想。

4-5 试说明缺页中断和一般中断的主要区别。

4-6 试述分页系统和分段系统的主要区别。

4-7 在采用页式存储管理系统中，某作业 J 的逻辑地址空间为 4 页（每页 2KB），且已知该作业的页面映像表如表 4-6 所示，试求有效逻辑地址 4865B 所对应的物理地址。

表 4-6 页面映像表

页 号	块 号	页 号	块 号
0	2	2	6
1	4	3	8

4-8 有一段式存储管理系统，其段表如表 4-7 所示。

表 4-7 段式存储管理系统段表

段 号	段长/KB	段起始地址/KB
0	2	430
1	3	10
2	5	500
3	2	400
4	1	112
5	4	32

已知各操作数的逻辑地址为[0,1.5KB],[1,2KB],[4,2KB],[5,4.1KB]，试求它们所对应的物理地址。

4-9 某计算机采用二级页表的分页存储管理方式，按字节编址，页大小为 2^{10}B，页表项大小为 2B，逻辑地址结构为

页目录号	页号	页内偏移量

逻辑地址空间大小为 2^{16} 页，则表示整个逻辑地址空间的页目录表中包含表项的个数至少是多少？

4-10 已知页面走向为 1,2,1,3,1,2,4,2,1,3,4，且开始执行时主存中没有页面。若只给该作业分配两个物理块，当采用 FIFO 置换算法时缺页率为多少？假定现在有一种置换算法，该算法置换页面的策略为当需要置换页面时，就把刚使用过的页面作为置换对象，试问相同的页面走向，其缺页率又为多少？

4-11 表 4-8 给出了某系统中的空闲分区表，系统采用可变式分区存储管理策略。现在有以下列作业序列：96KB、20KB、200KB。若用 FIFO 置换算法和 OPT 置换算法来处理这些作业序列，试问哪一种算法可以满足该作业序列的请求，为什么？

表 4-8　空闲分区表

分　区　号	大小/KB	起始地址/KB
1	32	100
2	10	150
3	5	200
4	218	220
5	96	530

4-12　在系统中,采用固定分区分配管理方式,内存分区的情况如图 4-43 所示。现在有大小为 1KB、9KB、33KB、121KB 的多个作业要求进入内存,设内存分配策略采用 OPT 置换算法,试画出它们进入内存后内存空间的分配情况,并说明内存浪费有多大。

某系统内存分区情况

图 4-43　习题 4-12 分区

4-13　有一个分页存储管理系统,页面大小为每页 4KB。有一个 512×512 的整型数组,按行连续存放,每个整数占 4B,将数组初始化为 0 的程序描述如下:

```
int a[512][512];
 int i,j;
for(i = 0;i < = 511;i ++)
for(j = 0;j < = 511;j ++)
a[i][j] = 0;
```

(1) 若在程序执行时内存中只有一个存储块来存放数组信息,试问该程序执行时产生多少次缺页中断?

(2) 如果程序改为:

```
int a[512][512];
 int i,j;
for(j = 0;j < = 511;j ++)
for(i = 0;i < = 511;i ++)
a[i][j] = 0;
```

该程序执行时产生多少次缺页中断?

4-14　在一个请求分页存储管理系统中,一个作业的页面走向为 4,3,2,1,4,3,5,4,3,2,1,5,当分配给该作业的物理块数分别为 3、4 时,试计算采用下述页面置换算法时的缺页率,并比较所得的结果。

(1) 最佳置换算法。

（2）先进先出页面置换算法。

（3）最近最久未使用页面置换算法。

4-15　试说明联想寄存器的作用。

4-16　什么是虚拟存储器？

4-17　说明虚拟存储器的理论依据和实现现虚拟存器的关键技术。

4-18　在请求分页系统中，页表的结构应包含哪些数据项？说明每个数据项的作用。

4-19　在请求分页中，产生"抖动"的原因是什么？

4-20　内存的分配策略中，什么是固定分配局部置换和可变分配全局置换？

4-21　在请求分页系统中，从何处将所需页面调入内存？

4-22　什么是工作集？说明工作集原理。

4-23　在请求分段机制中，应设置哪些段表项？

第5章

文件管理

本章学习目标

文件是存储在外存介质上的有序信息的集合。那么,这些有序信息的结构是怎样的?文件在外部介质上是如何存储的?在访问文件时,操作系统是如何实现文件按名访问的?本章学习关于文件管理的相关知识。通过本章的学习,读者应该掌握以下内容:

- 掌握文件系统的概念及功能;
- 掌握文件的逻辑结构;
- 掌握文件的访问方式;
- 掌握文件的物理结构;
- 掌握文件控制块及目录结构;
- 掌握操作系统对文件的操作;
- 掌握文件存储空间的管理;
- 了解 Linux 系统文件管理功能。

5.1 文件管理概述

5.1.1 文件的概念

文件的概念是在信息的物理存储和信息表示方式的基础上引入的。从用户使用处理的逻辑角度,文件定义为具有符号名而且在逻辑上具有完整意义的信息项的有序序列。另外,操作系统作为一个系统软件本身也需要信息管理功能提供支持。讨论文件时经常用到以下术语。

1. 数据项

数据项是描述一个对象的某种属性的字符集,是数据组织中可以命名的最小逻辑数据单位,即原子数据,又称为数据元素或字段。它的命名往往与其属性一致。例如,用于描述一个教职工的基本数据项有姓名、年龄、工资等。

2. 记录

记录是一组相关数据项的集合,用于描述一个对象在某方面的属性。例如,一个学生记录有学号、姓名、性别、年龄、班级等。

3．文件

文件是相关记录的集合，它通常存放在外存上，可以作为一个独立的单位存放和实施相应的操作。例如，用户编写的一个源程序、经编译生成的目标代码程序、系统中的库程序和各种系统程序、一批待加工处理的数据、一篇文章等，都可构成一个文件加以保存。

文件是由创建者定义的、具有文件名的一组相关信息的集合。一个文件包含有文件类型、文件长度、文件的物理位置、文件的创建时间、使用权限等属性。文件必须有文件名，通常由一串 ASCII 码字符或（和）汉字构成，名字的长度因系统不同而异。Linux 系统中，文件名最大长度由 NR-NAME-LEN 控制，默认值为 255 个字符。

注意：在 Linux 中，文件名是区分大小写的，如"a"与"A"代表不同的文件名。

5.1.2　文件系统

文件系统是操作系统中对文件进行管理和操作的软件机构与数据的集合，即文件管理系统。文件系统包含与文件管理相关的软件、被管理的文件和实施文件管理所需要的数据结构。

1．文件系统需解决的问题

（1）有效地分配存储器的存储空间。通常，一个文件存储器上的物理空间是以块为单位进行分配的。对于分页系统，块区的大小一般仅与页的大小有关，而与文件中的记录大小无关。

（2）提供一种组织数据的方法。存储数据的存储器具有固定的物理特性，数据在辅存设备上的分布构成了文件的物理结构，但它对程序的使用是不相适应的。用户看到的应该是逻辑文件结构。文件系统负责实现逻辑特性到物理特性的转换，这实质上是实现了"按名存取"的功能。

（3）提供合适的访问方法，以适应各种不同的应用。例如，用户不仅可以顺序地对文件进行操作，而且可以任意地对文件中的记录进行操作，即系统应提供顺序存取和直接存取方法。

（4）提供一组服务，使用户能处理数据，以执行所需要的操作。这些操作包括创建文件、撤销文件、组织文件、读文件、写文件、传输文件和控制文件的访问权限等。

（5）提供文件保护和共享功能。文件系统还允许多个用户共享一个文件副本。这一服务的目的是在辅存设备上只保留一个单一的使用程序和数据的副本，以提高设备利用率。这时，文件保护尤为重要，系统必须提供对文件的保护措施。

2．文件系统的功能

文件系统的功能可以很简单，也可以很复杂，这是根据各种不同的应用环境而确定的。对于一个通用的操作系统来说，需要提供下列基本要求：

（1）文件及目录的管理，如打开、关闭、读、写等。

（2）提供有关文件自身的服务，如文件共享机制、文件的安全性等。

(3) 文件存储空间的管理,如分配和释放,主要针对可改写的外存,如磁盘。

(4) 提供用户接口。方便用户使用文件系统所提供的服务,称为接口。文件系统通常向用户提供两种类型的接口：命令接口和程序接口。不同的操作系统提供不同类型的接口,不同的应用程序往往使用不同的接口。

3. 文件系统的结构

文件系统的结构模型如图 5-1 所示。

1) 对象及其属性

文件系统管理的对象有：

(1) 文件。它作为文件管理的直接对象。

(2) 目录。为了方便用户对文件的存取和检索,在文件系统中必须配置目录。对目录的组织和管理是方便用户和提高对文件存取速度的关键。

(3) 磁盘(磁带)存储空间。文件和目录必定占用存储空间,对这部分空间的有效管理不仅能提高外存的利用率,而且能提高对文件的存取速度。

2) 对对象操纵和管理的软件集合

这是文件管理系统的核心部分,其中包括对文件存储空间的管理、对文件目录的管理、用于将文件的逻辑地址转换为物理地址的机制、对文件读和写的管理,以及对文件的共享与保护等功能。

3) 文件系统接口

为方便用户使用文件系统,文件系统通常向用户提供两种类型的接口：

文件系统接口
对对象操纵和管理的软件集合
对象及其属性

图 5-1 文件系统模型

(1) 命令接口。指用户与文件系统交互的接口。用户可通过键盘终端输入命令,取得文件系统的服务。

(2) 程序接口。指作为用户程序与文件系统的接口。用户程序可通过系统调用来取得文件系统的服务。

5.1.3 文件的分类

为便于文件的控制和管理,通常把文件分成若干类型,但由于不同系统对文件的管理方式不同,因而对文件的分类方法有很大差异。下面介绍几种常用的分类方法。

1. 按文件的数据形式分类

(1) 源文件。由源程序和数据构成的文件,一般由 ASCII 码字符或汉字组成。

(2) 目标文件。由相应的编译程序编译而成的文件,由二进制数组成,扩展名为.obj。

(3) 可执行文件。由目标文件连接而成的文件,扩展名一般为.exe。

2. 按用途分类

(1) 系统文件。由系统进行管理及为用户提供基本服务的文件,这些系统有操作系统、编译系统、编辑系统、预处理系统等。这类文件对用户不直接开放,只能通过系统调用为用户服务。

(2) 库文件。由标准子程序及常用的应用程序组成的文件。这类文件允许用户调用,但不允许用户修改。

（3）用户文件。在权限范围内用户可以直接使用，进行读写和执行的文件，如源程序文件、目标程序文件以及由原始数据、计算结果等组成的文件。

3. 按存取权限分类

（1）只读文件。允许授权用户读，但不准改写文件内容。
（2）读写文件。允许授权用户读写，但禁止未授权用户读写的文件。
（3）可执行文件。允许授权用户执行。

4. 按保存时间分类

（1）临时文件。用户在一次解题过程中建立的中间文件，当用户撤离系统时，该文件往往也随之被撤销。
（2）档案文件。只保存在作为档案的磁带上，以便考证和恢复用的文件，如日志文件。
（3）永久文件。长期保存，以备用户经常使用的文件。它不仅在磁盘上有文件副本，而且在"档案"上也有一个可靠的副本。

5. 按对文件管理的方式分类

（1）普通文件。由表示程序、数据或正文的字符串构成的文件，内部没有固定的结构。这种文件既可以是系统文件，也可以是库文件或用户文件。
（2）目录文件。由文件目录构成的一类文件。对它的处理（读、写、执行）在形式上与普通文件相同。操作系统将目录作为文件进行管理。
（3）特别文件。也叫设备文件，特指各种外部设备。为了便于管理，在 UNIX、Linux 和 DOS 中，把所有输入输出设备都按文件格式供用户使用。这类文件对于查找目录、存取权限验证等的处理与普通文件相似，而其他部分的处理要针对设备特性要求做相应的特殊处理。

应该指出，采取不同的分类方式将导致不同的文件系统。

5.1.4　文件存取方式

文件存取方式是指用户对文件的逻辑存取方式，是由文件的性质和用户使用文件的情况决定的。常用的存取方式有顺序存取方式、随机存取方式和按键存取方式。

1. 顺序存取方式

顺序存取是指按照文件的逻辑地址依次存取。对记录式文件，是按照记录的排序顺序依次存取。顺序文件即顺序存放的文件，物理记录的顺序和逻辑记录的顺序是一致的。图 5-2 给出了三种逻辑结构文件的组织形式。

图 5-2(a)是流式文件，可认为该字符流式文件是由一个记录长度为 m（m 为字符流长度）的单记录式文件；图 5-2(b)表示由若干个定长记录组成的一个顺序文件；图 5-2(c)表示由若干个不同长度的记录组成的顺序文件，其中，L_i 为第 i 条记录的长度，R_i 为第 i 条记录的指针。定长记录文件记录的大小为 L，则它的第 i 条记录的逻辑地址为 $i*L$；变长记

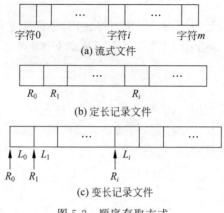

图 5-2　顺序存取方式

录文件,每条记录的大小为 $L_i(i=0,1,2,\cdots)$,则它的第 i 条记录的逻辑地址为 $L_0+L_1+\cdots+L_{i-1}$。因为变长记录文件中每个记录的长度都需要记录,所以变量记录的文件确定逻辑位置开销较大,现在这种结构用得较少。

顺序存取方式适用于整个文件只需要顺序读或顺序写的只读或只写文件,但对于某些文件,用户希望能以任意次序直接得到某个记录,采用随机存取方式较为合适。

2. 随机存取方式

随机存取方式又称为直接存取方式,是按照记录的编号或地址来存取文件中的任一记录。对于定长记录文件,随机存取是把一个文件视为若干编上号的块或记录,每块的大小是相同的。随机存取允许随意读入块写入块。因而,对文件的随机存取是没有限定顺序的。当接到访问请求时,计算出记录的逻辑地址,然后存取该记录。

对于变长记录文件,用计算从头至指定记录长度的方法来确定读写位移的方式是很不方便的,通常采用索引表组织方式。

存取文件的步骤如下:

(1) 以记录号为索引,读出索引表中的相应表目。

(2) 根据此表目指针指出的逻辑地址去存取记录。

在无结构的流式文件中,随机存取法必须事先用必要的命令把读写指针移到要进行读写的信息开始处,然后再进行读写。

3. 按键存取方式

按键存取指按逻辑记录中的某个数据项值(称为关键字)作为索引而进行存取。按键存取方式实质上属于随机存取方式。

5.2　文件的逻辑结构

对于文件的组织形式,可以从用户观点和实现观点两种不同的视角来研究,形成两种不同的文件结构,即逻辑文件结构和物理文件结构。

文件的逻辑结构是用户可见的结构,即从用户的角度所观察到的文件结构。文件的逻辑结构分为两种,即无结构文件(流式文件)和有结构文件(记录文件)。

5.2.1　流式文件

流式文件又称无结构文件,是由字符序列组成的文件,其文件内部不再划分记录,文件长度直接按字节来计算,如大量的源程序、可执行文件、库函数等都是无结构文件形式。在Linux 系统中,所有文件都被看作流式文件,系统不对文件进行格式处理。

5.2.2　记录文件

记录文件又称为有结构文件,它把文件内的信息划分为多个记录,用户以记录为单位组织信息,即在逻辑上可被看成是一组连续顺序的记录的集合。每个记录是一组相关的数据项集合,每个数据项用于描述一个对象某个方面的属性,如姓名、年龄、性别、工资等。文件有以下分类方式:

1．按记录的长度分类

有结构文件按其记录的长度是否相同,可分为定长记录文件和不定长记录文件两种。

(1)定长记录文件是指文件中所有记录的长度都相同。文件的长度可用记录的数目来表示。

(2)不定长记录文件是指文件中几个记录的长度不相同,如姓名、家庭住址、备注等,有长有短。在处理之前每个记录的长度是已知的。

2．按记录的组织形式分类

对于记录类型的文件,操作系统根据用户和系统管理的需要,可采用多种方式来组织这些记录,形成下述几种文件。

1) 顺序文件

这是由一系列记录按某种顺序排列所形成的文件。其中的记录通常是定长记录,文件中的所有记录按关键字(词)排列。可以按关键词的长短从小到大排序,也可以从大到小排序,或按其英文字母顺序排序。

对顺序结构文件可有更高的检索效率。在检索串结构文件时,每次都必须从头开始,逐个记录地查找,直至找到指定的记录,或查完所有的记录为止。而对顺序结构文件,则可利用某种有效的查找算法,如折半查找法、插值查找法、跳步查找法等方法来提高检索效率。

顺序文件中的记录可以是定长的,也可以是变长的。

(1)对于定长记录的顺序文件,如果已知当前记录的逻辑地址,便很容易确定下一个记录的逻辑地址。在读一个文件时,可设置一个读指针 Rptr,令它指向下一个记录的首地址,设每条记录长度为 L,则每当读完一条记录时,便执行

Rptr ：= Rptr + L

操作,使之指向下一个记录。

(2)对于变长记录的顺序文件,在顺序读写时的情况相似,但应分别为它们设置读指针

或写指针,在每次读写完一个记录后,须将读写指针加上 L_i。L_i 是刚读写完的记录的长度。

顺序文件的最佳应用场合是在对诸记录进行批量存取时,即每次要读或写一大批记录时。此时,对顺序文件的存取效率是所有逻辑文件中最高的。磁带机只能存储顺序文件。

在交互应用的场合,如果用户(程序)要求查找或修改单个记录,为此系统需要逐个查找记录。这时,顺序文件所表现出来的性能就可能很差,尤其是当文件较大时,情况更为严重。例如,有记录的顺序文件,如果对它采用顺序查找法去查找一个指定的记录,则平均需要查找 1M 个记录;如果是变长记录的顺序文件,则为查找一个记录所需付出的开销将更大,这就限制了顺序文件的长度。

顺序文件的另一个缺点是,如果想增加或删除一个记录都比较困难。

2) 索引文件

当记录为可变长度时,通常为之建立一张索引表,并为每个记录设置一个表项,以加快对记录检索的速度。

可见,对于定长记录,除了可以方便地实现顺序存取外,还可较方便地实现直接存取。然而,对于变长记录就较难实现直接存取了,因为用直接存取方法来访问变长记录文件中的一个记录是十分低效的,其检索速度也很难令人接受。为了解决这一问题,可为变长记录文件建立一张索引表,对主文件中的每个记录,在索引表中设有一个相应的表项,用于记录该记录的长度 L 及指向该记录的指针(指向该记录在逻辑地址空间的首址)。由于索引表是按记录键排序的,索引表本身是一个定长记录的顺序文件,从而也就可以方便地实现直接存取。图 5-3 示出了索引文件(Index File)的组织形式。

3) 索引顺序文件

这是上述两种文件构成方式的结合。它为文件建立一张索引表,为每一组记录中的第一个记录设置一个表项。

索引顺序文件(Index Sequential File)可能是最常见的一种逻辑文件形式。它有效地克服了变长记录文件不便于直接存取的缺点,而且所付出的代价也不算太大。前已述及,它是顺序文件和索引文件相结合的产物。它将顺序文件中的所有记录分为若干个组(例如,50个记录为一组);为顺序文件建立一张索引表,在索引表中为每组中的第一个记录建立一个索引项,其中含有该记录的键值和指向该记录的指针。索引顺序文件的组织形式如图 5-4 所示。

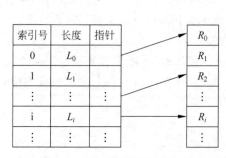

图 5-3　索引文件的组织形式

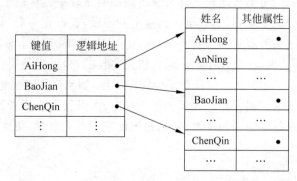

图 5-4　索引顺序文件的组织形式

在对索引顺序文件进行检索时,根据用户所提供的关键字以及某种查找算法去检索索引表,找到该记录所在记录组中第一个记录的表项,从中得到该记录组第一个记录在主文件中的位置;然后,利用顺序查找法查找主文件,从中找到所要求的记录。

对于一个非常大的文件,采用索引顺序文件可以提高查询速度。

4)直接文件

根据给出记录的键值直接决定记录的物理地址。采用前述几种文件结构对记录进行存取时,都必须利用给定的记录键值,先对线性表或索引表进行检索,以找到指定记录的物理地址。对于直接文件,则可以根据给定的记录键值,直接获得指定记录的物理地址。也就是说,记录键值本身就决定了记录的物理地址。这种由记录键值到记录物理地址的转换被称为键值转换(Key to Address Transformation)。组织直接文件的关键在于用什么方法进行从记录值到物理地址的转换。

5)哈希(Hash)文件

这是一种最为广泛使用的直接文件,使用 Hash()函数把键值转换为相应记录的地址。但为了能实现文件存储空间的动态分配,通常由 Hash()函数所求得的并非是相应记录的地址,而是指向一目录表相应表目的指针,该表目的内容指向相应记录所在的物理块,如图 5-5 所示。例如,若令 K 为记录键值,用 A 作为通过 Hash()函数 H 的转换所形成的该记录在目录表中对应表目的位置,则有关系 $A=H(K)$。通常,把 Hash()函数作为标准函数保存于系统中,供存取文件时调用。

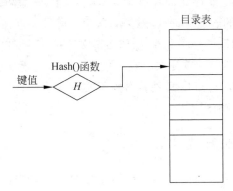

图 5-5 Hash 文件的逻辑结构

5.3 外存分配方式

一个磁盘上会存放许多文件。外存的分配方式是指将磁盘空间分配给文件的方式。它解决的是如何为一个文件分配磁盘空间,以便磁盘空间能够得到有效利用,以及如何提高对文件的访问速度的问题。

外存的分配方式决定了文件的物理结构。文件的物理结构是指文件在外部存储器上的存储方式,以及它与文件逻辑结构之间的对应关系,即文件的存储结构。通常,文件的物理结构有连续文件结构、链接文件结构和索引文件结构等。

视频讲解

5.3.1　连续分配方式

　　一个文件顺序存放在外存的若干个连续物理块中,这种存放文件的方式是连续分配方式,称这种文件为连续文件。连续文件保证了逻辑文件中的记录顺序与存储器中文件占用盘块的顺序是一致的。在连续文件的文件控制块中记录着文件所占用的起始物理块号和物理块数。图 5-6 所示为连续文件的结构。连续文件的文件控制块(File Control Block,FCB)是用于描述和控制文件的数据结构,图 5-7 给出了连续文件目录的一部分。

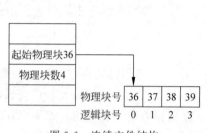

图 5-6　连续文件结构

目录

file	start	length
count	0	2
tr	15	3
mail	21	6
list	29	3
f	7	2

图 5-7　连续文件目录

　　连续文件的主要优点是:顺序访问容易,访问一个占有连续空间的文件非常容易,同时连续分配也支持直接存取;顺序访问速度快,因为由连续分配装入的文件所占用的盘块可能是位于一条或几条相邻的磁道上,所以磁头的移动距离最少,访问速度快,常用于存放系统文件等固定长度的文件,如编译程序文件、操作系统文件和由系统提供的实用程序文件等。

　　连续文件也存在以下缺点:首先要有连续的存储空间;要求建立文件时就确定它的长度,依此来分配存储空间,往往难以实现;不利于文件长度的动态增加;反复删除记录后,易产生碎片,导致外存空间利用率低。

5.3.2　链接分配方式

　　把一个逻辑上连续的文件离散地存放在不连续的物理块中,为了表示其对应的逻辑块次序,对各物理块设置一个指针(称为链接字),指向下一个逻辑块对应的物理块,从而使存放同一文件的物理块链接成一个串联队列,这样形成的物理文件称为串联文件,又称为链接文件。串联文件的优点是支持离散分配,因而消除了碎片,提高了存储空间的利用率;能够实现按需分配且无须事先知道文件的长度,支持文件的动态增长,并方便对文件增、删、改等操作,链接分配方式具有以下两种链接结构。

1. 隐式链接

　　把一个逻辑文件分为若干个逻辑块,每个块的大小与物理块的大小相同,并为逻辑块取从 $1\sim n$ 的编号,再把每一个逻辑块存放到对应的物理块中。在每个物理块中设置一个链接指针,通过这些指针把存放了该文件的物理盘块链接起来,由于链接指针只存放在文件的物理块中,所以称为隐式链接,其结构如图 5-8 所示。

　　隐式链接结构的优点是:克服了连续文件的缺点,但是又带来了新的问题,如只适合顺

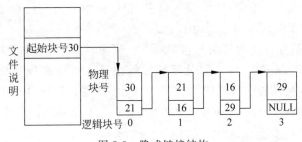

图 5-8　隐式链接结构

序访问，对随机存取极其低效；由于仅通过链接指针来实现各离散盘块的链接，所以只要其中任何一个指针出现问题，都会导致整条链的断开，因而可靠性较差。为了提高检索速度，可将几个盘块组成一个簇，以簇为单位进行盘块分配，但又会带来磁盘簇内碎片增大的缺点。

2．显式链接

把用于链接文件各物理块的指针显式地放在一张链接表中，该表在整个磁盘上仅设置一张，如图 5-9 所示，表的序号是物理块号。在每个表项中存放链接指针，指向属于同一文件的下一个物理块。文件的第一个物理块号存放在其 FCB 中。由于此表展示了文件在外存上的存储情况，所以称此表为文件分配表（File Allocation Table，FAT）。FAT实际上就是文件的一张显示链接表。MS-DOS、Windows 都采用了 FAT 文件物理结构。

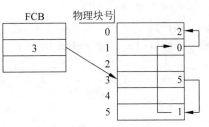

图 5-9　显式链接结构

优点：因为只需将 FAT 一次性装入内存，就可查找所有文件物理块的磁盘地址，所以与隐式链接结构相比，显式链接结构的文件易于采用随机存取，因此随机存取速度快。

链接分配文件方式虽然解决了连续文件方式存在的问题，但又出现了另外两个新问题：不能支持高效的直接存取，因为若对一个较大的文件进行直接存取，必须首先在文件分配表中顺序地查找许多盘块号；文件分配表需占用较大的内存空间。

实例：MS-DOS 的文件物理结构。

磁盘文件卷结构如图 5-10 所示。

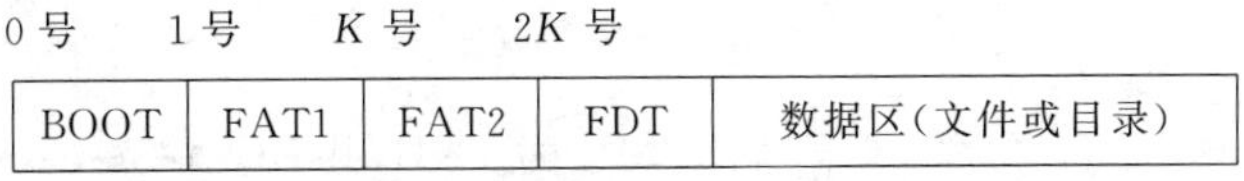

0 号	1 号	*K* 号	2*K* 号	
BOOT	FAT1	FAT2	FDT	数据区（文件或目录）

图 5-10　MS-DOS 的磁盘文件卷结构

文件卷（Volume）信息：记录在引导记录的扇区中，包括簇大小、根目录项数目、FAT大小、磁盘参数（每道扇区数、磁头数等）、文件卷中的扇区总数、簇编号长度等。簇（Cluster）：由若干扇区组成，通常一个簇的大小为 2^n 个扇区大小。在一个文件卷中从 0 开始对每个簇编号。

对簇大小的讨论：文件卷容量越大，若簇号所需位数保持不变，那么簇的总数保持不变，只能是簇增大。缺点：簇越大意味着簇内碎片浪费越多，文件卷容量越大，在文件卷容量不变的前提下,若簇大小不变,则簇总数越多,相应簇编号所需位数越多,可以是12、16、32个二进制位,即FAT12、FAT16和FAT32。

FAT:两个镜像,互为备份。文件卷中的每个簇均对应一个FAT项,文件分配采用显式分配方法。每个FAT项所占位数是簇编号的位数。一个磁盘文件卷有多少簇,则在FAT中就有多少表项。因此,如果已知文件卷大小,就可以设计并计算FAT的位数以及FAT区的大小。例如一个16位FAT的结构如图5-11所示(用工具显示时不带其中的逗号)。

…332A,23BC,55A6,FFFF,76CC,890A,03AC,FFFF,120A,…

图5-11　一个16位的FAT

FDT:即文件目录分配表,用于存放该文件卷上的根目录文件。子目录文件放在文件区。每个目录项大小为32B,其内容包括:文件名(8+3个字符)、属性(包括文件、子目录和文件卷标识)、最后一次修改的时间和日期、文件长度、第一个簇的编号。在目录项中,一开始是文件名,因此第一个字节为文件名的首字节。若该字节为E5h,则表示空目录项或表示该目录项已被删除。

在访问一个文件或其属性时,通过文件名检索FDT,找到该文件的目录项,通过FDT中的首簇号就可以引导该文件在FAT区的其他簇号,从而可以访问该文件,如图5-12所示。

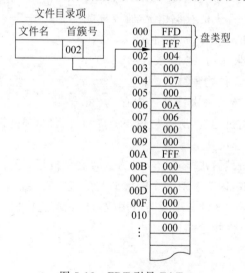

图5-12　FDT引导FAT

例5-1　对于一个1.2MB的磁盘,盘块大小为1KB,共有盘块1.2K个,FAT中的每个分配表项占16位,即2B,所以共需2.4KB的存储空间。对于540MB的硬盘,共有盘块540MB/1KB=540K∈$(2^{19}, 2^{20})$,故文件分配表表项应取20位,即2.5B,所以其文件分配表需占用存储空间为540K×2.5B=1350KB。

5.3.3　索引分配方式

1. 直接索引

索引文件是实现非连续分配的另一种方案,系统为每个文件建立一张索引表,索引表是文件逻辑块号和磁盘物理块号的对照表。此外,在文件控制块中设置了索引表指针,它指向索引表的起始地址,索引表存放在盘块中,如图 5-13 所示。

索引文件克服了连续文件和串联文件的不足,既能方便、迅速地实现随机存取,又能满足文件动态增长的需要。由于它的检索速度较快,所以主要用于对信息处理及时性要求较高的场合,但是增加了索引表带来的存储空间开销。在存取文件时,需要先取出索引表,然后再查表,得到物理块号,这样增加了存取时对存储器的访问次数,降低了文件的存取速度,加重了输入输出的负担。一种改进办法是将索引表部分或全部放入内存,以内存空间为代价换取存取速度的改善。

2. 多重索引

若文件很大,那么不仅存放文件信息需要大量盘块,而且相应的索引表也必然很大。

例如,若盘块大小为 1KB,那么长度为 1000KB 的文件就需要 1000 个盘块,索引表项要有 1000 项。若盘块号用 4B 表示,则索引表至少占用 4000B。显然,把索引表全部放入内存是不合适的,而且不同文件其大小也不同,文件在使用过程中很可能需要扩充空间。采用单重索引文件结构无法满足灵活性和节省内存的要求,为此引入了多重索引文件结构,其结构如图 5-14 所示。在这种结构中采用了间接索引方式,即由最初索引项中得到某一盘块号,该块中存放的是另一组盘块号,后者每一盘块中又可存放下一组盘块号,最后的盘块中存放的一定是文件内容。

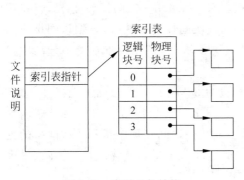

图 5-13 索引文件结构

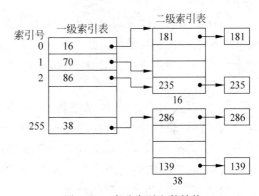

图 5-14 多重索引文件结构

3. 混合索引

从物理结构上看,Linux 采用的是混合索引文件结构,即将文件所占用盘块的盘块号,直接或间接地存放在该文件索引节点的地址项中。在查找文件时只要找到该文件的索引节点就可以用直接或间接的寻址方式获得指定文件的盘块号。图 5-15 所示为 Linux 的混合索引文件结构。

1) 直接寻址方式

Linux 系统中的作业以中小型为主,为了提高对文件的检索速度,宜采用直接寻址方式。在索引节点中建立 12 个地址项用来直接存放该文件所在的盘块号,相应的盘块称为直接块。例如,设盘块大小为 1KB,某进程要访问字节偏移量为 7000B 处的数据。首先将

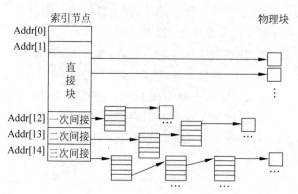

图 5-15　Linux 的混合索引文件结构

7000B 转换为文件逻辑块号 7000/1024＝6,块内位移量 7000％1024＝856(B)。其逻辑块号小于 12,所以该块为直接块,从 addr[6]中读出对应的物理块号,在该物理块第 856B 处即为文件的第 7000B。

2) 一次间接寻址方式

当文件较大时,Linux 系统提供了一次间接寻址方式。在这种寻址方式中,一次间接地址项中所对应的盘块(间接块)存放的不是文件所在的物理盘块号,而是直接块的块号表。为了通过间接块读取文件数据,关键是要先读出间接块,找到相应的直接块项,然后从直接块中读取数据。

当计算出的文件逻辑块号大于或等于 12 而小于 268 时,采用一次间接寻址方式。将逻辑块号转换为物理块号的方法是从一次间接项中得到一次间接的盘块号,根据该间接块的内容计算一次间接块中的地址下标,即将文件的逻辑块号减 12,从相应下标的地址项中得到物理块号。

例如,盘块大小为 1KB,某进程要访问字节偏移量为 28 000B 处的数据。先将 28 000B 转换为文件逻辑块号 28 000/1024＝27,块内位移量为 28 000％1024＝352(B)。由于逻辑块号大于 12 而小于 268,所以采用一次间接寻址方式。先从一次间接项中得到一次间接的盘块号,再从一次间接块的地址下标为 15(即 27－12)的地址项中得到其物理块号,在该物理块中的第 352B 即为要读取的数据。

3) 多次间接寻址方式

对于大型和巨型的文件,Linux 系统又引入了二次间接寻址和三次间接寻址。二次间接项中存放的是一次间接块号表,三次间接项所对应的盘块中存放有二次间接块号表。

在 Linux 系统中,采用混合索引文件结构的优点是:对于小文件,访问速度快;对于大中型文件,其文件系统也能很好地支持。

5.4　文件目录管理

视频讲解

文件系统要解决的核心问题,就是把文件信息的逻辑结构映像成设备介质上的物理结构,把用户的文件操作转换为相应的输入输出指令。操作系统转换过程中所使用的主要数据结构是文件目录。文件目录将每个文件的文件名和它在外存空间的物理地址以及文件属性的说明信息建立了联系,这样,用户只需要向系统提供一个文件名字符串,系统就能准确地找出需要的文件,这就是文件系统的按名访问功能,也是文件管理各个功能的核心问题。因此,目录的构建应以如何才能够准确地定位到所需的文件物理地址为原则,选择查找目录的方法应该以查找速度快为目标。

文件目录是记录系统中所有文件的文件名及其存放地址的目录表,表中还包含文件属性相关信息,如文件的描述信息和文件的控制信息等。

文件目录用于查看和读取外存中所存放文件名其属性、对文件进行描述和文件控制、实现按名存取和文件的共享与保护。文件目录项随着文件的建立而创建,随着文件的删除而消亡。在很多操作系统中,对目录采用文件的方式进行管理。

5.4.1 文件控制块和索引节点

1. 文件控制块

为了便于对文件进行控制和管理,必须为文件设置用于描述和控制文件的数据结构,这种数据结构称为文件控制块,文件与文件控制块一一对应。一个文件控制块可以是一个文件目录项,完全由目录项构成的文件称为目录文件。文件控制块通常由文件的基本信息、存取控制信息和文件使用信息组成。

1) 基本信息

文件名:用于标识一个文件的名字。每个文件必须有唯一的文件名,用户可根据文件名对文件进行操作。

文件类型:指明文件属性是系统文件还是用户文件,是普通文件还是目录文件,或是特别文件等。

文件物理位置:指明文件在外存上存放的物理位置和范围,包括文件的设备名、文件在外存的起始地址、文件长度等。

文件的逻辑结构:指明文件是记录文件还是流式文件,若是记录文件,需指明记录个数及记录是变长记录还是定长记录等。

文件的物理结构:指明文件是连续文件、链接文件或是索引文件。

2) 存取控制信息

文件所有者(属主):通常是创建文件的用户,或者改变已有文件的属主。

访问权限(控制各用户可使用的访问方式):为了防止用户有意或无意地破坏文件,对文件设立保护,规定其允许访问的操作类型,如读、写、执行、删除等。

3) 文件使用信息

日期和时间:文件创建和上一次修改的日期和时间。

当前使用的信息:包括有多少个进程正在使用该文件、是否被其他进程锁住等信息。

应该说明,对于不同操作系统的文件系统,有不同的文件目录。也就是说,不同的操作系统其文件控制块中所包含的信息也不同,可能只含有上述信息中的某些部分。

例 5-2 MS-DOS 系统中的文件控制块的长度为 32B,它含有文件名及文件扩展名共 11B,包括文件所在的首块号、文件属性、文件大小及文件建立和修改的日期等。利用文件所在的首块号作为物理块链接表的索引,在 FAT 中按索引链向下查找,可找到文件占用的所有盘块号。图 5-16 所示是 MS-DOS 的文件控制块示意图。

0	7 8	A B	C	F 10	15 16	17 18	19 1A	1B 1C	1F
文 件	扩展名	属性	保留	时间	日期	首簇号	大小	大小	

图 5-16　MS-DOS 的文件控制块

DOS 系统的文件目录的构成是：文件名＋文件控制块。

由于 DOS 系统的文件属性(即文件控制块)结构较小,占用磁盘空间小,因此这种结构在实现文件的按名访问时,查询目录速度较快。

2. 索引节点

1) 索引节点的引入

我们通常把文件目录存放在磁盘上,当文件很多时,文件目录可能需要占用大量的盘块。在查找目录的过程中,先将目录文件中第一个盘块中的 FCB 调入内存,然后把用户给定的文件名与 FCB 中的文件名进行比较,若未找到,则将下一个盘块调入内存,直到找到或确定没有与之匹配的文件名为止。设文件目录占用的盘块数为 M,按此方法查找,则查找一个目录项,平均需调入盘块 $(M+1)/2$ 次。例如,一个 FCB 长度为 128B,盘块大小为 1KB,则一个盘块可以存放 8 个 FCB,若一个文件目录共有 640 个 FCB,则需占用 80 个盘块,平均查找一个文件需要启动磁盘 40 次。

经过分析可以发现,在检索文件目录的过程中,只用到了文件名,只有目录项中的文件名与指定的文件名相匹配时,才需从 FCB 中读出该文件的物理地址等信息,而其他一些描述信息在检索目录时一概不用,显然,这些信息在检索目录时不需要调入内存。为此,在有些系统中便采用了文件名与文件描述信息分开的办法,即把文件描述信息单独形成一个数据结构,称为索引节点,简称为 I 节点。文件目录中的每个目录项仅由文件名及指向该文件所对应的索引节点的指针构成。

Linux 系统中的目录项由文件名和 I 节点号组成,每个文件对应唯一的 I 节点号,如图 5-17 所示。

图 5-17　Linux 系统的文件目录

Linux 系统中,一个目录项共占 16B,其中文件名占用 14B,I 节点占用 2B。在大小为 1KB 的盘块中,可存放 64 个 FCB。在一个共有 640 个 FCB 的文件目录中查找一个文件时,平均只需启动磁盘 5 次,因此大大减少了系统开销。

Linux 系统使用文件名和索引节点号作为文件的目录,文件目录的大小被缩小,因此目录文件的长度也减小,检索文件目录所需访问的物理块数也就相应减少,所以加快了目录检索的速度。

2）磁盘索引节点

它是指存放在磁盘上的索引节点。每个文件有唯一的一个磁盘索引节点，它主要包括以下内容。

文件所有者标识号：指拥有该文件的文件主或同组的标识符。

文件类型：指明文件是普通文件、目录文件还是特别文件等类型。

文件物理地址：指出数据文件所在的物理块号。如在 Linux 系统中，通过 15 个地址项来表明文件所在的物理块号。

文件存取权限：用户对文件的操作类型，如读写、修改、执行等。

文件大小：文件所占有的字节个数。

文件链接计数：指明系统中共享该文件的进程个数。

文件存取时间：指出该文件最近被进程存取的时间、最近被修改的时间及索引节点最近被修改的时间等。

3）内存索引节点

它是指存放在内存的索引节点。当文件打开时，要将磁盘索引节点复制到内存索引节点中，便于以后使用。内存索引节点包括以下内容。

索引节点编号：标识内存索引节点。

索引节点状态：指示该节点是否已被修改或已被上锁。

访问计数：当进程访问该节点时，访问计数加 1，访问完再减 1。

链接指针：指向空闲链表和散列队列的指针。

逻辑设备名：含有该文件的文件系统的逻辑设备名。

5.4.2 文件目录结构

文件目录结构的组织关系到文件的存取速度、文件的共享性和安全性。因此，组织好文件的目录是设计文件系统的重要环节。下面介绍几种常用的目录结构组织形式。

1．一级目录结构

一级目录结构是最简单的目录结构，如设备目录就是一级目录，它是指把系统中的所有文件都建立在一个目录下，每个文件占用其中的一个目录项，每个目录项中包含了文件名、文件物理地址和文件说明信息等，如图 5-18 所示。

	文件名	物理地址	文件说明	状态位
目录项	文件名 1			
	文件名 2			
	...			

图 5-18　一级文件目录结构

一级目录结构主要用于单用户操作系统，它具有如下优点：

（1）结构简单，通过管理其目录文件便可实现文件信息的管理。

（2）实现按名存取。

同时,一级目录结构具有以下缺点:

(1) 文件较多时,目录检索时间长。

(2) 有命名冲突。简单的文件目录结构中,文件名和文件实体之间存在着一一对应的关系,即不允许两个文件具有相同的名字。在多道程序系统中,尤其是多用户的分时系统中,重名很难避免,这就很难准确地找到用户需要的文件。显然,如果用人工管理文件名注册,以避免命名冲突,会非常麻烦。

(3) 不便于实现文件共享。一级目录结构要求所有用户用相同的名字访问同一个文件。

2. 二级目录结构

在多用户系统中,为解决不同用户的文件重名问题,可以建立两级目录结构。在两级目录结构中,除了系统目录外,还在系统目录下为每个用户建立一个用户文件目录(第二级目录);在用户目录下是该用户的文件,而不再有下级目录。二级目录结构适用于多用户系统,各用户可有自己的专用目录,如图 5-19 所示。

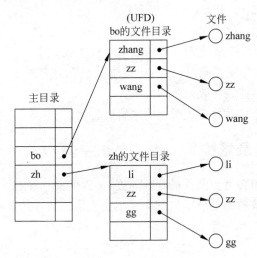

图 5-19　二级目录结构

二级目录结构基本上克服了一级目录结构的缺点而具有以下优点。

(1) 提高了检索目录的速度。

(2) 在不同的用户目录中可以使用相同的文件名。

(3) 不同用户可使用不同的文件名来访问系统中的同一个共享文件。

3. 多级目录结构

(1) 目录结构。为了给某些使用多个文件的用户提供检索方便,以及更好地反映实际上多层次的复杂的文件结构关系,可以把二级目录自然推广到多级目录,即树形目录。图 5-20 所示为多级目录结构。

(2) 路径。路径是指从树形目录中的某个目录层次到某个文件的一条道路。此路径的主要构成是目录名称,中间用"/"或"\"分开。任意文件在文件系统中的位置都是由相应的路径决定的。用户对文件进行访问时,要给出文件所在的路径。路径一般分为相对路径和绝对路径。

注意:绝对路径名以"/"开头。

相对路径名常和工作目录(也称当前目录)一起使用。用户可以指定一个目录作为当前的工作目录。这时,所有的路径名如果不是从根目录开始,则都是相对于工作目录的。在图 5-20 中,若当前目录为/A,则文件 L 的相对路径为 AC/L。

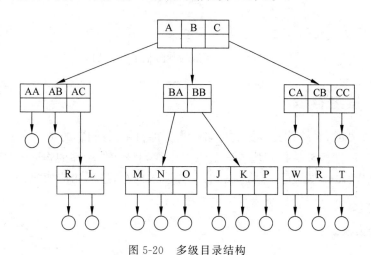

图 5-20 多级目录结构

注意:相对路径名是从当前目录的下级开始书写。

说明:大多数支持树形结构的操作系统,在每个目录中有两个特殊的目录项"."和".."、,通常读作"点"和"点点"。"点"指当前目录,"点点"指其父目录。在图 5-20 中,若某进程的工作目录为/A/AC/R,它可以使用".."沿树向上到达其父目录/A。

多级目录结构具有以下几个优点:能有效地提高对目录的检索速度;允许文件重名,允许用户在自己的分目录中使用与其他用户相同的文件名;便于实现文件共享,允许不同的用户按自己的命名习惯为共享的文件赋予不同的名字,若某一用户欲共享另一用户的文件,只需在权限许可的前提下,在自己的目录文件中增设一表目,其中的文件名项使用自己赋予该文件的符号名字,并填上该共享文件的唯一标识符即可。

4. 图形目录结构

所谓图形目录结构,就是在树形目录结构的基础上增加了一些指向同一节点的有向边,从而使整个目录的结构成为一个有向无循环图。

图形目录结构的引入是为了文件共享,因为树形目录结构不便于文件和目录的共享。而如果对于两个不同的目录都保存了同一个文件(此文件在磁盘中只有一份,没有备份),那么这两个目录下都有这个文件,也就是说指向了这个文件,那么这个目录结构就不再是树形的,而是构成了一个有向非循环图,所以称为图形目录结构。图 5-21 所示为一个 Linux 系统的有向非循环图结构。

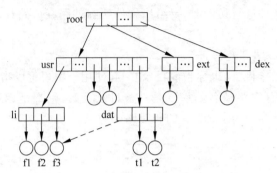

图 5-21　Linux 系统的有向非循环图结构

5.4.3　按名存取

用户访问文件时,系统首先根据文件名查找文件目录,找到它的文件控制块或索引节点号;然后经过合法性检查从控制块或索引节点中找到该文件所在的物理地址,换算为物理位置;然后再启动磁盘驱动程序,将所需的文件读入内存,进行相应的操作。目前,对文件目录进行查找的方式有顺序检索法和 Hash 方法。

1. 顺序检索法

顺序检索法又称线性检索法,在一级目录结构中,利用用户提供的文件名,用顺序查找的方法直接从文件目录表中找到指定文件的目录项。在树形目录结构中,用户提供的文件名是由多个文件分量名组成的路径名,此时需对多级目录进行查找,即系统先读入第一个文件分量名,用它和根目录文件或当前目录文件中各个目录项进行比较,若找到匹配者,便可找到匹配项的文件控制块或索引节点,然后再读入路径名中的第二个分量名,用它和相应的第二级文件目录中各个文件目录项的文件名顺序比较,若找到匹配项,再取第三个、第四个文件分量名进行比较,直至全部查完,最后可得到数据文件的文件控制块或索引节点。若在查找过程中发现一个分量名也没有查找到,则应停止查找并返回"文件未找到"的信息。

2. Hash 方法

建立一张 Hash 索引的文件目录,利用 Hash 方法进行查找,即系统利用用户提供的文件名,将它变为文件目录的索引值,再利用该索引值到目录中去查找,提高平均检索速度。顺便指出,现代操作系统通常提供模式匹配功能,即在文件名中使用通配符"＊""?"等。对于使用通配符的文件名,系统无法利用 Hash 方法进行检索目录。因此,还是需要利用顺序检索法来查找目录。

5.5　文件存储空间的管理

文件存储空间的管理是对磁盘空闲空间的管理,建立关于空闲盘块的数据结构,给文件分配存储空间提供依据。不同的外存空间分配方式(文件物理结构)可能采用不同的空闲盘块的数据结构。

下面介绍几种常见的存储管理方式。

5.5.1　空闲空间表法

系统为外存上的所有空闲区建立一张空闲表,每个空闲区对应一个空闲表项,包括序号、第一个空闲磁盘盘块号、空闲磁盘块个数以及对应的空闲物理块号等,如表 5-1 所示。

表 5-1　空闲空间表

序　　号	第一个空闲磁盘块号	空闲磁盘块个数	物理块号
1	2	4	(2,3,4,5)
2	19	3	(19,20,21)
3	17	2	(17,18)
…	…	…	…

这种管理方法适用于采用顺序结构的文件。空闲盘区的分配与内存的动态分配类似,同样是采用首次适应算法、循环首次适应算法等。例如,系统为某新创建的文件分配空闲盘块时,先顺序地检索空闲表的各表项,直至找到第一个大小能满足要求的空闲区,再将该盘区分配给用户(进程),同时修改空闲表。系统在对用户所释放的存储空间进行回收时,也采取类似于内存回收的方法,即要考虑回收区是否与空闲表中插入点的前区和后区相邻接,若相邻接,则把它们合并成一个大的空闲区,记在一个表项中。

5.5.2　位示图法

位示图是反映整个文件存储空间分配情况的一种数据结构。

1. 位示图

这种方法是利用二进制的一位来表示磁盘中每一个盘块的使用情况,磁盘上的所有盘块都有一个二进制位与之对应,从而由所有盘块所对应的位构成一个集合,即位示图。当其值为“0”时,表示对应的盘块空闲;为“1”时,表示已分配。例如,设下列盘块是空闲的:2,3,4,5,8,9,10,11,12,13,17,18,25,26,27,…,则对应的位示图为:

100001100000011100111111000…

为所要管理的磁盘设置一张位示图。位示图的大小由磁盘的总块数决定,每一个盘块与位示图的一个二进制位对应。因为位示图所占空间较小,所以可以复制到内存中,使得盘区的分配和释放都可以高速进行。当关机或文件信息转存时,位示图信息要完整地在盘上保留下来。现代磁盘的容量都很大,一般划分为多个分区,可针对每个分区设立一个位示图。

2. 空闲盘块的分配

当分配存储空间时,查找位示图中对应位为 0 的位,然后将其转换为对应的物理块号,将其分配给申请者,并将该位置 1。根据位示图为某文件分配盘块的具体过程如下。

（1）顺序扫描位示图，找出其值为空闲即 0 的二进制位。

（2）将二进制位的行/列号转换为与之对应的盘块号，假设找到的值为 0 的二进制位位于位示图的第 i 行第 j 列，则相应的盘块号为 $b=n(i-1)+j$，其中 n 代表每行的位数。

（3）把盘块号给该文件，同时修改位示图中的二进制位 $\text{Map}[i,j]=1$。

3. 盘块的回收

删除文件时，需要回收存储空间，即把原来所占用的物理块归还给系统，并将物理块对应位置 0。根据位示图回收盘块的具体过程如下。

（1）将回收盘块的盘块号 b 转换为位于位示图中的行号 i 和列号 j，$i=(b-1)/n+1$，$j=(b-1)\%n+1$。

（2）修改位示图中的二进制位 $\text{Map}[i,j]=0$。

位示图的优点是占用的存储空间少，因此可以将位示图全部装入内存，使得盘区的分配和回收都可以高速地进行。但分配时，需要顺序扫描位示图，且物理块号在图中并未直接反映出来，需要计算所在的物理块号。

5.5.3　空闲块链法

这种方法是将磁盘上的所有空闲存储空间以盘块为单位拉成一条链，用一个指针指向第一个空闲块，而各个空闲块中都含有下一个空闲区的块号，最后一块的指针项记为 NULL，如图 5-22 所示。

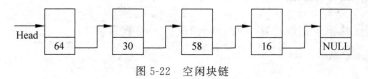

图 5-22　空闲块链

当用户因创建文件而请求分配存储空间时，就从链表头依次取下适当数目的空闲块，分配给用户。当删除文件时，就把新释放的块从链表插入，并使头指针指向最后释放的那一块。

这种管理方法适用于非连续分配。由于各个空闲块的链接指针隐含在空闲磁盘块中，因此管理时所需的额外开销很少，但工作效率较低，因为在空闲块链上增加或删除空闲块时需要做许多 I/O 操作。

5.5.4　空闲块成组链接法

空闲空间表法和空闲块链法都不适合用在大型的文件系统中，因为会使空闲表或空闲链太长。在 Linux 系统中，采用了一种改进的方法，称为成组链接法。这种方法兼备了上述两种方法的优点而克服了两种方法均有的表太长的缺点。

1. 空闲盘块的组织

（1）将文件区中的所有空闲盘块依次进行分组，如将 100 个空闲盘块划分为一组，将组中的第一块称为"组长块",第一组为 99 块。从第二组开始,每组都为 100 块,剩下的块归并为后一组。

(2)将每一组的盘块总数和该组所有盘块号放入后一组的"组长块"中,这样,由每一组的第一个盘块构成一条链。

(3)第一组中只有 99 个空闲盘块,为了管理的需要,把它的总块数仍记为 100,而第二组的"组长块"中标记的第一组的首块号为 0,作为空闲盘块的结束标志(因为此标志占用了一个盘块号项,所以第一组中只有 99 个盘块)。

(4)将最后一组的盘块总数和空闲盘块号存入空闲盘块专用栈中,这样,空闲盘块的分配和回收就在这个专用栈中进行,如图 5-23 所示。

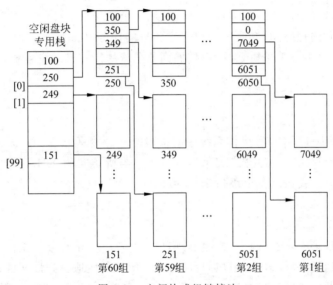

图 5-23 空闲块成组链接法

2.空闲块的分配

当需要分配空闲盘块时,先把专用栈中表示栈深(即栈中有效元素的个数)的数值减 1,这里是 100－1＝99,以 99 作为检索专用块中空闲盘块号栈的索引。如图 5-23 所示,盘块号为 151,它就是当前分配的第一个空闲盘块。如果需要分配多块,重复上述操作。

需要注意的是,当栈深值减 1 后,其值等于零,此时系统需要做特殊处理,因为这一组的第 1 个盘块(总是在一组中的最后被分配出去的盘块)包含它前一组空闲块的信息。因此,在把这一块分配出去之前,应先把它记录的信息复制到专用栈中,然后再分配出去。分配时还要注意一个问题,若要把第二组的第 1 块分配出去,那么先把它所含信息复制到专用栈中,这就意味着只有 99 个盘块可供分配了。继续分配,直到把 99 个盘块全部分配出去。若再申请空闲盘块,栈深值减 1 变为 0,此时发现对应的空闲盘块号为 0,表示所有的空闲盘块号都已经分配出去了,对应进程只能等待。

3.空闲块的回收

当删除文件,需要回收盘块时,将回收盘块的盘块号记入空闲盘块号栈的顶部,并将空闲盘块数加 1。当栈中的空闲盘块号数目已达到 100 时,表示栈已满,若还要回收盘块,则需进行特殊处理:将栈深值和各空闲块的块号写到要释放的新盘块中;将栈深值及栈中盘块号清 0;将新回收的盘块写入相应单元中,栈深值加 1。新回收的块将作为新组的组长块。

5.6　文件共享与安全性

5.6.1　文件的共享

文件共享是指多个用户或进程可以共同使用一个或多个文件。利用文件共享可以减少大量的外存空间和内存空间,同时为用户完成各自的任务带来很大方便。随着计算机技术的发展,文件共享已不限于单机系统,而扩展到了全球的计算机网络系统。

实现文件共享的方法有两种:绕弯路法和链接法。

1．绕弯路法

这是早期的 MULTICS 等操作系统中所采用的一种共享方法。在该方法中,允许每个用户获得一个当前目录,一般用“.”表示当前目录。当所访问的文件不在当前目录时,可以通过“向上走”的方式去访问其上级目录,一般用“..”表示目录的父目录。

2．链接法

在树形结构目录中,当有两个(或多个)用户要共享一个子目录或文件时,必须将共享文件或子目录链接到两个(或多个)用户的目录中,以便能方便地找到该文件,此时该文件系统的目录结构是非循环树形目录结构(Directed Acyclic Graph),如图 5-24 所示。

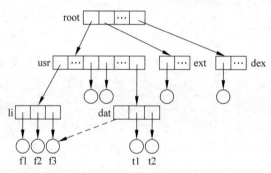

图 5-24　文件的链接

建立链接的基本思想是用一个文件目录项直接指向要共享文件的目录项,从而在两个文件之间建立起一种等价的关系。具体做法是在文件主允许的情况下,一个用户在他的文件目录中开辟一个目录项,该目录项直接指向所要共享的那个文件的目录项。

为了建立目录与共享文件之间的链接,并顺利实现共享,可以引用索引节点,即诸如文件的物理地址及其他的文件属性等信息,不再放在目录项中,而放在索引节点中。在文件目录中只设置文件名及指向相应索引节点的指针。

例如,用户 dat 要共享文件 li 中名为 f3 的文件。用户 dat 在自己的目录中开辟一个目录项,其指针直接指向用户 li 的文件 f3。这样,在用户 li 和用户 dat 之间就建立了一个链接关系,用户 dat 可以直接访问 f3 这个文件,如图 5-25 所示。

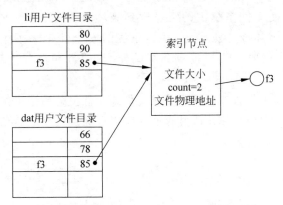

图 5-25 基于索引节点的共享方式

在 Linux 系统中,对文件的链接命令是 ln,命令格式为:

```
ln  <带路径指引的文件名称>  <带路径指引的目录名称>
```

例如,要将当前目录(/usr/li)下的文件 f3 链接到目录/usr/dat 中,可使用命令:

```
ln  f3  /usr/dat
```

执行后结果如图 5-25 所示。

此时,无论执行:

```
$ lst /usr/li/
```

还是执行:

```
$ ls /usr/dat
```

均会显示文件 f3 (ls 为显示目录内容命令),而且无论在哪一个目录中修改文件 f3,在另一个目录中都能发现已做相应修改的文件 f3。若要在文件系统中彻底删除一个做了链接的文件,必须在其所属的所有目录下都进行删除。例如在上例中,如果要删除文件 f3,必须执行两次删除:

```
$ rm /usr/li/f3
$ rm /usr/dat/f3
```

如果只删除一次,则在另一目录中仍可看到文件 f3。

链接的具体实现过程是:

(1) 根据源文件名检索目录树,找到对应的文件控制块,并复制到内存中。

(2) 根据新的文件名检索目录树,若找到该文件,则判断出错。

(3) 若未找到,则在新目录中登记该文件的目录项,并增加源文件的链接计数。

值得注意的是,链接文件并不是创建文件,只是增加一条共享文件的路径。

5.6.2 文件的安全性

文件的共享给人们带来很多好处和方便的同时,也潜藏着诸多不安全的因素,如人们有意或无意的行为使文件系统中的信息遭到破坏或丢失、自然灾害造成的机器损坏、系统故障造成的数据破坏或丢失等,这些给系统的安全性带来了很大的影响。因此,在现代计算机系统中,不仅要为用户提供共享的便利,而且要充分注意系统和数据的安全性和保密性。

文件保护是指防止未经授权的用户使用文件或文件主的错误操作对文件造成破坏。通常可以采用口令、密码、存取控制矩阵和存取控制表等保护机制来达到保护文件不受侵犯的目的。

1. 口令方式

用户在文件创建时,可以为每一个文件设置口令(Password),并将其记录在文件说明信息中。文件系统在用户试图访问该文件时,首先要求用户提供口令并与文件说明信息中记录的口令进行比较,若匹配用户才能够存取该文件。

通过这样的方法可以简单地实现文件的共享与保密。口令验证的过程比较简单,占用空间少;保密性能相对较差,易被窃取。

2. 密码方式

为了防止破坏或泄密,对一些重要信息可采用密码方式来存储。密码(Encryption)方式是在文件创建时,文件主在文件写入存储设备之前,通过特定的算法和加密密钥对文件内容进行编码加密,读取文件时,必须提供相应的解密密钥进行译码解密。只有确切知道解密密钥的用户才能够读出被加密的文件。

密码方式保密性强,节省存储空间,但是加密和解密要花费很多时间,增加系统开销。

口令方式中有时也采用一定的加密技术。加密口令方式只是对口令本身加密,加密后的口令仍然存放在文件说明信息中,而密码方式是对整个文件进行加密,加密时采用的密钥掌握在用户自己手中,因此,密码方式的保密性强,但是要耗费大量的处理时间。以上两种文件存取权限控制方法是针对特定文件的,在多用户系统中,还可以针对特定的用户进行文件存取权限控制。大多数系统,包括 Linux,用户身份验证都采用用户口令方式,建立用户时,设置其口令,口令以加密的形式存放在系统中,每次用户登录都要提供口令,并与系统中存放的数据进行比较,如果相同,则用户登录成功,否则,拒绝用户登录。在这样的系统中,多个用户可以同时使用计算机,每个用户都拥有自己的文件,这些文件的存取使用控制权由用户拥有。

3. 存取控制矩阵

存取控制矩阵是指在整个系统中建立一个二维表,一维列出系统中的所有用户名,一维列出系统中的所有文件名,矩阵的每一个元素都表示该元素对应的用户对文件的存取控制权限,如表 5-2 所示。当用户对某个文件进行操作时,系统查找矩阵中该用户和该文件所对应的元素的值,只有当该元素表明有访问许可时,才能进行相应的访问。

表 5-2 存取控制矩阵

用 户	AA	AC	LI	FLAG	POIN
用户 1	RW	R	RE	RWE	
用户 2	E		R		RW
用户 3	RWE	E		E	
...			...		

存取控制矩阵可以对系统中所有文件的存取权限进行完整、有效的控制。但是当系统中用户和文件数很大时,存储和管理这样的矩阵需要比较大的系统开销,并且用户每访问一个文件,都要对矩阵的一行进行搜索,访问效率比较低。

4.存取控制表

存取控制表是把文件主和相关的用户对某个文件的访问按照某种关系分类,不同的用户类赋予不同的文件存取权限。Linux 系统中,文件的存取权限分别赋予文件主、文件主所在用户组和其他用户组这三类用户,每一类访问的权限设置三位,分别为读、写和执行,这样就相当于每个文件只需要记录九位数据就可以进行权限控制了,如表 5-3 所示。

实际上,每个文件的存取控制表都相当于整个存取控制矩阵中的一列元素。存取控制矩阵中的每一列对应于一个文件,去掉空元素,然后把所有用户按照文件所有者、所有者所在组和其他用户组简化后,就可以得到该文件的存取控制表,如表 5-3 所示。

表 5-3 存取控制表

用 户	文件名
文件主	RWE
同组用户	RE
其他用户	E

在 Linux 系统中,每一个文件都在文件说明信息中保存着自己的文件存取控制表,只有符合存取控制表中规定的条件,才允许进行具体的访问。

需要说明的是,设置文件访问口令和文件加密属于文件级的访问权限控制。在多用户系统中,必须进行用户验证。文件系统针对特定的用户,可以通过存取控制矩阵或存取控制表来设置对文件的存取权限。这类方法可以认为是基于用户身份的存取权限控制,属于用户级的访问权限控制。

5.7 Linux 文件系统

在 UNIX、Linux 等操作系统中,把包括硬件设备在内的能够进行字符流式操作的内容都定义为文件。Linux 系统中文件的类型包括普通文件、目录文件、链接文件、管道(FIFO)文件、设备文件(块设备、字符设备)和套接字。操作系统根据文件的类型来处理文件。

5.7.1 文件类型

下面介绍常用的几种文件类型。

1. 普通文件

系统核心对这些数据没有进行结构化,只是作为有序的字节序列把它提交给应用程序,应用程序自己组织和解释这些数据,通常把它们归并为下述类型之一。

(1) 文本文件。由 ASCII 码字符构成。例如,信件、报告等。

(2) 数据文件。由来自应用程序的数据型和文本型数据构成。例如,Word 文档、电子表格、数据库等。

(3) 可执行的二进制文件。由机器指令和数据构成。例如,系统提供的一些命令。

2. 目录文件

目录文件是一类特殊的文件,利用它可以构成文件系统的分层树形结构。如同普通文件一样,目录文件也包含数据,不同的是,内核对这些数据加以结构化,它是由成对的目录"文件名/I 结点号/"构成的列表。

3. 链接文件

在 Linux 中,一个文件可以同时归属于多个不同的目录,相应的操作称为链接。被链接的文件可以存放在相同或不同的目录下。如果在同一目录下,两者必须有不同的文件名,如果在不同的目录下,那么被链接的文件可以与原文件同名。只要对一个目录下的该文件进行修改,就可以完成对所有目录下同名链接文件的修改。对于某文件的各个链接文件,可以给它们指定不同的存取权限,以增强安全性。

4. 设备文件

在 Linux 中,计算机上的硬件设备也与一种特殊类型的文件相对应,即所谓的设备文件。

Linux 下的设备文件均放在/dev 目录下,这些设备文件都是在安装过程中自动产生的。/dev 目录下的设备文件分为两大类:块设备文件和字符类型的设备文件。

5.7.2 Linux 文件目录

Linux 文件系统采用带链接的树形目录结构,整个文件系统有一个"根"(Root),然后在根上分"杈"(Directory),任何一个分杈上都可以再分杈,杈上也可以长出"叶子"。"根"和"杈"在 Linux 中被称为是"目录"或"文件夹",而"叶子"则是一个个的文件。

Linux 系统通过目录将系统中所有的文件分级、分层组织在一起,形成了 Linux 文件系统的树形目录结构。以根目录为起点,其他目录都由根目录派生而来。一个典型的 Linux 系统树形目录结构如图 5-26 所示,用户可以浏览整个系统,进入任何一个已授权进入的目录,并访问那里的文件。

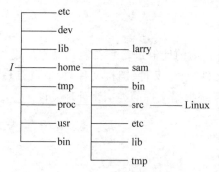

图 5-26 Linux 系统的树形目录结构

Linux 目录提供了管理文件的方便途径。每个目录里面都包含文件。用户可以为自己的文件创建自己的目录,也可以把一个目录下的文件移动或复制到另一目录下,而且能移动整个目录,并和系统中的其他用户共享目录和文件。也就是说,能够方便地从一个目录切换到另一个目录,而且可以设置目录和文件的管理权限,以便允许或拒绝其他人对其进行访问。文件目录结构的相互关联性使共享数据变得十分容易,几个用户可以访问同一个文件,因此允许用户设置文件的共享程度。

需要说明的是,根目录是 Linux 系统中的特殊目录。Linux 是一个多用户系统,操作系统本身的驻留程序存放在以根目录开始的专用目录中,有时被指定为系统目录,图 5-26 中那些根目录下的目录就是系统目录。

如前所述,目录是 Linux 系统组织文件的一种特殊文件。为使用户更好地使用目录,我们介绍有关目录的一些基本概念。

1. 工作目录与用户主目录

从逻辑上讲,登录到 Linux 系统后,每时每刻都处在某个目录之中,此目录称作工作目录(Working Directory)或当前目录。工作目录可以随时改变。用户初始登录到系统中时,其主目录(Home Directory)称为工作目录。工作目录用“.”表示,其父目录用“..”表示。

用户主目录是系统管理员增加用户时建立的(以后也可以改变),每个用户都有自己的主目录,不同用户的主目录一般互不相同。用户刚登录到系统时,其工作目录便是该用户主目录,通常与用户的登录名相同。用户可以通过一个“～”字符来引用自己的主目录。例如,当前用户主目录为/home/zhang,则 $ cat ～/class/software_1 和 $ cat /home/WANG/class/software_1 意义相同,将用户主目录名来替换“～”字符。目录层次建立好后,就可以把有关的文件放到相应的目录中,从而实现对文件的组织。

2. 根目录(/)

目录结构上的最高点称为根目录,它使用与超级用户相同的名称。单个字符斜杠(“/”)表示根目录。

Linux 系统中的其他目录都包含在根目录之下的层次结构中,这一点不同于 Windows 系统,Windows 系统中的每个驱动器被赋予了自己的字母及其自己的目录结构。在 Linux 中,系统上所有的存储设备都被装载到根目录之下的每个目录中,或者直接在根目录下,或者更下一层。

注意:/目录与 root 用户的主目录不是一回事,其主目录为/root,因此/root 目录是/的子目录。

3. Linux 子目录

(1) /bin。这个目录包含超级用户和一般用户使用的命令,这些命令提供一些操作,如复制、移动和删除文件,登录、创建和打开文件,识别系统名称,查看文本文件等。用户通常不会去改变/bin 目录的内容。

(2) /dev。/dev 目录包含设备文件和其他特殊文件。

(3) /etc。这个目录包含启动和正常运行 Linux 系统所需的配置文件,这些文件大多能够被编辑(通过配置工具或文本编辑器来完成)。大多数 Linux 集成套件提供了许多辅助软件用于配置/etc 目录中的文件,以便使用户更容易地使用 Linux。在安装过程中用户所回答的一些问题将自动填充到相关的/etc 目录文件中。

(4) /home。在典型情况下,这个目录拥有系统中每个用户的子目录。例如,如果Mom、Dad、Erin 和 Matt 是系统中的所有用户,那么/home 目录可以包含四个用户目录:

/dad

/erin

/matt

/mom

如果系统中有大量用户,可以将它们分组放入部门子目录。有的 Linux 系统根本不使用/home 目录,并且将主目录放置在其他地方,但这种系统比较少见。

(5) /boot。这个目录包含系统启动所需的大多数文件,计算机启动时需要的其他文件存储在/etc 和/shin 目录中。

(6) /lib。这个目录包含了位于/bin 目录和/shin 目录中程序需要的库文件。一个库文件是一个程序文件,它包含能够被多个不同程序使用的代码。将这些共用代码以库的形式存放起来,可以减轻程序设计者的工作量。

(7) /proc。这个目录用于同 Linux 内核交换数据。该目录中有一些能够查看的文本文件,它们包含一些系统信息,如内核版本、系统正常工作时间和有关系统中处理器及内存的信息。

(8) /tmp。系统利用该目录存储暂存文件。不必计划在这里存储自己的暂存文件,程序将自动完成这一工作。

(9) /usr。/usr 目录包含系统中每个用户都使用的文件和程序。这里存放了随同Linux 集成套件一起安装的大多数程序和实用工具,并且能够供普通账户(不仅仅是超级用户)使用。文件系统的层次结构规定了这个目录具有只读访问许可权,换句话说,用户不能改变/usr 目录中的内容。

(10) /mnt。/mnt 存放临时的映射文件系统,我们常把软驱和光驱挂装在这里的floppy 和 cdrom 子目录下。

(11) /sbin。/sbin 存放系统管理程序。

(12) /var。/var 包含系统产生的经常变化的文件,如打印机、邮件、新闻等假脱机目录、日志文件、格式化后的手册页以及一些应用程序的数据文件等。

(13) /root。/root 是超级用户的主目录,归系统管理员所有。

5.7.3　虚拟文件系统

虚拟文件系统(Virtual File System,或称为 Virtual Filesystem Switch,VFS)是 Linux内核中的一个软件层,用于给用户空间的程序提供文件系统接口,它也提供了内核中的一个抽象功能,允许不同的文件系统共存。

实现 Linux 虚拟文件系统要使得它对文件的访问尽可能快、尽可能高效,而且一定要确保文件和数据的正确性,这两个要求彼此是不对称的。Linux VFS 在安装和使用每一个文件系统时都在内存中高速缓存信息。在文件和目录创建、写和删除时,这些高速缓存的数据被改动,必须非常小心才能正确地更新文件系统。如果能看到运行的核心中的文件系统的数据结构,就能看到文件系统读写数据块,描述正在访问的文件和目录的数据结构会被创建和破坏,同时设备驱动程序会不停地运转,获取和保存数据。这些高速缓存中最重要的是Buffer Cache,它在文件系统访问底层的块设备时结合进来。当访问块时,它们被放到Buffer Cache,根据状态的不同放在不同的队列中。Buffer Cache 不仅缓存数据缓冲区,也帮助管理块设备驱动程序的异步接口。

5.7.4 EXT2

Linux 支持许多不同的文件系统,第二扩展文件系统 EXT2 是 Linux 系统固有的,它运行稳定并且效率高,EXT2 和它的下一代操作系统 EXT3 已成为广泛使用的 Linux 文件系统。各种 Linux 的系统发布都将 EXT2 作为操作系统的基础。

1. EXT2 磁盘布局

EXT2 和其他逻辑块文件一样,由逻辑块序列组成,根据用途划分,这些逻辑块通常有引导块、超级块、inode 区及数据区等。

EXT2 将其所占的逻辑分区划分为块组,由一个引导块和其他块组组成,每个块组又由超级块、组描述符表、块位图、索引节点位图、索引节点表和数据区构成,如图 5-27 所示。

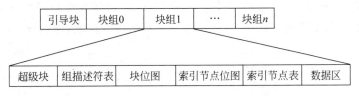

图 5-27　EXT2 磁盘布局在逻辑空间的映像

每个块中保存的这些信息是有关 EXT2 文件系统的备份信息。当某个块组的超级块或 inode 受损时,这些信息可以用来恢复文件系统。

2. EXT2 信息块

EXT2 文件系统中的数据是以数据块的方式存储在文件中的。这些数据块的大小相同,其大小在 EXT2 创建时设定。EXT2 用一个 inode 数据结构描述系统中的每一个文件,定义了系统的拓扑结构。一个 inode 描述了一个文件中的数据占用了哪些块以及文件的访问权限、文件的修改时间和文件的类型。EXT2 文件系统中的每一个文件都用一个 inode 描述,而每一个 inode 都用一个独一无二的数字标识。文件系统的 inode 都放在一起,在inode 索引表中。

EXT2 块组中的组描述符中的项称为组描述符,用于描述某个块组的整体信息。每个块组都有一个相应的组描述符来描述它,所有的组描述符形成一个组描述符表并在使用时被调入块高速缓存。

EXT2 中每个块组有两个位示图块：一个用于表示数据块的使用情况，叫数据块位图；另一个用于表示索引节点的使用情况，叫索引节点位图。位图中的每一位表示该组中一个数据块或一个索引块的使用情况，用 0 表示空闲，用 1 表示已分配。

5.7.5 Linux 常用系统调用

1. 建立文件 create

当用户想把一批信息作为一个文件存放在磁盘上供以后使用时，可用此操作向系统提出建立文件的要求。

功能：创建一个新文件或重写一个已存在的文件。如果系统中不存在指明文件，核心便以给定的文件名和许可权限方式来创建一个新文件；如果系统中已有同名文件，核心将该文件的长度截短为 0。创建后的文件随之被打开，并返回其文件描述符 fd；若创建失败，则返回-1。

格式：

```
int create (char * pathname, int mode)
```

其中，pathname 是用户给予新文件的路径名，mode 为允许对文件进行访问的权限。mode 以二进制形式表示，取其低 9 位，每 3 位为一组，分别表示文件主、同组用户和其他用户对文件的读写、执行的权限。

2. 打开文件 open

当用户要使用一个已存在的文件时，首先要打开文件，建立用户与文件的联系，把涉及文件的有关目录信息复制到内存中，以便加速系统对文件的检索，为执行文件的读写等操作做好准备。

格式：

```
int open( char * pathname, int flags);
int open(char * pathname, int flags, mode_ t mode);
```

open 函数有两个形式。其中，pathname 是要打开的文件名（包含路径名称，默认时认为在当前路径下面）。flags 是读写标志，可以是下面的一个值或几个值的组合。

O_RDONLY：以只读方式打开文件。

O_WRONLY：以只写方式打开文件。

O_RDWR：以读写方式打开文件。

O_APPEND：以追加方式打开文件。

O_CREAT：创建一个文件。

O_EXEC：如果使用了 O_CREAT，而且文件已经存在，就会发生一个错误。

O_NOBLOCK：以非阻塞方式打开一个文件。

O_TRUNC：如果文件已经存在，则删除文件的内容。

前面三个标志只能使用其中任意一个。如果使用了 O_CREAT 标志，就要使用 open 的第二种形式。还要指定 mode 标志，用来表示文件的访问权限。mode 也可以用数字来代表各位的标志。Linux 总共用五个数字来表示文件的各种权限。00000 中第一位表示设置用户 ID,第二位表示设置组 ID,第三位表示用户自己的权限位,第四位表示组的权限,最后一位表示其他人的权限。每个数字可以取 1(执行权限)、2(写权限)、4(读权限)、0(什么也没有)或是这几个值的和。

例如,要创建一个用户读写执行,组没有权限,其他人读执行的文件。设置用户 ID 位可以使用的模式是 1(设置用户 ID)0(组没有设置)7(1+2+4)0(没有权限,使用默认)5(1+4),即 10705。

```
open("temp",O_CREAT,10705);
```

如果打开文件成功,open 会返回一个文件描述符,以后对文件的所有操作就可以通过对这个文件描述符进行。

3. 关闭文件 close

当不再使用一个已打开的文件时应将文件关闭,以切断用户与该文件的联系。由于文件可被多个进程共享,故只有再无其他进程需要此文件时,对索引节点中的 i.count 进行减 1 后,若值为 0,才能关闭该文件。

格式:

```
int close(fd);
```

close 处理程序根据文件描述符 fd 找到进程打开文件表表项,从相应的用户文件描述符表项中获得它指向文件表项的指针 fp,再对该文件表项中的 f.count 和 i.count 做减 1 操作,若 f.count=0,则置该表项为空闲,若 i.count=0,则置该活动索引节点为空闲,把 fd 所指的进程打开文件表表项清 0。

4. 读文件 read

打开文件后,就要对文件进行读取了,可以调用函数 read() 进行文件的读操作。

格式:

```
int read( int fd, void * buffer,nbytes)
```

其中,fd 是读操作的文件描述符,buffer 是所读的文件信息存放地址,nbytes 是要读的字节数。

对于普通的文件,read 从指定的文件中读取 nbytes 字节到 buffer 缓冲区中(必须提供一个足够大的缓冲区),同时返回 nbytes。

如果 read 读到了文件的结尾或被一个信号所中断,返回值会小于 nbytes,如果由信号中断引起返回,而且没有返回数据,read 会返回 −1。当程序读到了文件结尾时,read 会返回 0。

5. 写文件 write

当用户要向文件增加记录时,可调用 write() 函数执行写操作。

格式:

```
int write(int fd, void * buffer,nbytes)
```

其中,fd 是要进行写操作的文件描述符,buffer 是要写入文件内容的内存地址,nbytes 是要写的字节数。

write 从 buffer 中写 nbytes 字节到文件 fd 中,成功时返回实际所写的字节数,若出错则为-1。

其返回值通常与参数 nbytes 的值不同,否则表示出错。write 出错的一个常见原因是磁盘已写满,或者超过了对一个给定进程的文件长度限制。对于普通文件,写操作从文件的当前位移量处开始。如果在打开该文件时,指定了 O_APPEND 选择项,则在每次写操作之前,将文件位移量设置在文件的当前结尾处。在一次成功写之后,该文件位移量增加实际写的字节数。

6. lseek()函数

每个打开文件都有一个与其相关联的"当前文件位移量",它是一个非负整数,用以度量从文件开始处计算的字节数。通常,读写操作都从当前文件位移量处开始,并使位移量增加所读写的字节数。按系统默认,当打开一个文件时,除非指定 O_APPEND 选择项,否则该位移量被设置为 0。

可以调用 lseek()函数显式地定位一个打开文件。

格式:

```
off_t  lseek(int fd,off_t offset,int whence);
```

返回:若成功则返回新的文件位移,若出错则返回-1。

对参数 offset 的解释与参数 whence 的值有关。

若 whence 是 SEEK_SET,则将该文件的位移量设置为距文件开始处 offset 个字节。若 whence 是 SEEK_CUR,则将该文件的位移量设置为其当前值加 offset,offset 可为正或负。若 whence 是 SEEK_END,则将该文件的位移量设置为文件长度加 offset,offset 可为正或负。

若 lseek 成功执行,则返回新的文件位移量,为此可以用下列方式确定一个打开文件的当前位移量:

```
off_t currpos;
currpos = lseek(fd,0,SEEK_CUR);
```

这种方法也可用来确定所涉及的文件是否可以设置位移量。如果文件描述符引用的是一个管道或 FIFO,则 lseek 返回-1,并将 errno 设置为 EPIPE。

本章小结

本章介绍了文件系统功能及其实现。文件是存储在外部介质上的一组相关记录的集合。文件系统是操作系统中负责存取和管理文件信息的机构,同时对用户提供文件系统接口。

文件的逻辑结构分为两种:记录式文件和字符流式文件。

文件的物理结构是文件在外存上的存储组织形式,主要表达文件信息在磁盘上存储的方式。文件的物理组织形式有连续文件结构、链接文件结构、索引文件结构、多重索引文件结构以及混合索引文件结构。连续文件结构是把逻辑文件中的记录顺序地存储到连续的物理盘块中,它的优点是管理简单,顺序存取速度快;缺点是不利于文件的动态增长,容易产生磁盘碎片。链接文件结构是以分配给文件的磁盘块为节点,形成链表结构,因此文件存储在磁盘上不需要占用连续的磁盘空间。它的优点是消除了磁盘碎片,文件的动态增长、删除、修改也非常方便。索引结构是另一种非连续分配的文件存储结构,通过索引表实现逻辑地址与物理地址的映射关系。多重索引文件结构可以缩短索引表的长度,但会增加访问磁盘的次数。在 Linux 系统中文件使用混合索引文件的方式,这种方式对于短文件实现直接索引,访问速度较快,同时也支持长文件。

文件目录是用来组织文件和检索文件的关键数据结构。一个文件目录项的构成可以是如下形式:①用文件名+文件控制块 PCB,如 DOS 操作系统的文件目录项;②用文件名+索引节点指针,如 Linux 的文件目录项。两种目录项的构成各有特点。第二种结构文件的检索速度更快,目录文件更小。文件目录有单级、二级及树形目录等形式。在 Linux 系统中采用的是有向非循环图结构,它利于实现对文件或目录的共享。

文件系统实现了对空闲磁盘块的管理。当创建文件或扩充文件时,需要申请磁盘空间;删除文件时需要回收磁盘空间。磁盘块的组织管理方式有空闲空间表法、空闲块链、位示图、空闲块成组链接法。在 Linux 系统中采用的就是空闲块成组链接法。

文件系统实现了文件的共享和安全性。实现共享常用的方法有绕弯路法和链接法。对文件存取控制是和文件共享、保护紧密相连的。存取控制方法有口令、密码、存取控制表、存取控制矩阵等。

习题 5

5-1　什么是文件和文件系统?文件系统有哪些功能?

5-2　根据对文件的管理方式,Linux 文件可以分为哪几类?

5-3　什么是文件的逻辑结构?什么是文件的物理结构?

5-4　操作系统对文件的存取有哪两种基本方式?各有什么特点?

5-5　文件系统对目录管理的主要需求是什么?

5-6　什么是文件目录?文件目录的内容是什么?

5-7　在 Linux 系统中,为什么要将文件的控制信息从目录中分离出来,单独构成一个 I 节点?

5-8　Linux 文件系统采用怎样的物理结构?有什么优点和缺点?

5-9　文件存储空间管理有哪几种?各自有什么特点?Linux 系统的存储空间采用什么方法?

5-10　说明在 Linux 系统中,如何由文件的逻辑块号 n 找到文件的物理块号。

5-11　在 Linux 系统中,一个盘块大小为 1KB,每个盘块号占 4B,则一个进程要访问一个相对于文件开始的偏移量为 2 631 68B 处的数据时,试计算应直接访问还是索引访问?几级索引?

5-12　基于索引节点的文件共享方式有什么优点?

5-13　说明 Linux 的 EXT2 文件系统磁盘的结构及各部分的功能。

5-14　什么是"打开文件"操作? 什么是"关闭文件"操作? 引入这两个操作的目的是什么?

5-15　文件 A 是连续文件,它由 4 个逻辑记录构成,假设每个逻辑记录的大小与磁盘块大小相等,均为 1KB。若第一个逻辑记录存放在第 100 号磁盘块上,试说明文件 A 在磁盘上存放的全部磁盘块。

5-16　文件 B 是串联文件,它由 4 个逻辑记录构成,假设每个逻辑记录的大小与磁盘块大小相等,均为 1KB。这 4 个逻辑记录分别存放在第 100、157、66、67 号磁盘块上,回答下列问题:

(1)画出此串联文件的结构。

(2)若要读文件 B 第 3120B 处的信息,需要访问的是哪个磁盘块?

(2)若要读文件 B 第 3120B 处的信息,需要访问几次磁盘?

5-17　文件 C 是直接索引文件,它由 4 个逻辑记录构成(R0～R3),假设每个逻辑记录的大小与磁盘块大小相等,均为 1KB。这 4 个逻辑记录分别存放在第 280、572、96、169 号磁盘块上,试画出此索引文件的结构。如果要访问第 R2 条记录时,需要访问几次磁盘?

第6章 设备管理

本章学习目标

本章学习操作系统设备管理功能。讲述输入输出系统的组成及数据的传输控制方式，以及设备在输入输出过程中如何提高效率。讲述设备的分配技术以及虚拟设备技术。

通过本章的学习，读者应该掌握以下内容：

- 掌握设备的分类及 I/O 系统的构成；
- 掌握数据的传输方式；
- 掌握中断技术的概念及流程；
- 掌握缓冲技术的原因及实现原理；
- 掌握设备独立性的概念；
- 掌握虚拟设备的概念及实现；
- 了解 Linux 系统的设备管理技术。

6.1 I/O 系统组成

I/O 系统是计算机系统中完成数据输入输出的子系统，它包括 I/O 设备、相对于各设备的设备控制器。在大中型计算机中，还配置了 I/O 通道。在硬件之上，操作系统还为 I/O 系统配置了相关的设备管理软件。

6.1.1 I/O 设备

I/O 设备是人们使用计算机的途径，不同的使用方式需要配备不同的设备，如输入文字一般用键盘，但在某些应用场合需要扫描仪，输入声音需要话筒，打印信息需要打印机，拨号上网需要调制解调器，实时控制领域需要传感器。人们应用计算机的方式多种多样，所以计算机系统中可以配置的 I/O 设备种类繁多。设备的应用领域不同，其物理特性各异，但某些设备之间具有共性，为了简化对设备的管理，可对设备分类，以便对同类设备采用相同的管理策略。

从不同的角度可以对设备进行不同的分类。

1. 按使用特性分类

（1）存储设备。存储设备又称为外存、后备存储器、辅助存储器，用于永久保存用户需要的信息(程序和数据)。外存与内存一起构成计算机系统的存储体系,内存只用于暂时存储当前要处理的信息,而外存用于永久保存用户要用计算机来处理的信息。外存比内存容量大,存储单元价格低。内存的介质是半导体电子元件,外存的介质是磁盘、磁带、光盘等。

(2) I/O 设备。这是用户直接使用的设备,用户通过直接操作 I/O 设备与计算机通信。输入设备是计算机用来接收外部世界信息的设备,如用户从键盘输入命令或数据,从扫描仪输入图像。输出设备是将计算机加工处理好的信息送向外部世界的设备,如显示器、打印机和音箱。

2. 按传输速率分类

(1) 低速设备。传输速率为每秒几字节到几百字节。典型的低速设备有键盘、鼠标、低速打印机等。

(2) 中速设备。传输速率在每秒数千字节到每秒数万字节之间。典型的中速设备有激光打印机等。

(3) 高速设备。传输速率在每秒数百千字节到每秒数十兆字节之间。典型的高速设备有磁带机、磁盘驱动器、光盘驱动器等。

3. 按信息传输单位分类

(1) 字符设备。每次传输数据以字节为单位的设备称为字符设备,如打印机、显示器、键盘。字符设备即上面所说的 I/O 设备,用户通过这些设备使用计算机。由于字符设备直接和用户打交道,应用于各种场合,所以其种类繁多。字符设备以字符流的方式传送数据,每个传输单位——字符是不可寻址的。

(2) 块设备。数据传输以数据块为单位进行的设备称为块设备,如磁盘驱动器、磁带机等高速外存储器等,这类设备用于存储信息。典型的块设备是磁盘驱动器。磁盘是圆形的存储介质,其存储空间的划分方式是从圆心出发将盘面划分为若干半径不同的同心圆,每个圆称为一个磁道,然后将每个磁道等分为若干个弧段,每个弧段称为一个扇区。磁盘驱动器工作时以盘块作为数据传输单位,每个盘块包含整数个扇区。为了能对盘块寻址,给每个盘块规定了唯一的地址。硬盘一般由若干个盘片叠放在一个圆轴上构成,在同一位置上的磁道称为柱面。

4. 按资源分配方式分类

(1) 独占设备。当有多个并发进程共享某一设备时,只允许一个进程访问的设备称为独占设备,换句话说,独占设备是不允许两个以上的并发进程交替访问的设备。如果有多个并发进程要共享该类设备,则应互斥使用,即将该类设备分配给一个进程后,便由该进程独占,在其占有期间,即使设备空闲,也不允许其他设备使用,直至其主动释放该设备后,其他进程才可使用,打印机就是一种独占设备,如果两个进程交替使用打印机,则会使两个进程的打印内容掺杂在一起,无法区分,使打印的内容失去了本来的意义。独占设备的利用率较低。

(2) 共享设备。允许多个并发进程交替使用的设备称为共享设备,该类设备没有占有权的问题,只要设备空闲就可使用。典型的共享设备是磁盘机。

（3）虚拟设备。针对独占设备使用不方便及利用率低的问题,在并发进程使用独占设备时,可以通过虚拟技术把一台独占设备变换为若干台逻辑设备,每个进程使用一台逻辑设备。例如在多个并发进程共享一台打印机时,可以为每个进程分配一个打印缓冲区,在打印时不直接输出到打印机,而是先输出到打印缓冲区,然后在操作系统的管理下,在适当时机真正在打印机上打印。在此,打印缓冲区就是一台逻辑打印机,即虚拟打印机。

6.1.2 设备控制器

设备控制器是 CPU 和 I/O 设备之间的接口,它接收从 CPU 发来的命令,并控制 I/O 设备工作,并向 CPU 发送中断信号。

一个设备控制器可以交替控制几台同类设备,与同一设备控制器相连的每台设备都有唯一的地址。在微型机和小型机中,设备控制器常做成印刷电路卡的形式,因而也称为接口卡,可将其插入计算机主板上的 I/O 插槽中。

1. 设备控制器的功能

（1）接收并识别来自 CPU 的命令。如同 CPU 的指令系统,设备控制器也有自己的一套"指令系统",设备控制器能执行一组特定的指令,分别完成不同功能。在设备控制器中应该配置控制寄存器,用来存放接收的命令和参数。例如,磁盘控制器可以执行 read、write、format 等命令,有些命令带有参数。

（2）数据传输。实现主机(CPU、内存)与控制器、控制器与设备之间的数据传输。对于前者,是通过数据总线进行;对于后者,设备将数据送入控制器,或从控制器送到设备。为此,在设备控制器中必须设置数据寄存器。

（3）记录设备的状态。设备状态影响对设备的访问,而 CPU 不能直接访问设备,所以,控制器要记录设备的状态。例如,当设备处于发送就绪状态时,CPU 才能启动控制器从设备中读出数据。为此,在控制器中应该设置一个状态寄存器,保存设备的当前状态,CPU 可以通过访问该寄存器来了解设备的状态。

（4）识别设备地址和寄存器地址。一个设备控制器可以连接控制多台同类设备,为了能单独访问某一设备,系统中的每个设备都要有唯一的地址,就像内存中的每一个单元都有一个地址一样。

此外,为了使 CPU 能访问设备控制器中的端口(寄存器),这些端口应该具有唯一的地址,控制器要能够识别这些地址。为此,在设备控制器中应该配置地址译码器。

（5）差错控制。为保证数据输入的正确性,设备控制器要对由输入设备传送来的数据进行差错检测。若发现传送中出现错误,则将差错检测码置位,并向 CPU 报告,CPU 将本次传送来的数据作废,并重新进行一次传送。

2. 设备控制器的组成

现有的大多数设备控制器都由以下三个部分组成,如图 6-1 所示。

（1）设备控制器与 CPU 的接口。该接口用于实现设备控制器与 CPU 之间的通信,该接口中有三类信号线:数据线、地址线和控制线。数据线通常与两类寄存器相连接。

① 数据寄存器。设备控制器中可以有一个或多个数据寄存器,用于存放从设备送来的

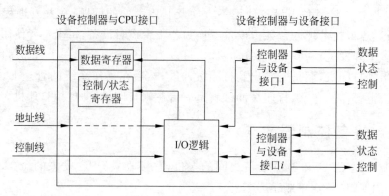

图 6-1　设备控制器的组成

数据（输入）或从 CPU 送来的数据（输出）。

　　② 控制/状态寄存器。控制器中同样可以有一个或多个控制/状态寄存器，用于存放从 CPU 送来的控制信息或由设备产生的状态信息。

　　（2）设备控制器与设备的接口。在一个设备控制器上，可以连接一台或多台设备。相应地，在控制器中有一个或多个设备接口，一个接口连接一台设备，每个接口中都有数据、控制和状态三种类型的信号。

　　（3）I/O 逻辑。设备控制器的核心部分是对设备进行具体控制的 I/O 逻辑。I/O 逻辑部分对接收的来自 CPU 的 I/O 命令字进行译码，然后通过与设备的接口向设备发出控制信号。

6.1.3　I/O 通道

1. I/O 系统结构

比较典型的 I/O 系统具有四级结构：内存、通道、控制器和外部设备，如图 6-2 所示。

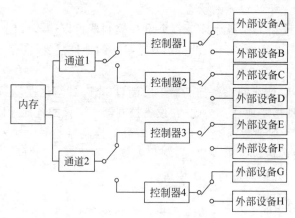

图 6-2　I/O 系统四级结构

　　外部设备通常由机械和电子两部分组成。由于许多设备往往不是同时使用的，因此为降低成本，常将电子部分从设备中独立出来构成一个部件，称为控制器。一个控制器可交替地控制几台同类设备。

在没有通道的系统中,CPU通过控制器直接控制设备的I/O操作。在设置了中断机构后,CPU和外部设备可以并行工作。为了使CPU摆脱繁忙的事务,现代大中型计算机设置了专门处理I/O操作的机构,称为通道。

2. 通道的概念

I/O通道是一种专门负责I/O操作的小型处理机,它接收CPU的命令,独立管理I/O操作过程,实现内存和设备之间的成批数据传输。通道有自己的一套简单的指令系统,可以构成通道程序,通过独立执行通道程序来完成CPU交付的I/O操作,如图6-3所示。有了通道后,如果当前正运行的进程要进行I/O操作,则不需要由CPU执行完成I/O操作的程序,即不需要由CPU通过直接和设备控制器通信的方式具体控制I/O操作过程,而只需向I/O通道发出I/O指令,通道就会从内存中取出要执行的通道程序,并执行该程序来具体控制I/O操作的过程。当通道完成了规定的I/O任务后,向CPU发出中断信号,由CPU决定后续操作。

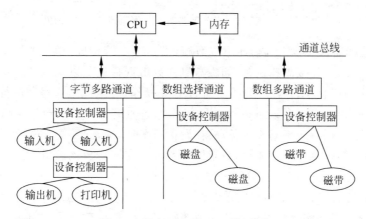

图 6-3　具有通道的I/O系统结构

通道的引入使CPU可以"专心"进行计算,而把I/O任务完全交给通道完成,两者各负其责。当然,CPU具有最高控制权,通道要接受CPU的控制,在CPU的统一指挥下工作。两者的分工使计算和I/O操作可以并行,即CPU和设备并行工作,从而提高了资源利用率。

一个通道可以同时连接若干个设备控制器,每个设备控制器又可同时连接若干同类设备。当然,一个通道不可能同时控制它连接的所有设备控制器,而是交替控制它们。同样,一个设备控制器也不能同时控制它所连接的所有设备,而是交替控制。

3. 通道的分类

由于外部设备种类繁多,各有特性,因此通道也有多种类型。根据信息交换方式的不同,把通道分为三种。

(1) 字节多路通道。字节多路通道以字节为单位传输数据,它是一种按字节交叉方式工作的通道。当一个通道程序控制某台设备传送一个字节后,通道就转去执行另一个通道程序,控制另一台设备传送一个字节,以此类推。字节多路通道可以连接若干I/O设备,通过按时间片轮转方式分时执行多个通道程序来控制 I/O 设备进行 I/O 操作。它用于连接低速字符设备,如终端、串行打印机、卡片机。

字节多路通道工作原理如图 6-4 所示。它所含有的多个子通道 A,B,C,D,…,N,…,分别通过控制器与一台设备相连。假设这些设备的速率相近,且都同时向主机传送数据。设备 A 所传递的数据为 $A_1A_2A_3$…,设备 B 所传递的数据为 $B_1B_2B_3$…,将这些数据流合成后,通过主通道送往主机的数据流则是 $A_1B_1C_1…A_2B_2C_2…A_3B_3C_3…$。

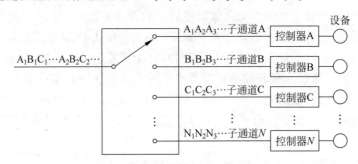

图 6-4　字节多路通道工作原理

(2) 数组选择通道。数组选择通道以数组(由多个字节构成)为单位传输数据,从而数据传输速率较高,通常连接高速设备,如磁盘机。数组选择通道以串行方式执行通道程序,即每次执行一个通道程序,控制一台设备进行 I/O 操作,直至此通道程序运行完毕,才执行另一个通道程序,控制另一台设备进行 I/O 操作。当通道分配给某台设备后,便一直由该设备独占,由于通道运行速率高于设备,故在设备工作时,通道有一段等待时间,但即使通道闲置,也不允许其他设备使用该通道,直至该设备传送完毕释放该通道,可见这种通道的利用率很低。

(3) 数组多路通道。数组多路通道以数组为单位传输数据,通常连接中高速设备,如磁带机。数组多路通道其实是将字节多路通道的数据传输单位改成了数组,可以同时获取较高的数据传输速率和通道利用率。数组多路通道以分时方式并发执行多个通道程序,每次执行一个通道程序的一条指令后就转向执行另一个通道程序,每条通道指令可以控制传送一组数据。

6.1.4　I/O 软件的层次结构

I/O 软件涉及面较广,向下与硬件密切相关,向上与文件系统、虚拟存储器系统和用户直接交互,它们都需要 I/O 系统支持来实现相关的输入输出操作。为使复杂的 I/O 软件具有更清晰的结构和更好的可移植性,操作系统广泛采用层次结构的 I/O 系统。将系统中的设备管理模块分为若干个层次,每一层都利用其下层提供的服务,完成输入输出功能中的某些子功能,并屏蔽这些功能实现的细节,为高层提供服务。

通常把 I/O 软件分为四个层次,功能描述如下。

(1) 用户层 I/O 软件。实现系统与用户交互的接口,用户可直接调用该层所提供的与 I/O 操作相关的模块对设备进行操作。

(2) 设备独立性软件。该部分用于实现用户程序与设备驱动程序的统一接口、设备命名、设备保护以及设备的分配、释放等,同时为设备管理和数据传送提供必要的存储空间。

（3）设备驱动程序。设备驱动程序与硬件直接相关，用于具体实现系统对设备发出的操作指令，驱动 I/O 设备工作。

（4）中断处理程序。用于保存被中断进程的 CPU 环境，转入相应的中断处理程序进行处理，处理完毕后再恢复被中断进程的现场，返回被中断的进程。

6.2 数据传输控制方式

计算机是一个信息处理工具，人们将要处理的信息首先输入到内存中，然后由 CPU 执行程序对其进行处理，再将处理结果存储到内存中，最后送到输出设备，这便是一个完整的数据传输过程，在此过程中，内存为核心。从计算机的整体工作流程（输入→处理→输出）看，数据传输指的是内存和 I/O 设备之间的数据传输，更具体地说，是进程的数据存储区与 I/O 设备之间的数据传输，如图 6-5 所示。

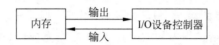

图 6-5　内存和 I/O 设备控制器之间的数据传输

对设备的控制，最初是使用循环测试的 I/O 方式，之后采用中断方式控制 I/O，随着 DMA 控制器的出现，从以字节为单位，更改为以数据块为单位进行传输，大大改善了块设备的 I/O 性能。I/O 通道的出现，使得对 I/O 操作的组织和数据的传送能够摆脱 CPU 的干预而独立运行。需要强调的是，在 I/O 控制方式发展的整个过程中，始终围绕一个主题，那就是尽可能减少主机对 I/O 控制的干预，把主机从繁杂的 I/O 控制事务中解脱出来，使 CPU 能够更多时间去完成数据处理任务，从而提高整个系统的效率。

6.2.1 程序直接控制方式

程序直接控制方式是由程序直接控制内存与 I/O 设备之间的数据传输，又称为"忙等"方式或循环测试方式。即当要在内存和 I/O 设备之间进行信息传输时，由 CPU 向相应的设备控制器发出命令，由设备控制器控制 I/O 设备进行实际操作。在 I/O 设备工作时，CPU 执行一段循环测试程序，不断测试 I/O 设备的完成状况，以决定是否继续传输下一个数据。若设备未完成此次数据传输，则继续测试；若设备完成了此次数据传输，则进行下一次数据传输或继续执行程序。程序直接控制方式进行数据传输如图 6-6 所示。

图 6-6　程序直接控制方式进行数据传输

由图 6-6 可以看出，数据传输单位是设备控制器的数据缓冲寄存器的容量（字节数），用户程序要求的一个数据传输可能需要传输多次。

输出数据时的工作过程如下：

（1）将需要输出的数据由 CPU 中的数据寄存器送到相应设备控制器的数据缓冲寄存

器中。

(2) 把一个启动位为"1"的控制字写入该设备的控制寄存器,启动该设备工作。

(3) 测试状态寄存器中的完成位,若为 0,则继续测试;若为 1,则进行下一次数据传输或继续执行程序。

程序直接控制方式的缺点是 CPU 和设备利用率低,从而导致计算机工作效率低,原因在于 CPU 和设备只能串行工作。在 CPU 工作时,设备处于空闲状态;在设备工作时,CPU 处于空闲状态(忙等未做有效工作,可以看作空闲)。

6.2.2　中断控制方式

引入中断控制方式的目标是使 CPU 与外设并行工作,从而提高 CPU 和设备的利用率,最终提高计算机系统的工作效率。

采用中断控制方式,当要在主机和 I/O 设备之间进行信息传输时,由 CPU 向相应的设备控制器发出命令,由设备控制器控制 I/O 设备进行实际操作,每次的数据传输单位是设备控制器的数据缓冲寄存器的容量。I/O 设备工作时,相应进程放弃处理机,处于等待状态,由操作系统调度其他就绪进程占用 CPU。I/O 操作完成时,由设备控制器向 CPU 发出中断信号,通知 CPU 本次 I/O 操作完成,然后由 CPU 执行一个中断处理程序,对此情况做出相应反应。中断处理过程一般首先保护现场;然后将等待 I/O 操作完成的进程唤醒,使其进入就绪状态;最后转进程调度。

在 I/O 设备输入输出数据的过程中,CPU 与该 I/O 设备并行工作,仅当输入输出完一个数据单位的任务时,才需要 CPU 花费较短的时间去进行相关的中断处理。以输入终端为例,假设从终端输入一个字符的时间为 100ms,将字符送入终端缓冲区的时间为 0.1ms,若采用程序循环测试方式,CPU 大约需要 99.9ms 的时间处于空等状态中,而采用中断驱动方式,CPU 可以利用这 99.9ms 的时间去运行其他进程,而仅用 0.1ms 的时间处理由控制器发来的中断请求。可见,中断驱动方式可以提高 CPU 的利用率。

中断控制方式的缺点是由于每次的数据传输单位是设备控制器的数据缓冲寄存器的容量,单位传输数据量较小,进程每次需要传输的数据被分为若干部分进行传输,中断次数很多,每次中断都要运行一个中断处理程序,耗费 CPU 的时间很多,使 CPU 的有效计算时间减少。

6.2.3　DMA 方式

虽然中断驱动 I/O 方式比程序循环测试方式更有效,但它每次传输的数据单位较小,每当完成一个数据单位的 I/O 时,控制器便要向 CPU 请求一次中断。如果将这种方式用于块设备的输入输出,显然其效率是很低的。例如,为了从磁盘中读取 1KB 的数据,需要中断 1000 次。为了减少 CPU 对输入输出过程的干预,引入了直接存储器访问方式,所以,引入 DMA(Direct Memory Access,直接内存访问)方式的目标是减少中断次数,提高 CPU 利用率。

减少中断次数,有如下两种方法:

(1) 增大数据缓冲寄存器的容量。

（2）另外配置一个数据传输控制器件，进行成批数据传输。

由于各方面的原因，方法（1）很难实施，因此采用方法（2），具体方案是配置一个 DMA 控制器。DMA 的基本思想是，当要在内存和 I/O 设备之间进行大批量的数据传输时，不由 CPU 控制具体传输过程，CPU 只需提出要求，由 DMA 控制器控制具体传输过程。在 DMA 控制器的控制下，在外设和内存之间开辟了直接的数据传输通路，不需要经过 CPU 的数据寄存器中转。

DMA 方式的数据传输单位是数据块，仅在数据块传输结束时才向 CPU 发出中断信号，从而减少了中断次数。

DMA 方式下的数据输入过程如下：

（1）当某一进程要求设备输入数据时，CPU 把准备存放输入数据的内存始地址和要传送的字节数分别送入 DMA 控制器中的内存地址寄存器和传送字节计数器。

（2）启动 DMA 控制器，控制设备输入数据。

（3）该进程进入等待状态，等待数据输入的完成，操作系统调度其他就绪进程占用 CPU。

（4）输入完成时，DMA 控制器发出中断信号，CPU 响应后进行相应的中断处理。

DMA 方式的缺点是智能化程度较低，CPU 干预较多，因为仍要由 CPU 运行设备驱动程序来进行。

6.2.4 通道控制方式

为了提高计算机系统的运行效率，就要使 CPU 摆脱繁忙的 I/O 事务，而配置专门处理 I/O 事务的机构——通道。通道是一个专门进行 I/O 操作的处理机，它接受主机的命令，独立地执行通道程序，对外部设备的 I/O 操作进行控制，在内存和外设之间直接进行数据传送。当主机交付的 I/O 任务完成后，通道向中央处理机发出中断信号，请求 CPU 处理。

I/O 通道与中央处理机不同，主要表现在以下两方面：一是其指令类型单一，这是由于通道硬件比较简单，所能执行的命令主要局限于与 I/O 操作有关的指令；二是通道没有自己的内存，通道所执行的通道程序是放在主机内存中的，通道与 CPU 共享内存。

1. 通道命令

通常，计算机系统的通道具有以下三类基本操作：

（1）数据传送类，如读、写、反读、断定（检验设备状态）。

（2）设备控制类，如控制换页、磁带反绕等。

（3）转移类，即通道程序内部的控制转移。

例如，某系统中通道命令的格式如图 6-7 所示。

0 7	8 31	32 47	48 63
操作码	数据主存起始地址	特征位	字节计数

图 6-7 某系统中通道命令格式

每条通道命令由四个字段组成。

(1) 操作码(0~7)。表示通道要执行的命令,如读写、控制等具体操作。

(2) 数据主存起始地址(8~31)。表示本命令要访问的主存数据区的起始地址。

(3) 特征位(32~47)。只使用了 32~36 位,其余未用。37~39 位必须置 0,否则认为通道命令错误。

特征位进一步规定了本通道命令的意义,其中主要特征如下:

① 通道程序结束位 P。该位用于表示通道程序是否结束。$P=1$ 表示本条指令是通道程序的最后一条指令。

② 记录结束标志位 R。$R=0$ 表示本通道指令与下一条指令所处理的数据是同属于一个记录;$R=1$ 表示这是处理某记录的最后一条指令。

(4) 字节计数(48~63)。规定了数据区的字节数,数据主存起始地址和字节计数这两个字段主要用于数据传送类命令。

2. 通道程序

通道程序是由通道指令构成的。下列通道程序由六条通道指令构成。该程序的功能是将内存中不同地址的数据写成多个记录。其中,前三条指令是分别将 813~892 单元中的 80 个字符和 1034~1173 单元中的 140 个字符及 5830~5889 单元中的 60 个字符写成一个记录;第 4 条指令是单独写一个具有 300 个字符的记录;第 5 条和第 6 条指令共写含 500 个字符的记录,如表 6-1 所示。

表 6-1　通道程序

操作	P	R	计数	内存地址
Write	0	0	80	813
Write	0	0	140	1034
Write	0	1	60	5830
Write	0	1	300	2000
Write	0	0	250	1650
Write	1	1	250	2720

6.3　中断技术

6.3.1　中断的概念

在多任务计算机系统中,多个进程并发执行,各进程要完成自己的任务必须获得 CPU 的控制权。在分时系统中,采用分时共享 CPU 方式对并发进程进行调度,使它们能公平地使用 CPU,从而完成各自的任务。各并发进程被轮流分配给一定的时间片,当某进程的时间片用完时,操作系统暂停该进程的运行,将处理机分配给下一个进程运行,该进程也运行一个时间片,以此类推,轮完一遍后,再开始新一轮时间片的轮转。要实现这种分时共享 CPU 的方式,关键是要准确把握各进程的运行时间,要能定时。可以采用硬件定时器来定时,预先设置定时器,当时间片用完时便向操作系统发送一个时钟中断信号,通知操作系统当前运行进程的时间片用完,操作系统便可调度另一个进程运行,此时采用了时钟中断技术。

当进程进行 I/O 操作时,如果主机采用查询方式来等待慢速外设操作的完成,将会浪费 CPU 资源,降低计算机系统的工作效率。为了使处理机和外设能够并行工作,现代计算机系统都引入了中断技术。

计算机系统还具有自动处理各种事故的能力,如电源故障、地址越界等。

中断是指处理机在执行进程的过程中,由于某些事件的出现,暂时停止当前进程的运行,转而去处理出现的事件,待处理完毕后返回原来被中断处继续执行或调度其他进程执行。

6.3.2　中断源

引起中断的事件称为中断源。计算机中的中断源种类很多,大致可分为如下几类。

1. 强迫性中断源

(1) 硬件故障。如电源故障、主存储器故障等。

(2) 程序性错误。由执行机器指令引起的错误,如除数为零、操作数溢出、非法指令、目态下使用特权指令、地址越界等。

(3) 外部事件。时钟中断、重启动中断等。

(4) I/O 中断事件。外设完成 I/O 操作或 I/O 操作出错,如打印完成、打印缺纸等。

2. 自愿性中断源

进程执行访管指令请求操作系统服务,如请求分配外设、请求 I/O 等。由访管指令引起的中断称为访管中断。

6.3.3　中断响应

中断源向 CPU 发出请求中断处理信号称为中断请求。当 CPU 发现有中断请求信号时,中止当前程序的执行,并自动进入相应的中断处理程序的过程称为中断响应。中断响应由硬件中断机构完成。

1. 中断响应的过程

(1) 保护被中断进程的现场。为了以后能从断点处继续执行被中断的进程,系统必须保存当前程序状态字(Program Status Word,PSW)和程序计数器(PC)的值。

(2) 分析中断原因,转入相应的中断处理子程序。只要将中断处理程序的入口地址送入程序计数器,将程序状态字送入程序状态字寄存器,便转入了中断处理程序。

2. 程序状态字

任何程序运行时都有反映其运行状态的一组信息,有的机器将这些信息集中存放在

CPU 中的一个寄存器中,称为程序状态字,存放这些信息的寄存器称为程序状态字寄存器。并不是所有的机器都这样做,有的机器采用分散存放的方法。

程序状态字是反映程序执行时机器所处的现行状态的代码。它的主要内容包括以下两点。

(1) 处理器的当前执行状态:目态、管态。

(2) 当前指令的执行情况:是否进位、溢出、为零。

6.3.4 中断处理

中断响应完成后,进入中断处理过程。中断处理是由中断处理程序完成的。

中断源类型繁多,对不同的中断源,处理方式也不同,因此针对不同的中断源要分别编写不同的中断处理程序。下面简要介绍对各种中断源的处理过程。

1. 硬件故障中断的处理

机器发生硬件故障后,往往需要由人工干预去排除故障。操作系统所做的工作一般只是保护现场,防止故障蔓延,向操作员报告故障信息。

(1) 电源故障的处理。当电源发生故障,例如掉电(指电源电压持续下降)时,硬件设备能继续正常工作几毫秒,操作系统利用这几毫秒的时间可以做好以下三项工作:

一是将当前现场保存到非易失性存储器中,以便电源恢复正常后继续往下执行被中断了的程序。非易失性存储器即使在电源去除后也能保留存入的数据。

二是停止外部设备工作。

三是停止处理器工作,使整个系统既不响应中断也不继续执行指令,处于等待状态。

当故障排除后,操作员从一个约定点重新启动操作系统,恢复系统工作。

(2) 内存故障处理。内存的奇偶校验装置发现内存读写错误时就产生中断。操作系统首先停止涉及的程序的运行,然后向操作员报告出错单元的地址和错误性质(处理器访问内存错还是通道访问内存错)。

2. 程序性中断的处理

处理程序性中断有两种办法。对于那些纯属程序错误而又难以克服的事件,例如地址越界、非管态时执行了管态指令、企图写入半固定存储器或禁写区等,操作系统只能将出错程序的名字、出错地点和错误性质报告发送给操作员,请求干预。对于其他一些程序性中断事件,如溢出、跟踪等,不同的用户往往有不同的处理要求,所以操作系统可以将这些程序性中断事件交给用户程序处理,这时要求用户编制处理中断事件的程序。

3. 外部中断的处理

下面以时钟中断处理过程为例,说明外部中断的处理过程。

计算机中有一个定时器,使用定时器时,用一条特殊指令将指定值写入定时器,然后启动定时器工作。定时器开始工作后,每隔一定时间,值减 1,当该寄存器内容为 0 时,发出时钟中断信号。

例如,当某个进程需要延迟一段时间,它可以通过一个系统调用命令发出延迟请求,并将自己挂起,当延迟时间到时,产生时钟中断信号,时钟中断处理程序唤醒被延迟的进程。

4. I/O 中断的处理

I/O 中断一般可分为传输结束中断、传输错误中断和设备故障中断。

(1) 传输结束中断处理。置设备及相应的控制器为空闲状态。

(2) 传输错误中断处理。置设备及相应的控制器为空闲状态;报告传输错误;若设备允许重复执行,则重新组织传输。

(3) 设备故障中断处理。置设备及相应的控制器为空闲状态,报告设备故障。

5. 访管中断的处理

当用户进程请求操作系统服务时,通过访管指令进行系统调用,中断机构根据访管指令中的参数转入相应的系统功能程序。

6.4　缓冲技术

视频讲解

缓冲是指通信双方不直接通信,而是通过一个缓冲器中转,如图 6-8 所示。

缓冲器是一个存储器,它可以是硬件级的,即独立于内存外设置专门的硬件缓冲器;也可以是软件级的,即由软件在内存中开辟一块缓冲区域。硬件缓冲器增加了

图 6-8　缓冲器中转

计算机的制造成本,所以除了在关键的地方采用硬件缓冲器外,大都采用软件缓冲区。

6.4.1　缓冲的引入

引入缓冲技术的原因很多,大致归结如下:

(1) 缓和 CPU 与外部设备速度不匹配的矛盾。实际上,在数据到达速度与数据离去速度不同的地方,都可以设置缓冲区,用来缓和它们之间速度不匹配的矛盾。CPU 的速度远高于 I/O 设备的速度,设置缓冲区可以快速暂时存放程序的输入输出数据,以便提高 CPU 的工作效率。

(2) 减少读块设备的次数。当进程在块设备上进行读操作(输入)时,通过系统调用,由操作系统将数据读入缓冲器,然后送入相应进程的数据存储区,由进程处理。缓冲器内保存的信息可能会被再次读到,因此,当再次对此块设备进行读操作时,可以先查看一下所读信息是否在缓冲器内,若在缓冲器内,则可以直接从缓冲器内读取,而不必从设备读取。这种场合要求对缓冲器的读取速度快于对块设备的读取速度,则当命中率(所读数据在缓冲器内的次数与读操作的总次数的比值)较高时,会明显提高读操作的速度。CPU 和内存之间的高速缓存的作用就是这样的。

(3) 减少对 CPU 的中断次数,放宽对中断响应时间的限制。这是硬件缓冲器的作用。例如,在远程通信系统中,如果从远程终端发来的数据仅用一位缓冲来接收,则必须每收到一位数据便中断一次 CPU。这样,对于速率为 9.6kb/s 的数据通信而言,就意味着中断 CPU 的频率也为 9.6kb/s,即每 $100\mu s$ 就中断 CPU 一次,而且 CPU 必须在 $100\mu s$ 内响应,

否则缓冲区内的数据将被覆盖。若设置一个具有8位的缓冲寄存器,则可使CPU被中断的频率降低为原来的1/8。

(4) 作为无法直接通信的设备间的中转站。如果在两个无法直接通信的设备之间传送数据,可以在内存中开辟缓冲区进行中转,如将从卡片输入机读取的数据存到磁盘上,可以在内存中开辟一个缓冲区,先将卡片内容输入到缓冲区,然后再将缓冲区中的内容传送到磁盘上。

(5) 解决程序所请求的逻辑记录大小和设备的物理记录大小不匹配的问题。例如,当进程需要从磁盘读取数据时,因为磁盘是块设备,以数据块作为数据传输单位,一次必须传输整个磁盘块,而程序仅要求读一条逻辑记录,此逻辑记录包含在一个盘块内,这时必须在内存中开辟一个缓冲区,其大小等于盘块大小,先将包含逻辑记录的盘块读到缓冲区中,然后进程再从缓冲区中提取所需的逻辑记录。

(6) 加快进程(作业)的推进速度。假设某进程的功能是每次读取一张卡片,然后对此卡片上的信息进行处理,循环进行。如果在卡片阅读机和进程存储区之间直接传输数据,则在输入时,进程只能等待,当一张卡片输入完毕后才能进行处理,然后输入下一张卡片,再进行处理,以此类推。如果在卡片阅读机和进程存储区之间设置一个缓冲区,则输入时先将卡片信息输入到缓冲区中,然后将其复制到进程存储区,由进程对其进行处理,同时输入下一张卡片,如果两者速度匹配,则可使进程流畅运行而不必等待,从而加快了进程的推进速度。

在需要采取缓冲技术的场合,可以采用以下几种不同的缓冲技术:单缓冲、双缓冲、循环缓冲和缓冲池。

6.4.2　利用缓冲技术进行 I/O 操作

缓冲的工作原理是在进程请求 I/O 传输时,利用缓冲区来临时存放需要输入输出的信息,以缓解传输信息的源设备和目标设备之间速度不匹配等问题。

1. 进程请求读操作的过程

在进程运行期间,请求从输入设备进行读操作的步骤如图 6-9 所示。

(1) 当用户要求在某个设备上进行读操作时,首先从系统中获得一个空闲的缓冲区;

(2) 将一个物理记录送到缓冲区中;

(3) 当用户要求使用这些数据时,系统将依据逻辑记录特性从缓冲区中提取并发送到用户进程存储区中。

当缓冲区为空而进程又要从中取数据时,该进程阻塞,此时操作系统需要送数据填满缓冲区,进程才能被唤醒,从缓冲区中取数据继续运行。注意此处操作(2)与操作(3)的同步关系。

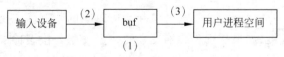

图 6-9　利用缓冲区进行读操作

2. 进程请求写操作的过程

在进程运行期间,请求从输出设备进行输出信息时,操作的步骤如图 6-10 所示。

(1) 当用户要求写操作时,首先从系统中获得一个空闲的缓冲区;

(2) 将一个逻辑记录从用户的进程存储区传送到缓冲区中。如果是顺序写请求,则把数据写到缓冲区中,直到它完全装满为止。

(3) 当缓冲区写满时,系统将缓冲区的内容作为物理记录文件写到设备上,使缓冲区再次为空。

当在系统还没有取空缓冲区之前,进程又要输出信息时,该进程阻塞。注意此处操作(2)与操作(3)的同步关系。

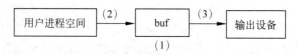

图 6-10 利用缓冲区进行写操作

6.4.3 缓冲区的设置

1. 单缓冲

在单缓冲方式中,当用户进程发出 I/O 请求时,操作系统在内存中为其分配一个缓冲区。数据输入的过程是,当一个用户进程要求输入数据时,操作系统控制输入设备将数据送往缓冲区存放,再送往用户进程的数据存储区。

单缓冲方式由于只有一个缓冲区,这一缓冲区在某个时刻能存放输入数据或输出数据,但不能既是输入数据又是输出数据,否则缓冲区中的数据会引起混乱。在单缓冲方式下解决输入及输出的情形是,当数据输入到缓冲区时,输入设备工作,而输出设备空闲;当数据从缓冲区输出时,输出设备工作,输入设备空闲。因此,单缓冲方式不能使外部设备并行工作,所以引进了双缓冲技术。

2. 双缓冲

考虑缓冲区接收和输出数据的相对速度,当数据到达与数据离去的速度相近时,采用双缓冲能获得较好的效果。双缓冲方式为输入或输出操作设置两个缓冲区:buf1 和 buf2。当进程要求输入数据时,输入设备将数据送往缓冲区 buf1,然后进程从 buf1 中取出数据进行处理;在进程从 buf1 中取数据的同时,输入设备可向缓冲区 buf2 中送入数据。当 buf1 中的数据取完时,进程又可不需要等待地从 buf2 中提取数据,同时输入设备又可将数据送往 buf1,如此交替使用 buf1 和 buf2 两个缓冲区。进程进行输出时的操作与输入类似。

双缓冲方式可以实现外部设备并行工作。图 6-11 展示了双缓冲输入数据操作的过程,对于输出数据过程类似。

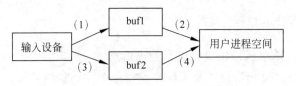

图 6-11 双缓冲区输入数据操作

3. 循环缓冲

循环缓冲技术是在内存中分配大小相等的存储区作为缓冲区,并将这些缓冲区连接起来,每个缓冲区中有一个指向下一个缓冲区的指针,最后一个缓冲区的指针指向第一个缓冲区。

使用循环缓冲结构需要两个指针,IN 指针指示可输入数据的第一个空缓冲区,OUT 指针指示可提取数据的第一个满缓冲区。系统初启时,这两个指针被初始化为 IN=OUT,在系统工作过程中,两个指针向同一个方向移动。输入时,数据输入到 IN 指针指示的缓冲区,输入完毕,IN 指针后移指向下一个可用的空缓冲区;当进程从循环缓冲结构提取数据时,提取 OUT 指针指示的缓冲区中的内容,提取完毕,OUT 指针后移指向下一个满缓冲区。指针移动时要检测空/满缓冲区的数量,当空缓冲区数量为 0 时,IN 指针不能再后移,此时 IN=OUT;满缓冲区数量为 0 时,OUT 指针不能再后移,此时 OUT=IN。

6.4.4 缓冲池

上述缓冲机制针对某特定的 I/O 进程和计算进程,是专用缓冲结构,而不是针对整个系统的公用缓冲结构。当系统较大时,会有很多这样的缓冲结构,这不仅要消耗大量的内存空间,而且利用率不高。为了提高缓冲区的利用率,目前普遍采用公用缓冲池结构,缓冲池中设置了可供多个并发进程共享的缓冲区。

1. 缓冲池的构成

对于既可用于输入又可用于输出的公用缓冲池,包含以下三种类型的缓冲区:空闲缓冲区、装满输入数据的缓冲区和装满输出数据的缓冲区。为了方便管理,将相同类型的缓冲区组成一个队列,于是可分别构成三个队列:空闲缓冲区队列 emq、装满输入数据的缓冲区队列 inq 和装满输出数据的缓冲区队列 outq。这些缓冲区是公用的,因此要由操作系统进行统一管理。

2. 对缓冲池中缓冲区队列的两个操作

对缓冲区队列有两个操作:
(1) Putbuf(Bufq, buf)。将由参数 buf 指示的缓冲区挂在 Bufq 队列上。
(2) Getbuf(Bufq)。从队列 Bufq 的队首摘下一个缓冲区。

因为缓冲池中的队列本身是临界资源,所以当多个并发进程访问同一个队列时,要互斥进行,因此为每一个队列设置一个用于互斥的信号量 msBufq。如同生产者-消费者问题,各并发进程要同步使用缓冲区,因此为每个缓冲队列设置一个资源信号量 rsBufq。为了简便描述这两个操作,在此应用了数据结构课程中提供的对队列进行操作的两个函数:Addbuf

(Bufq，buf)和 Getbuf(Bufq)，分别实现将缓冲区加入队列和从队列中取出一个缓冲区。Putbuf(Bufq，buf)和 Getbuf(Bufq)程序如下所示。

```
Void Putbuf(Bufq, buf)
{
    P(msBufq);
    Addbuf(Bufq, buf);
    V(msBufq);
    V(rsBufq);
}

Void Getbuf(Bufq)
{
    P(rsBufq);
    P(msBufq);
    Buf = Takebuf(Bufq);
    V(msBufq);
}
```

在缓冲池工作时，就是通过调用这两个函数来完成收容输入、提取输入、收容输出和提取输出的。

3. 缓冲池的工作方式

公用缓冲池中的缓冲区有四种工作方式：收容输入、提取输入、收容输出和提取输出。

（1）收容输入。当进程需要输入数据时，从空闲缓冲区队列 emq 中获取一个空缓冲区，把它作为收容工作缓冲区，然后将数据输入其中，输入完毕，将它挂在 inq 队列的末尾。

收容输入的处理过程如下：

```
收容输入()
{
Getbuf(emq);
输入数据到该空缓冲区 buf;
Putbuf(inq, buf);
}
```

（2）提取输入。当计算进程需要输入数据进行计算时，系统从 inq 队列的队首取得一个缓冲区，作为提取输入工作缓冲区，计算进程从中提取数据，当进程提取完该缓冲区中的数据后，再将它挂在空缓冲区队列 emq 的末尾。

（3）收容输出。当计算进程需要输出数据时，系统从空缓冲队列 emq 的队首取得一个空闲缓冲区，将它作为收容输出工作缓冲区，装满数据后，将它挂在 outq 队列的末尾。

（4）提取输出。当要进行输出操作时，从输出缓冲区队列 outq 的队首取得一个缓冲区，作为提取输出工作缓冲区，当数据输出完毕，将该缓冲区挂在空缓冲区队列 emq 的末尾。

6.5 设备分配

在多任务操作系统中，并发进程共享系统中的设备。为了合理利用系统设备，达到一定的系统目标，不允许进程自行决定设备的使用，而是由系统按一定原则统一分配、管理。进程要进行 I/O 操作时,需向操作系统提出 I/O 请求,然后由操作系统根据系统当前的设备使用状况,按照一定的策略,决定对该进程的设备分配。

6.5.1　与设备分配相关的因素

1. I/O 设备的固有属性

从设备分配的角度看,I/O 设备可以分为独占设备和共享设备两种。有些设备仅适应于某进程独占,有些设备可以被多进程共享。

独占设备被分配给一个进程后,就被该进程独占使用,其他任何进程不能使用,直到该进程使用完毕(不再使用)主动释放为止。在进程占有独占设备期间,设备不一定总在工作,但是即使设备空闲时,也不能被其他进程使用。例如打印机,如果两个进程交替使用,就会使得两个进程打印的内容混淆在一起无法辨别,所以必须独占使用打印机,以使打印内容完整。独占设备是一种临界资源,对独占设备的竞争可能引起死锁。

共享设备是指可以由多个进程交替使用的设备,如磁盘机。

对独占设备通常采用静态分配方式。在一个作业开始执行前进行独占设备的分配,一旦把某独占设备分配给作业,就被该作业独占(永久地分配给该作业),直到作业结束撤离时,才由操作系统将分配给作业的独占设备收回。静态分配方式实现简单,但是设备利用率不高。

对共享设备通常采用动态分配方式,即在作业(进程)运行过程中,当进程需要使用设备时,通过系统调用命令向系统提出 I/O 请求,系统按一定策略为进程分配所需设备,进程一旦使用完毕就立即释放该设备。共享设备一旦完成当前 I/O 工作就被释放,从而使多个并发进程可以交替使用此设备,设备利用率高。

2. I/O 设备的分配算法

当多个并发进程对同一设备提出 I/O 请求时,要采用一定策略来决定将此设备分配给哪个进程,这就是分配算法的功能。通常有两种设备分配算法。

(1) 先来先服务算法。当进程提出 I/O 请求时,要先建立相应的数据结构——I/O 请求块,然后按一定原则将 I/O 请求块放入相应设备的设备请求队列中。

在先来先服务算法中,对同一设备,按并发进程中 I/O 请求发出的时间先后,将 I/O 请求块排队。当设备可用(可以分配)时,将设备分配给队首元素对应的进程,即最先对此设备提出 I/O 请求的进程。

(2) 优先级算法。按一定原则设置进程的优先级,按进程的优先级由高到低对各并发进程对同一设备的 I/O 请求块进行排队。当设备可用(可以分配)时,将设备分配给队首元素对应的进程——在对同一设备提出 I/O 请求的并发进程中优先级最高的进程。

优先级算法的依据是,在进程调度中优先级高的进程优先获得处理机,若对它的 I/O 请求也赋予较高的优先级,则有助于该进程尽快完成,从而尽早释放它所占用的资源,以防系统发生死锁,并提高资源利用率。如果系统进程自身也希望使用 I/O 设备而提出 I/O 请求时,它应比用户进程的 I/O 请求具有更高的优先级,对于优先级相同的 I/O 请求,应按时间先后顺序排队。

3. 设备分配的安全性

多个并发进程对同一组资源的竞争可能引起死锁。设备分配与死锁密切相关,因此进行设备分配时要考虑到设备分配对系统安全性的影响。

对独占设备的静态分配不会引起死锁,因为是在作业开始执行前对独占设备进行分配,只要该作业需要使用该设备且该设备可分配,就将该独占设备永久分配给该作业,直至作业结束时由系统收回。若作业分配不到其所需的独占设备,作业不能运行,从而也不分配其他所需设备,这样不符合死锁的"请求且保持"条件。

对共享设备进行动态分配时,从系统安全性角度看,有如下两种分配方式。

(1) 安全分配方式。在这种分配方式中,当进程通过系统调用发出 I/O 请求后,进程立即进入阻塞状态,直到所提出的 I/O 请求完成才被唤醒。因为进程阻塞时不会继续请求其他设备,进程运行时已经释放曾经占有的、已经完成 I/O 操作的共享设备,所以一个进程在任何时刻都不可能在占有一个共享设备的同时提出对其他共享设备的请求,因此不符合死锁的必要条件——占有且申请条件,不会发生死锁。这种分配方式使得进程进展速度慢。

(2) 不安全分配方式。在这种分配方式中,进程发出 I/O 请求后继续运行,在运行过程中可以发出第二个 I/O 请求、第三个 I/O 请求……。仅当进程所请求的设备已经被另一个进程占用时,请求进程才进入阻塞状态。

这种分配方式使一个进程可以同时操作多个设备,使进程进展迅速。但是可能具备"占有且申请条件",有可能会发生死锁。

4. 设备无关性

设备无关性是指当在应用程序中使用某类设备时,不直接指定具体使用哪个设备,而只指定使用哪类设备,由操作系统为进程分配具体的一个该类设备。

当应用程序(进程)具体指定使用哪个设备时,如果该设备已经分配给其他进程或出了故障,而此时可能还有几台其他的同类设备可用,但该进程却被阻塞。若进程只指定使用哪类设备,则可从该类设备中任选一个分配给它使用,只有当所有此类设备全部分配完毕时,进程才会阻塞。

设备无关性功能可以使应用程序的运行不依赖于特定设备是否完好、是否空闲,而由系统合理地进行分配,从而保证程序的顺利运行。

为了便于描述设备无关性,引入逻辑设备和物理设备这两个概念。逻辑设备指示一类设备,物理设备指示一台具体的设备。在应用程序中使用逻辑设备名请求使用某类设备,在实际进行 I/O 操作时,在物理设备上进行,因此,系统必须具有将逻辑设备名转换为物理设备名的功能。这类似于存储管理中逻辑地址和物理地址的概念,应用程序中使用的是逻辑地址,而在实际执行过程中必须使用物理地址,存储管理要具有地址变换的功能。

6.5.2 虚拟设备技术

系统中独占设备的数量有限,且对独占设备的分配往往采用静态分配方式,这样做不利于提高系统效率。这些设备只能分配给一个作业,且在作业的整个运行期间一直被占用,直至作业结束时才被释放。但是一个作业往往不能充分利用该设备,在独占设备被某个作业占用期间,往往只有一部分时间在工作,其余时间处于不工作的空闲状态,因此设备利用率低,其他申请该设备的作业因得不到该设备而无法运行,降低了系统效率。

另外,独占设备往往是低速设备,因此,在作业执行过程中,由于要等待这类设备传输而大大延长了作业的执行时间。

为了克服独占设备的这些缺点,可以采用虚拟设备技术,即用一共享设备——高速存储设备(如高速磁盘机)上的存储区域模拟独占设备。虚拟设备技术的关键是预输入和缓输出。

(1) 预输入。在作业执行前,操作系统先将作业信息从独占设备预先输入到高速外存中。此后,作业执行中不再占有独占输入设备,使用数据时不必再从独占设备输入,而是从高速外存中读取。

(2) 缓输出。在作业执行过程中,当要进行输出操作时,不必直接启动独占设备输出数据,可以先将作业输出数据写入高速外存中,在作业执行完毕后,再由操作系统来组织信息输出。

由于作业运行期间不占有独占设备,从而使一台独占设备可以为多个作业共享,提高了独占设备的利用率;而且在作业执行过程中不直接和慢速的独占设备打交道,因此缩短了作业的执行时间。

6.6　SPOOLING 系统

6.6.1　SPOOLING 系统简介

在早期,大型主机的吞吐量很重要。因为当时计算机资源短缺、价格昂贵,人们希望能在一台主机上做尽量多的工作,为更多的用户服务。

为了提高大型主机的吞吐量,采用了脱机 I/O 技术。如果直接在大型主机上进行联机 I/O,则慢速 I/O 操作占用机器运行时间的比例很大,系统吞吐量很低。因此,额外添置专门进行 I/O 的配置简单的卫星机。输入作业时,用一台专用的卫星机把作业输入到高速磁盘中,然后把高速磁盘连接到大型主机上,主机高速读取磁盘上的信息。作业输出时,由主机把输出结果写入高速磁盘,然后将高速磁盘连接到另一台专用的卫星机上,在卫星机的控制下,在低速输出设备上输出作业结果。

脱机 I/O 需要人工干预,产生人工错误的机会多,且效率低。当硬件发展出现了通道和中断技术、软件发展出现了多道程序设计技术后,采用这些技术和虚拟设备技术产生了 SPOOLING 技术来取代脱机 I/O 技术。SPOOLING(Simultaneaus Peripheral Operating On Line)的含义是外围设备同时联机操作,又称为假脱机操作。它不需要额外配置卫星机,而是将 I/O 设备同时连接在主机上,是对脱机 I/O 的模拟。用一道输入程序模拟脱机输入时的卫星机,通过通道把低速 I/O 设备上的数据传送到高速磁盘上;用另一道程序模拟脱机输出时的卫星机,通过通道把数据从磁盘传送到低速输出设备上。

6.6.2　SPOOLING 系统的组成

1. 输入井和输出井

输入井和输出井是在高速磁盘上开辟的两个存储区域。此处采用了虚拟设备技术,用输入井虚拟低速输入设备,用输出井虚拟低速输出设备。输入井用于暂时存储从输入设备预输入的信息,输出井用于暂时存储要缓输出到输出设备的信息。利用虚拟设备技术可以提高作业(进程)的执行速度和 I/O 设备的利用率。SPOOLING 系统的构成如图 6-12 所示。

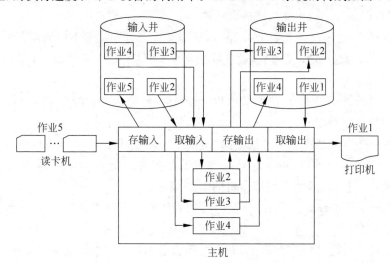

图 6-12　SPOOLING 系统的构成

2．输入缓冲区和输出缓冲区

I/O 设备无法直接和磁盘存储设备进行数据传输,必须经过内存的中转,因此对应于输入和输出,要在内存中分别开辟输入缓冲区和输出缓冲区。

输入缓冲区用作输入设备和磁盘输入井之间的中转站,输出缓冲区用作磁盘输出井和输出设备之间的中转站。

3．输入进程和输出进程

存输入、取输入、存输出、取输出四部分由两个进程完成：输入进程 IN 和输出进程 OUT。输入进程 IN 模拟脱机输入时的卫星输入机,它将数据从输入设备经过输入缓冲区送到输入井中。当 CPU 需要读取数据时,直接从输入井中提取数据到内存。输出进程 OUT 模拟脱机输出时的卫星输出机,它将应用进程要输出的数据送到输出井,当输出设备空闲时,将输出井中的数据经过输出缓冲区送到输出设备输出。

4．井管理程序

井管理程序用于控制作业与磁盘井之间的信息交换。当作业执行过程中向某台设备发出启动输入或输出操作请求时,由操作系统调用井管理程序,由其控制从输入井读取数据或将数据输出至输出井。

6.7　I/O 控制过程

当用户进程通过系统调用提出 I/O 请求时,从系统响应此请求开始,到系统完成用户要求的 I/O 操作,并唤醒相应的等待 I/O 完成的进程为止,整个过程称为 I/O 控制过程。

I/O控制过程包括以下步骤:

(1) 响应I/O请求,为在具体物理设备上进行I/O操作做准备,包括将逻辑设备名转换为物理设备名(设备分配)、I/O请求的合法性等。

(2) 设备驱动,控制设备完成I/O操作,对每类设备分别设置不同的设备驱动程序。

(3) 中断处理,I/O操作完成后,设备控制器向CPU发送中断信号,CPU响应后转向相应的中断处理程序进行善后处理。

任何操作系统的I/O控制过程都由以上三个步骤构成,其中设备驱动是核心操作步骤。不同的操作系统可能有不同的进入设备驱动的方式,如下所述:

(1) 为每一类设备设置一个进程(进程是程序的运行过程,不是静态的程序),专门用于响应对这类设备的I/O请求,控制这类设备的I/O操作。例如,为同一类型的打印机设置一个打印进程,专门处理对此类型打印机的I/O请求。

(2) 在整个系统中设置一个I/O进程,专门处理对所有各类设备的I/O请求,然后转到相应的设备驱动程序。

(3) 不设置专门的I/O控制进程,而由进程自己调用相应的设备驱动程序。

在设置I/O进程的系统中,I/O进程循环执行检测I/O请求队列,并处理I/O请求,在I/O请求队列为空时处于睡眠状态,当有新的I/O请求到来时被唤醒。

6.7.1　用户进程的I/O请求

用户进程通过系统调用命令提出I/O请求,用户编写源程序时不一定使用到系统调用命令,且不一定意识到I/O操作是通过系统调用完成的,而是利用了编译系统提供的库函数。例如,编写C程序时,可以利用C编译系统提供的I/O函数来提出I/O请求,如 printf()、scanf()函数。这些函数不是系统调用,而是通过系统调用实现的,这些库函数中包含系统调用命令。

用户进程的I/O请求包括进行I/O操作的逻辑设备名、要求的操作、传送数据在内存中的起始地址、传送数据的长度。I/O请求中要求的操作是抽象的、高级的,如打开、关闭、读、写设备等,每一个抽象操作在具体物理设备上要经过若干步基本操作才能完成。

6.7.2　设备驱动程序

设备驱动程序的任务是控制具体的物理设备完成I/O请求中的抽象操作,其任务是通过向设备控制器发送一系列命令字完成的。

设备驱动程序与设备控制器和I/O设备的硬件特性密切相关,而计算机系统中I/O设备种类繁多、特性各异、操作方法不同,因此要首先从设备驱动角度对设备分类,为每一类设备配置专用的设备驱动程序。有时即使同一类型的设备,由于生产厂家不同,也可能不完全兼容,必须为它们配置不同的驱动程序。

设备驱动程序与I/O设备所采用的I/O控制方式密切相关。常用的I/O控制方式是中断方式和DMA(Direct Memory Access,直接内存读取)方式。这两种方式的设备驱动程序显然不同,后者应按数组方式启动设备及进行中断处理。

6.8 磁盘 I/O

磁盘相对于其他外部存储设备容量大、存取速度快、可以随机存取,因此是当前存放程序和数据最理想的外部存储设备,程序和数据以文件的方式存放在磁盘上。计算机运行过程中要经常访问文件,因此磁盘 I/O 速度的快慢直接影响到系统性能。改善磁盘 I/O 性能是当代操作系统的一个重要任务。

6.8.1 磁盘存储格式

磁盘可包含一个或多个圆形盘片,每片有两面。每面划分为若干半径不同的同心磁道,然后将每个磁道等分为若干扇区。各磁道虽然周长不同,但存储容量相同,各扇区的存储容量也相同,一般每个扇区的容量为 512 字节,内层磁道的存储密度比外层磁道高。

磁盘存储空间分配以整数 N 个扇区为单位,称为簇,不同的操作系统,N 可有不同的取值。一个文件在磁盘上占有整数个簇,一个簇只能分配给一个文件使用。磁盘 I/O 以扇区为单位,一次传送一个扇区。

6.8.2 磁盘 I/O 性能

一般以磁盘存取速度来衡量磁盘 I/O 性能。对磁盘的存取操作包括三个步骤:首先磁头径向运动到指定磁道;然后旋转盘片,将指定要访问的扇区旋转到磁头下,使磁头处于扇区开始位置;最后开始读或写数据。因此磁盘访问时间可以分为以下三个部分。

(1) 寻道时间 T_s。把磁头移到指定磁道上用的时间。

(2) 旋转延迟 T_r。指定扇区旋转到磁头下经历的时间。

(3) 传输时间 T_t。把数据从磁盘读出或向磁盘写入数据所经历的时间,由读写的字节数和磁盘旋转速度决定。

$$T_t = \frac{b}{rN}$$

其中,b 为一次读写的字节数;r 为磁盘每秒的转数;N 为每条磁道的字节数。

对磁盘的访问时间为三部分时间之和 $T = T_s + T_r + T_t$。在这三个时间中,寻道时间和旋转延迟与读写的字节数无关,寻道时间所占比例最大。

6.8.3 磁盘调度

磁盘可供多个并发进程共享,当有多个并发进程同时要求访问磁盘时,应该考虑采取一种调度策略,使各进程对磁盘的平均访问时间最小。由于在访问磁盘的时间中,主要是寻道时间,因此,磁盘调度的目标是使磁盘的平均寻道时间最短。常用的磁盘调度算法有先来先服务算法、最短寻道时间优先算法、扫描算法和循环扫描算法。

1. 先来先服务算法

这种调度算法按进程请求访问磁盘的时间先后次序进行调度。此算法的优点是实现简单且公平,每个进程的磁盘 I/O 请求都能依次得到处理,不会出现某一进程的请求长时间得不到满足的情况。缺点是未对寻道进行优化,平均寻道时间较长,如表 6-2 所示。

表 6-2　先来先服务算法

（从 100 号磁道开始）	
选择访问的下一个磁道号	磁头移动距离(磁道数)
55	45
58	3
39	19
18	21
90	72
160	70
150	10
38	112
184	146
平均寻道长度：498/9＝55.3	

2. 最短寻道时间优先算法

该算法选择磁盘 I/O 请求的原则是其要访问的磁道与当前磁头所在的磁道距离最近,以使每次的寻道时间最短。此算法只从当前角度考虑,没有考虑全局,表面看来平均寻道时间应该最短,但是不一定。

最短寻道时间优先算法很容易导致磁头在常被访问的区域"粘连",某个进程可能发生"饥饿"现象。因为只要不断有新进程的请求到达,且其所要访问的磁道与磁头当前所在磁道的距离最近,这种新进程的 I/O 请求必须优先满足,这样就会使某些进程的磁盘 I/O 请求长时间得不到满足,如表 6-3 所示。

表 6-3　最短寻道时间优先算法

（从 100 号磁道开始）	
选择访问的下一个磁道号	磁头移动距离(磁道数)
90	10
58	32
55	3
39	16
38	1
18	20
150	132
160	10
184	24
平均寻道长度：248/9＝27.5	

3. 扫描算法

为防止出现最短寻道时间优先调度算法的"饥饿"现象,对最短寻道时间优先调度算法进行了改进,提出了扫描算法,如表 6-4 所示。

表 6-4　扫描算法

（从 100 号磁道开始）	
选择访问的下一个磁道号	磁头移动距离（磁道数）
150	50
160	10
184	24
90	94
58	32
55	3
39	16
38	1
18	20
平均寻道长度：250/9＝27.8	

扫描算法是双向扫描。扫描算法不仅考虑到要访问的磁道与当前磁道间的距离，更优先考虑的是磁头当前的移动方向。例如，当磁头正从里向外移动时，扫描算法选择的下一个访问对象是在当前磁头所在磁道之外距离当前磁道最近的磁道，这样从里向外地访问，直至再无更外层的磁道需要访问时，磁头才返回，从外向里移动，同样每次也是选择当前磁道中距离最近的磁道，到头后再返回，从里向外移动访问。由于此算法中磁头移动的规律很像电梯的运行，因此又称为电梯调度算法。

4. 循环扫描算法

扫描算法能获得较好的寻道性能，且能防止"饥饿"现象，所以被广泛应用于大、中、小型计算机和网络中的磁盘调度。但它存在一个问题：当磁头刚从里向外移动而越过了某一磁道时，恰好又有一个进程请求访问此磁道，这时，该进程必须等待，待磁头继续从里向外，然后再从外向里扫描完所有要访问的磁道后，才处理该进程的请求，致使该进程的请求被大大推迟。

为了减小这种延迟，引入循环扫描算法，规定磁头单向移动，即循环扫描算法是单向扫描。例如，只从里向外移动，当磁头移到最外的磁道并访问后，磁头立即返回到最里的要访问的磁道，再从里向外移动，如表 6-5 所示。

表 6-5　循环扫描算法

（从 100 号磁道开始）	
选择访问的下一个磁道号	磁头移动距离（磁道数）
150	50
160	10
184	24
18	166
38	20
39	1
55	16
58	3
90	32
平均寻道长度：322/9＝35.8	

6.8.4　磁盘高速缓存

当进程从磁盘读取数据时,为了提高读盘速度,可以采用缓冲技术,即在内存中开辟一个缓冲区用于接收从磁盘读取的数据,这个缓冲区称为磁盘高速缓存。缓冲区的大小与磁盘块相匹配,其工作原理类似于内存和 CPU 之间的高速缓存。

当有一个进程请求访问某盘块中的数据时,先查看磁盘高速缓存,看其中是否有进程所需访问的盘块数据的备份。若有,则直接从磁盘高速缓存中提取数据,而不必访问磁盘;若没有,则先将所需盘块读到磁盘高速缓存,然后从中提取数据,送往请求进程的数据存储区。

6.9　Linux 系统的设备管理

Linux 系统采用设备文件系统统一管理设备文件,从而将硬件设备的特性及管理细节对用户隐藏起来,实现了用户程序与设备的无关性。把硬件设备分为两类,即块设备和字符设备。

6.9.1　Linux 系统设备管理概述

Linux 系统用户与设备的接口是通过文件系统实现的。Linux 的这一特征使得任何外部设备在用户面前与普通文件完全一样,而不必涉及它的物理特性,给用户带来极大的方便。设备管理与文件管理具有以下共性。

(1) 每个设备都有一个文件名,对应文件系统中的一个索引节点。设备的文件名一般由两部分构成:主设备号和次设备号。主设备号代表设备的类型,用来唯一地确定设备驱动程序和界面,如 hd 表示 IDE 硬盘,sd 表示 SCSI 硬盘,tty 表示终端设备等;次设备号代表同类设备中的序号,如 hda 表示 IDE 主硬盘,hdb 表示 IDE 从硬盘等。

(2) 应用程序与设备之间的接口是通过文件系统的系统调用实现的。驱动程序控制设备具体实现进程的高级 I/O 请求,包括打开 open()、关闭 close()、读 read()、写 write()、控制 ipctl()等。外部设备和普通文件一样受到存取控制的保护,仅仅在最终驱动设备时才转向各个设备的驱动程序。

(3) 设备驱动程序是系统内核的一部分,它们必须为系统内核或者它们的子系统提供一个标准的接口。例如,一个终端驱动程序必须为 Linux 内核提供一个文件 I/O 接口,一个 SCSI 设备驱动程序应该为 SCSI 子系统提供一个 SCSI 设备接口,同时,SCSI 子系统也应为内核提供文件的 I/O 和缓冲区。

(4) 设备驱动程序利用一些标准的内核服务,如内存分配等。另外,大多数 Linux 设备驱动程序都可以在需要时装入内核,不需要时卸载下来。

6.9.2　Linux 设备驱动程序的接口

Linux 的设备驱动程序是分层结构。处于应用层的进程通过文件描述字 fd 与已打开的文件结构相联系。在文件系统层,按照文件系统的操作规则对该文件进行相应处理。对于一般文件,即磁盘文件,要进行空间的映射,即从普通文件的逻辑空间映射到设备的逻辑空间,然后在设备驱动层做进一步映射,即从设备的逻辑空间映射到物理空间,进而驱动底层物理设备工作。对于设备文件,则文件的逻辑空间通常就等价于设备的逻辑空间,然后从设备的逻辑空间映射到设备的物理空间,再驱动底层的物理设备工作,如图 6-13 所示。

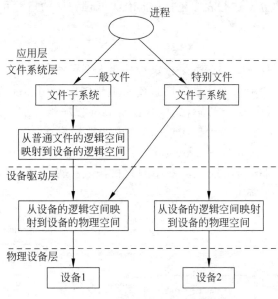

图 6-13　设备驱动程序层次结构

　　Linux 系统和设备驱动程序之间使用标准的交互接口、字符设备、块设备以及网络设备的设备驱动程序,当内核请求它们服务时,都使用同样的接口。

　　Linux 系统提供了一种"可安装模块"的全新机制。可安装模块是可以在系统运行时动态地安装和拆卸的内核模块、经过编译但尚未连接的目标文件。利用这个机制,可以根据需要在不必对内核重新编译连接的条件下,将可安装模块动态插入运行中的内核,成为其中一个有机组成部分或者从内核卸载已安装的模块。设备驱动程序或者与设备驱动紧密相关的部分如文件系统,都是利用可安装模块实现的。

　　在应用程序界面上,系统提供了四个系统调用来支持可安装模块的动态安装和拆卸。但通常情况下,用户是利用系统提供的插入模块工具和移走模块工具来装卸可安装模块的。插入模块的主要工作有:

　　(1) 打开要安装的模块,把它读到用户空间。这种模块是目标文件。

　　(2) 必须把模块内涉及对外访问的符号(函数名或变量名)连接到内核,即把这些符号在内核映像中的地址,填入该模块中需要访问这些符号的指令以及数据结构中。

　　(3) 在内核创建一个 module 数据结构,并申请所需的系统空间。

　　(4) 最后,把用户空间中完成了连接的模块映像装入内核空间,并在内核中"登记"本模块的有关数据结构(如 file_operations 结构),其中有指向执行相关操作的函数的指针。

　　因此,Linux 系统是一个动态的操作系统。用户根据工作中的需要,会对系统中的设备重新配置,如安装新的打印机、卸载老式终端等。这样,每当 Linux 系统内核初启时,它要对硬件配置进行检测,很有可能会检测到不同的物理设备,这就需要不同的驱动程序。在构建系统内核时,可以使用配置脚本将设备驱动程序包含在系统内核中。在系统启动时对这些驱动程序进行初始化,它们可能未找到所控制的设备。另外的设备驱动程序可以在需要时作为内核模块装入到系统内核中。为了适应设备驱动程序的动态连接的特性,设备驱动程序在其初始化时就在系统内核中进行登记。Linux系统利用设备驱动程序的登记表作为内核驱动程序接口的一部分。这些表中包括指向有关处理程序的指针和其他信息。

1. 字符设备驱动程序

在Linux系统中,打印机、终端等字符设备都作为字符特别文件出现在用户面前。用户对字符设备的使用就和存取普通文件一样。在应用程序中使用标准的系统调用来打开、关闭、读写字符设备。当字符设备初始化时,其设备驱动程序被添加到由device_struct结构组成的chrdevs数据结构中。device_struct结构由两项构成:一个是指向已登记的设备驱动程序名的指针;另一个是指向file_operations结构的指针。而device_struct结构的成分几乎全是函数指针,分别指向实现文件操作的入口函数。设备的主设备号用来对chrdevs数组进行索引,如图6-14所示。

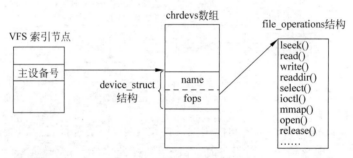

图6-14 字符设备驱动程序

每个VFS索引节点都与一系列文件操作相联系,并用这些文件操作随索引节点所代表的文件类型不同而不同。每当一个VFS索引节点所代表的字符设备文件创建时,它的有关文件操作就设置为默认的字符设备操作。默认的文件操作只能包含一个打开文件的操作。当打开一个代表字符设备的特别文件以后,就得到相应的VFS索引节点,其中包括该设备的主设备号和次设备号。利用主设备号就可以检索chrdevs数组,进而可以找到相关此设备的各种文件操作。这样,应用程序中的文件操作就会映射到字符设备的文件操作调用中。

2. 块设备驱动程序

对块设备的存取方式与对文件的存取方式相同,其实现机制也与字符设备使用的机制相同。Linux系统中有一个名为blkdevs的结构数组,它描述了一系列在系统中登记的块设备。数组blkdevs也使用设备的主设备号作为索引。该数组元素类型是device_struct结构。该结构中包括指向已登记的设备驱动程序名的指针和指向block_device_operations结构的指针。在block_device_operations结构中包含指向有关操作的函数指针。因此,该结构就是连接抽象的块设备操作与具体块设备类型的操作之间的枢纽。

与字符设备不同,块设备有几种类型,如SCSI设备和IDE设备。每类块设备都在Linux系统内核中登记,并向内核提供自己的文件操作。

为了把各种块设备的操作请求队列有效地组织起来,内核中设置了一个结构数组blk_

dev,该数组中的元素类型是 bld_dev_struct 结构。这个结构由三个成分组成,其主体是执行操作的请求队列 request_queue,还有一个函数指针 queue。当这个指针不为 0 时就调用这个函数来找到具体设备的请求队列。这是考虑到多个设备可能具有同一主设备号。该指针在设备初始化时被设置完成。通常当它不为 0 时还需要使用该结构中的另一个指针 data 来提供辅助性信息,帮助该函数找到特定设备的请求队列。每一个请求数据结构都代表一个来自缓冲区的请求。

　　每当缓冲区需要与一个登记过的块设备交换数据时,它都会在 blk_dev_struct 中添加一个请求数据结构,如图 6-15 所示。每一个请求都有一个指针指向一个或多个 buffer_head 数据结构,而该结构都是一个读写数据块的请求。每一个请求结构都在一个静态链表 all_requests 中。若干请求如果是添加到一个空的请求链表中,则调用设备驱动程序的请求函数,开始处理该请求队列。否则,设备驱动程序就简单地处理请求队列中的每一个请求。

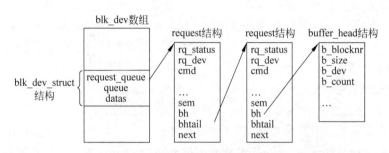

图 6-15　块设备驱动程序数据结构

　　当设备驱动程序完成了一个请求后,就把 buffer-head 结构从 request 结构中移走,并标记 buffer-head 结构已更新,同时解锁,这样,就可以唤醒相应的等待进程了。

6.9.3　Linux 的磁盘高速缓存

　　对文件系统的一切存取操作都能通过直接从磁盘上读或写来实现,但磁盘 I/O 的速度较慢,系统性能较低。为了减少对磁盘的存取频率,Linux 使用了磁盘高速缓存技术。

　　Linux 磁盘缓冲管理策略试图把尽可能多的有用数据保存在缓冲区中。磁盘缓冲管理模块位于文件系统和块设备驱动程序之间。

　　当从磁盘中读数据时,文件系统先从磁盘高速缓存中读,如果数据已在高速缓存中,则不必启动磁盘 I/O,如果数据不在高速缓存中,则启动磁盘 I/O,从磁盘读取数据送往高速缓存,进程再从高速缓存中读取数据。

　　当进程往磁盘上写数据时,先往高速缓存中写,以便随后读它时能从高速缓存中读取,而不必启动磁盘读取。Linux 采取了"延迟写"策略,即如果缓冲区还没有写满,则不急于把缓冲区的内容写到磁盘上,而是在缓冲管理数据结构中对该缓冲区设置延迟写标志,当高速缓存中的数据延迟到必须往磁盘上写的时候才进行写盘操作。Linux 中对硬盘有两种读方式和三种写方式。

　　一般读:把当前所需盘块中的内容读入缓冲区。

　　预先读:进程读顺序文件的盘块时,会预见到要读的下一个盘块,因此读出当前块后,可提前读下一盘块。这样若以后需要读该盘块,因为已经提前读入,所以不必启动磁盘操作,提高了进程的读盘速度。

一般写:把缓冲区数据写到盘块,且进程必须等待写操作完成。

异步写:把缓冲区数据写到盘块,但进程不必等待写操作完成。

延迟写:当进程要把数据写到盘上时,先写到缓冲区,然后将该缓冲区标记为延迟写,挂到空闲缓冲区队列的末尾,但并不立即将该缓冲区的内容写到磁盘。

本章小结

本章讲述了I/O系统构成、数据传输控制方式、中断技术、缓冲技术、设备分配技术、SPOOLING系统、I/O控制过程、Linux系统的设备管理。

设备控制器是I/O设备和主机之间的接口。I/O设备和进程之间数据传送的控制方式通常有四种:程序直接控制方式、中断控制方式、DMA方式和通道控制方式。程序直接控制方式CPU和外设并行工作;中断控制方式由于一次数据传输中断次数很多,使得CPU要花费很多的时间来处理中断;DMA只有在一段数据传输结束时,才发出中断信号请求CPU做善后处理,从而大大减少了CPU的工作负担;通道控制方式则是在CPU发出I/O启动命令后,由通道指令来完成I/O工作,使I/O过程完全脱离了CPU的控制。

引入中断技术的主要原因是使CPU和设备并行工作。缓冲技术有多种用途。缓冲的设置方式有硬缓冲和软缓冲,缓冲技术分为针对某进程/作业的专用缓冲机制和针对整个系统的公用缓冲机制。专用缓冲机制有单缓冲、双缓冲、循环缓冲;公用缓冲机制有缓冲池结构。

设备分配与很多因素相关。从使用属性看设备分为三种类型:独享设备、共享设备及虚拟设备。SPOOLING技术实现了虚拟设备。

I/O控制过程从用户进程提出I/O请求开始,包括三个步骤:响应用户进程的I/O请求、设备驱动、设备中断处理。其中关键步骤是设备驱动。磁盘调度算法对磁盘的性能有重要影响,典型的磁盘调度算法有先来先服务算法、最短寻道时间优先调度算法、扫描算法和循环扫描算法等。磁盘高速缓存对提高磁盘速度起了很大作用。

Linux系统将设备作为特殊文件,用户可以像使用普通文件一样使用设备文件。

习题 6

6-1 设备通常有哪几种分类方法?可以分为哪几种类型?

6-2 数据传输控制方式有哪几种?各有什么特点?

6-3 中断调用的作用是什么?中断调用与子程序调用有什么区别?

6-4 什么是独占设备、共享设备和虚拟设备?

6-5 引入缓冲技术的原因有哪些?

6-6 单缓冲与双缓冲的区别是什么?

6-7 通道的作用是什么?按信息交换方式它可分为哪几类?

6-8　什么是设备独立性？为什么要引入设备独立性？

6-9　什么是虚拟设备技术？

6-10　SPOOLING 系统采用了哪些技术？

6-11　SPOOLING 系统由哪些部分构成？

6-12　设磁盘的 I/O 请求队列中的磁道号为 98,183,37,122,14,124,65,67,磁头初始位置为 50,若采用基本的扫描磁盘调度算法(假设磁头先向磁盘块号增加的方向移动),磁头移动的磁道数共是多少？

6-13　在 Linux 系统中,块设备的延迟写和提前读分别有什么作用？

6-14　磁盘调度算法有哪些？它们之间有何区别？

6-15　Linux 系统中磁盘高速缓存的原理是什么？

6-16　设备驱动程序要完成哪些工作？

6-17　说明 I/O 软件的层次结构。

6-18　Linux 把外部设备分为哪几类？它们的物理特性有何不同？它们的作用有何不同？

6-19　Linux 设备管理的主要特点是什么？

第7章 现代操作系统

本章学习目标

本章介绍 UNIX 操作系统管理方法;研究分布式操作系统的特性及功能;介绍多处理机操作系统的概念、类型及功能;介绍集群系统的概念及分类。通过本章的学习,读者应掌握以下内容:

- 理解 UNIX 系统的内核管理方法;
- 理解分布式操作系统特性及其进程管理方式;
- 理解多处理机操作系统的概念、类型及功能;
- 了解集群系统的概念。

7.1 UNIX 操作系统

7.1.1 UNIX 操作系统的发展

UNIX 是目前最流行的操作系统之一,它为用户提供了一个简洁、高效、灵活的运行环境。与其他操作系统相比,UNIX 操作系统功能更强,应用更加广泛,并且具有更高的安全可靠性。因此,UNIX 实际上已经成为工业计算机系统的标准。

UNIX 于 1969 年在美国的电话电报公司(AT&T)贝尔实验室(Bell Labs)诞生。1970年,UNIX 开始在 PDP-7 机上运行,当时只能支持两个人同时使用。最初的 UNIX 系统是用汇编语言编写的。1973 年,Ritchie 又用 C 语言重写了 UNIX。1976 年正式公开发布了UNIX V 版本,并开始向美国各大学及研究机构颁发使用许可证,公开了源代码。

随着微型计算机技术的巨大发展,1980 年,为满足微型计算机用户使用 UNIX 的需要,Microsoft 公司根据微型计算机的特点对 UNIX 的第七版进行了修改和扩充,并改名为XENIX,随后 Microsoft 公司将 XENIX 的版权授于 SCO 公司,并由 SCO 公司负责微机的开发和利用。

7.1.2 UNIX 操作系统的特点

UNIX 操作系统取得巨大成功的根本原因是它本身的优越性能和特点。UNIX 是一个分时、多用户、多任务的操作系统,它具有一般操作系统所具有的特点,如生成和管理文件系统、内存和外设管理。除此之外,与其他操作系统相比,它还具有以下特点。

1. 多用户多任务

UNIX 是一个多用户、多任务的操作系统,允许系统中的每位用户运行不同的程序,就像拥有一台单独使用的计算机。多任务是指 UNIX 支持在同一台主机上运行多道程序。UNIX 通过一个分时处理程序来实现多任务。

2. 可移植性

许多操作系统是由汇编语言写成的,对于不同硬件设备很难移植,而 UNIX 系统是由 C 语言编写的,对它进行移植可以不考虑硬件设备的影响,所以能很方便地移植。

3. 树形文件系统结构

UNIX 的树形目录结构称为有向非循环图结构,根目录为树根,其他目录是分枝,UNIX 的文件系统是可以挂接的。这种结构不但易于管理,而且有利于系统的安全和保密。

4. I/O 重定向和管道技术

I/O 重定向技术是指程序在何处得到结果以及将结果送往何处,利用命令级接口,通常将执行的结果显示到屏幕上,但是通过 I/O 重定向技术可以让 UNIX 命令的结果输出到指定的文件。

5. 丰富的实用程序

UNIX 提供了大量的实用程序供用户使用,如 vi、ed 等。通过这些实用程序,用户能很容易地完成特定的工作。

6. 电子邮件

UNIX 具有很强的电子邮件功能,要将邮件发送给同一系统下的另一个用户,只需知道该用户的用户名即可;要将邮件发送给另一个 UNIX 系统下的用户,只需知道该用户的网络地址即可。

7.1.3 UNIX 系统的内核结构

UNIX 操作系统是层次结构的模型。整个系统可分为四个层次,最底层是硬件,作为整个系统的基础;次底层是操作系统的核心即内核,包括了操作系统的四大资源管理功能;再往上是操作系统与用户的接口 Shell 及编译程序等;最高层是应用程序层。具体如图 7-1 所示。

用户程序可以通过高级语言的系统调用或低级语言的直接系统调用进入核心。系统调用接口是核心层与用户层的界面,并允许高层软件访问特定的内核功能;操作系统中包含的原语操作直接对硬件起作用。在这两个界面之间,系统被分为两部分:一部分主要从

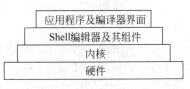

图 7-1 UNIX 系统层次结构模型

事进程控制；另一部分进行文件管理和 I/O 控制。进程控制子系统负责内存管理、进程调度以及进程同步和线程间的通信；文件子系统包括控制对文件的访问、分配文件的存储器空间等文件操作功能。文件子系统通过一个缓冲机制同设备驱动部分相互作用，也可以在无缓冲机制参与的条件下与字符设备相互作用。设备管理、进程管理及存储管理通过硬件控制接口与硬件相互作用。图 7-2 所示为 UNIX 系统的内核模型。

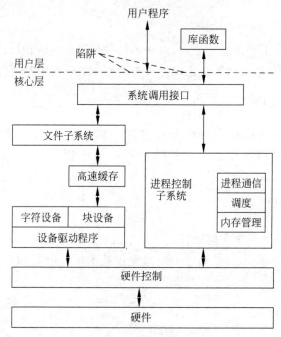

图 7-2　UNIX 系统的内核模型

7.1.4　UNIX 系统的进程管理

1. UNIX 进程的结构

在 UNIX 系统中，进程是进程映像的执行过程。进程的结构也称为进程实体，由用户级上下文、寄存器上下文和系统级上下文三部分构成。

（1）用户级上下文。用户级上下文主要成分是用户程序，包括正文段即代码（Text）和数据段（Data）两部分。

（2）寄存器上下文。寄存器上下文主要是由 CPU 中的一些寄存器内容组成的。

（3）系统级上下文。系统级上下文包括操作系统为管理该进程所用的信息，可分为静态和动态两部分，包括：

① proc 结构。该结构常驻内存，内容包括经常需要访问的往息，如进程标识符、进程状态等。

② user 结构。该结构暂驻内存，进程处于执行状态时调入内存，它包含了进程的一些私有信息，如进程表项指针、有效用户标识符等各种资源表格。

③ 进程区表。从虚拟地址到物理地址的映射。

④ 核心栈。核心态执行时过程调用的栈结构。

⑤ 若干寄存器级上下文。

2. 进程调度算法

UNIX 系统是分时系统,它的进程调度采用动态优先数轮转调度算法。调度程序进行调度时,首先从"内存就绪"或"被抢占"状态的进程中选择一个优先级最高的进程。UNIX系统的进程优先级可用相应的优先数来表示,优先数越小,优先级别越高。例如,对换进程的优先数是 0,而等待磁盘 I/O 进程的优先数是 20。

UNIX S_5 中进程的优先级分为用户优先级类和核心优先级类。核心用两种方式改变进程的优先级:对核心态进程设置优先数和对用户态进程计算优先数。

(1) 核心态进程因等待某一事件而调用 sleep 程序睡眠时,核心根据该进程睡眠的原因,为它设置一个确定的优先数。设置优先数的原则不是取决于该进程运行时间长短(I/O型或计算型),而是取决于它睡眠的原因。

(2) 系统调用执行结束,进程由核心态返回用户态,以及进程正在用户态下运行时,核心通过计算方式来调整其优先数。一个运行的进程在其时间片内会多次被时钟中断。每次中断时,时钟处理程序就增加该进程当前使用 CPU 的时间值。每到一秒,时钟处理程序就根据一个函数调整各个进程当前使用 CPU 的时间值:

$$decay(p\_cpu) = p\_cpu/2$$

其中,p_cpu 为当前进程使用处理机的时间值。此外,时钟处理程序也在为内存就绪状态的进程重新计算优先数:

进程优先数＝最近使用 CPU 的时间/2＋基本用户优先数

基本用户优先数也称分界优先数。在 UNIX S_5 中,分界优先数为 60,它是用户态进程的最小优先数。

为重新计算优先数,优先级为用户级别的进程会从一个优先级队列移到另一个队列,此时核心并不改变核心态进程的优先数,也不允许具有用户级别优先级的进程穿越分界优先级而进入核心级别优先级范围中。当然,用户态进程可以通过执行系统调用,并且睡眠而获得核心态优先级。

3. 进程状态及转换

UNIX S_5 进程的状态存放在进程的 proc 结构中,这些进程的状态共有九个。

(1) 用户态执行。表示进程在用户态下执行的状态。

(2) 核心态执行。表示进程在核心态下执行的状态。进程是在用户态下还是在核心态下执行主要取决于处理机状态字 PSW。

(3) 内存中睡眠。进程正在内存中处于睡眠状态。如果进程所执行的系统调用涉及 I/O操作,而进程又必须等待它的完成,则进程将进入内存中睡眠状态。

(4) 睡眠且换出。当内存紧张时,在内存中睡眠的进程首先被核心换出到外存,以腾出相应的内存空间,此时,进程为睡眠且换出状态。

(5) 内存中就绪。进程处于就绪状态,只要核心程序调度到它,就可以执行。

(6) 就绪且换出。虽然进程处于就绪状态,但交换程序已将其唤出内存,只有等待交换程序把它换入内存后,核心才能调度它去执行。

(7) 僵死。进程执行了 exit 后,进程已不存在,但它留下一些含有状态码和计时系统信息的记录,供父进程收集,这种状态称为僵死状态。

(8) 被剥夺状态。进程正从核心态返回用户态,但核心调度程序抢先剥夺了该进程的处理机,以调度其他进程的执行,最后,当该进程再次被调度时返回用户态。

(9) 创建。当进程刚被创建时,正在进行资源分配,因此,它既不是就绪状态,也不是睡眠状态,这个状态被称为进程的初始状态,或称创建状态。

图 7-3 反映了一个进程从被创建到被撤销的整个生命过程中的变化情况。各状态之间的转换有些是通过系统原语或核心函数完成的,如唤醒或调度等,有些则由外部事件的发生而导致。

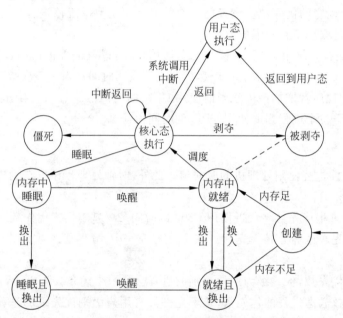

图 7-3　UNIX 系统的进程状态转换

首先,当父进程执行系统调用 fork 时,被创建进程进入创建状态。在该状态下,核心为该进程分配 user 结构区以及必要的内存工作集。内存管理分配程序如果能为该进程分配足够的内存,则进程的状态发生变化,由创建状态进入内存中就绪状态。此时,由于该进程已分得 user 结构区、各种页表、堆栈、部分正文段和数据段所用的内存空间,因此,该进程可以经调度程序选中后占用 CPU 并执行。

如果内存分配程序不能为该进程分配足够的内存,则该进程的进程上下文被放入外存交换系统中,进程状态则由创建状态进入就绪且换出状态。处于该状态的进程,只有在交换程序将其进程的上下文换入内存,进入内存中就绪状态后,才有可能被调度执行。

当进程进入内存中就绪状态后,进程调度程序将可能选择该进程执行。这时,该进程在核心态下执行,以装配该进程的进程上下文。在这个状态下,该进程完成创建部分的工作。

当进程完成 fork 系统调用后,可能返回用户态下执行用户程序,这时进入用户态执行状态。

在进程完成系统调用后返回用户态之前,根据 UNIX S_5 的调度机制,此时若有优先级高于当前进程的进程进入内存中就绪态,则系统将抢占处理机,此时,该进程进入被剥夺状态。进程进入被剥夺状态后,在下一次进程调度时,系统分配给它 CPU 才能返回用户态。

进程在核心态执行时,因为等待某事件发生,调用 sleep 原语进入睡眠状态。处于睡眠状态的进程因为内存的限制,将在睡眠一段时间后,被交换程序换出内存而进入睡眠且换出状态,直到所等待的事件发生并将它唤醒,而进入内存中睡眠状态。

进程完成它所要求的任务后,将使用系统调用 exit,从而使进程进入僵死状态,释放资源。

4．UNIX 系统中进程的家族关系

UNIX 系统中众多进程存在家族关系:由父进程创建子进程,子进程再创建它的子进程,从而构成了树形的进程家族图。UNIX 系统的进程家族关系如图 7-4 所示,图中节点表示进程。

UNIX 的内核中设置了一个 0 号进程,它是唯一一个在系统引导时被创建的进程。系统初启时,由 0 号进程再创建 1 号进程及其他核心进程,然后 1 号进程又为每个终端创建命令解释进程,用户输入命令后又创建若干进程,这样便形成了一棵进程树。以后,0 号进程作为系统的对换及调度进程,1 号进程成为系统始祖进程,同时又创建其他进程。系统中除 0 号进程以外,所有其他进程都是由 fork 创建的。

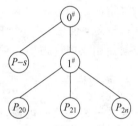

图 7-4　UNIX 系统的进程家族关系

7.1.5　UNIX 系统的内存管理

UNIX 系统采用请求调页存储管理方式,支持内外存的对换功能。内存空间的分配和回收均以页为单位进行。当进程运行时,不必将整个进程映像加载到内存,只需将当前要用的页面装入内存即可,这样用户可以得到更大的逻辑地址空间。下面简单介绍 UNIX 系统的交换技术和请求分页技术。

1．交换

在 UNIX 系统中,由于多个进程并发执行,内存资源十分有限。为此引入了交换策略,将内存中处于睡眠状态的某些进程调到外存交换区中,而将交换区中的就绪进程重新调入内存。为了实现这种策略,系统内核应具有交换空间的管理、进程换出和进程换入三个功能。

(1) 交换空间的管理。由于进程在交换区驻留的时间较短,交换操作较为频繁,因此在交换空间的管理中,速度显得较为重要。为此,内核较少考虑存储空间的碎片问题。分配交换空间使用的数据结构驻留在内存的交换映射表中。

(2) 进程换出。当内核需要内存空间时,可把一个进程换到交换区中,当内核决定一个进程适合换出时,先将该进程每个区的引用计数减 1,然后选出值为 0 的进程换出。另外,内核还需调用 Malloc 过程来申请交换空间,并对该进程加锁。

(3) 进程换入。引用计数为 0 的进程就是交换进程。当睡眠进程被唤醒去执行换入操

作时,便去查看进程表中所在进程的状态,从中找出"就绪且换出"状态的进程,把其中换出时间最久的进程作为换入进程,再根据该进程的大小调用 Malloc 过程,为其申请内存。当申请内存成功时,直接将进程换入,否则需先将内存中的某些进程换出,腾出足够的内存空间后再将进程换入。

2. 请求分页

UNIX 系统为实现请求分页的功能配置了四种数据结构。

(1) 页表。页表用于将逻辑页号映射为物理块号。页表项包括页的内存地址、读写或执行的保护位和一些附加的信息位,如有效位、访问位、修改位、复制写位和年龄位等。

(2) 磁盘块描述字。每一个页表项对应一个磁盘块描述字,其中记录了进程不同时刻所在的各虚拟页的磁盘备份的块号。当进程在运行中发现缺页时,可通过查找该页而找到所需调入的页面位置。

(3) 页面数据表。页面数据表用于描述每个物理页。通过页号进行索引,数据表的内容包含页面状态、访问该页面的进程数目、逻辑设备和该页所在的盘块号以及一些指针,这些指针指向空闲页面链表和页面散列队列中的其他页框数据表项。

(4) 交换使用表。交换使用表描述设备上每一页的使用情况,每个交换设备上的页面在交换使用表中都占用一项,该项表明有多少表指向交换设备上的一个页面。

3. 换页进程

换页进程是核心进程,该进程的主要任务是增加内存中所有的有效页年龄,并将内存中长期不用的页面换出。

内存中的页面有可换出和不可换出两种状态。可换出页面年龄已到了规定的值。一个页面可计数的最大年龄取决于它的硬件设施。如对于只设置了两位的年龄域,其年龄只能取值 0、1、2、3。每当进程访问了某个页面时,便将该页面的年龄置为 0。因此,当一个页面被连续检了三次,且中间未被访问过时,其年龄才可能增至 3,而成为被换出的页。

如果多个进程共享一个分区,则相应页面可被多个进程同时使用,只要页面被进程使用,它就应留在内存中,仅当不被任何进程使用时才适于被换出。

4. 缺页

在 UNIX 系统中可能会出现两类缺页: 有效缺页和保护性缺页。当出现缺页时,缺页处理程序可能要从盘上读一个页面到内存,并在 I/O 执行期间睡眠。

7.1.6　UNIX 系统的文件管理

UNIX 系统中的文件子系统既具有很强的功能,又具有灵活性。按文件的内部构造方式,UNIX 系统将文件分为普通文件、目录文件和特别文件(即设备文件)。UNIX 系统的目录结构为有向非循环图结构。

UNIX 的文件系统可分成基本文件系统和可装卸的子文件系统两部分。不论是基本文件系统还是子文件系统,都有自己独立的结构。但是,基本文件系统是整个 UNIX 文件系统的基础,被称为根文件系统。系统一旦启动运行后,基本文件系统不能卸下,而子文件系统可以随时更换。这种结构使得文件系统易于扩充和更改。例如,用户可以把自己的文件组织在磁盘上作为子文件系统,使用时将其插入,并用命令把它与基本文件系统装配在一起,这样,用户就可以像访问基本文件系统中的文件那样去访问子文件系统中的文件。使用完毕,可以卸载该子文件系统。

以下介绍 UNIX 系统文件管理的各部分功能。

1. 文件卷的组织结构

UNIX 系统中,文件是以块为单位存放在磁盘上的。通常把每个磁盘看作一个文件卷。图 7-5 所示为 UNIX 系统的文件卷结构。

$0^{\#}$	$1^{\#}$	$2^{\#}$	$3^{\#}$	$\cdots$	$K^{\#}$	$(K+1)^{\#}$	$\cdots$	$N^{\#}$

图 7-5 UNIX 系统的文件卷结构

其中,$0^{\#}$ 块是系统的引导块或空闲盘块,当该系统需引导时才有引导程序放在这里,其他一般文件系统都不使用引导块;$1^{\#}$ 块为超级块(也称为专用块),它既是文件系统的控制块,也是对空闲盘块和磁盘索引节点等资源的管理表;从 $2^{\#}$ 块到第 $K^{\#}$ 块(K 值由系统配置给定)块为索引节点区,用来存放该文件卷中所有文件的索引节点;从第 $(K+1)^{\#}$ 块至第 $N^{\#}$ 块为文件区,用来存放系统中的所有文件。超级块包括以下内容:

(1) 文件系统大小。包括磁盘索引节点区所占盘块数和文件系统盘块总数。

(2) 空闲盘块数目。指当前可被直接分配使用的盘块数。空闲盘块号栈和空闲盘块号栈指针。

(3) 空闲索引节点数目。

(4) 空闲索引节点索引表。

(5) 封锁标记(在维护空闲队列期间封锁)。

(6) 专用块修改标记。

(7) 其他信息。如总空闲块数、文件系统名称、文件系统状态等。

2. 文件的目录结构

UNIX 系统的目录结构采用了将文件名与文件描述信息分开的方法。文件目录由文件名和该文件的索引节点号构成。其中,文件名占 14 字节,索引节点号(或索引节点指针)占 2 字节。因此,1KB 的盘块中可以存放 64(1KB/16B)个目录项,这样就节省了系统查找及访问文件的时间。表 7-1 所示为一个文件目录的实例。

一个文件的磁盘索引节点占 64 字节,主要包括文件标识符、文件存取权限、文件物理地址、文件长度和文件连接系数和文件存取时间等一些文件的重要信息。

表 7-1 UNIX 系统的文件目录

文件名/14B	磁盘索引节点号/2B
F1. c	45
Myfile	38
F6. c	67
ABC	56
...	...

3. 文件的物理结构

UNIX 系统文件的物理结构采用混合索引方式,对分配给文件的磁盘块进行管理。在

UNIX 文件系统的索引节点中存在一项 i.addr[13],用于存放该文件的磁盘块号。如图 7-6 所示为 UNIX 系统的混合索引文件结构。

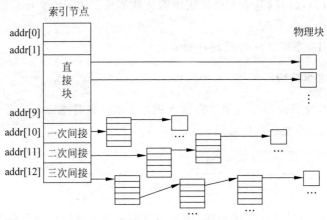

图 7-6　UNIX 系统的混合索引文件结构

（1）直接寻址。i.addr[0]～i.addr[9]这 10 项用于直接存放该文件所占用的磁盘块号,文件的前 10 个磁盘块号依次放入其中。如果磁盘块的大小为 1KB,则当文件长度不大于 10KB 时,操作系统可采用直接索引文件的方式对文件进行访问,直接从索引节点中找出该文件所在的磁盘块号,访问速度较快。

（2）一次间接寻址方式。i.addr[10]项中存放的磁盘块号所指向的磁盘块再用来存放下一级的磁盘块号。假设一个磁块大小为 1KB,每个磁盘块号占 4 字节,则一个磁盘块可存放 256(1KB/4B)个磁盘块号。这样,通过一次间接寻址,i.addr[10]项就引出了 256 个磁盘块号,所以,这一级可支持的文件长度为 256KB。

（3）二次间接寻址方式。i.addr[11]存放的磁盘块号采用两级索引的方式,如果沿用以上假设,则该项可引出 256^2 个磁盘块,可支持的文件长度为 256^2KB。

（4）三次间接寻址方式。i.addr[12]存放的磁盘块号采用三级索引的方式,如果仍沿用以上的假设,则该项可引出 256^3 个磁盘块,可支持的文件长度为 256^3KB。

由以上分析可以看出,UNIX 系统对于长度较小的文件具有较快的读写速度,同时又具有支持大文件的功能。

4. 磁盘空间的管理方式

UNIX 系统对于空闲盘块的管理采用成组链接法。该方法把第一组中的所有空闲盘块号放入超级块的空闲盘块号栈中。

5. 系统为打开文件建立的数据结构

UNIX 系统打开文件的操作就是由操作系统在内存为文件建立相应的数据结构。系统为打开文件建立的数据结构有用户文件描述符表、文件表和内存索引节点表。

三个数据结构之间的关系如图 7-7 所示。

（1）用户文件描述符表。为了方便用户和简化系统的处理过程,系统在每个进程的 U 区中都设置了一张用户文件描述符表。操作系统内核对打开请求进行检查后,便在该进程

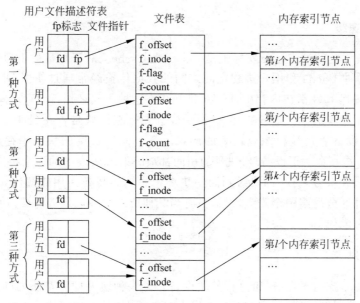

图 7-7　UNIX 打开文件在内存的三个数据结构及三种读写方式

的用户文件描述符表中分配一个空项,取其在该表中的位移量作为文件描述符 fd 返回给用户。因为每个文件与它的文件描述符 fd 是一一对应的,所以当用户再访问该文件时,只需提供该文件的文件描述符 fd,系统便可找到相应文件的其他数据结构。

用户文件描述符表项的分配由 ufalloc 过程完成。

(2) 文件表。系统为了方便对文件进行读写访问,设置了一个确定读写位置偏移量的读写指针 f_offset。在 UNIX 系统中引入文件表,将各用户对该文件的读写指针放在该结构中。另外,还设置了文件引用计数 f_count,用于指示利用该文件表项的进程的数量;设置了指向内存索引节点的指针 f_inode 以及读写标志 f_flag。

文件表的分配是由过程 falloc 完成的。

(3) 内存索引节点表。UNIX 系统在内存设置一个内存索引节点表,用来存放被打开文件的内存索引节点,每个文件的内存索引节点在表中占有一个条目,这个条目的初始值是从磁盘索引节点复制过来的。

对文件的读写方式。用户在访问文件时可采用三种方式。多个用户读写各自的文件;多个用户共享一个文件,但各自独立地对文件进行读写;多个用户共享一个文件,且共享一个读写指针。这样,对于上述三种读写方式的访问要求都能够较好地满足。三种读写方式如图 7-7 所示。

7.1.7　UNIX 系统的设备管理

UNIX 系统把设备分为两类,即字符设备和块设备。UNIX S_5 将设备看作一个特殊文件,因此对设备的读写操作和对文件的读写操作是一样的。这种方法为用户和进程提供了一个统一的接口。设备由文件系统进行管理。

UNIX 系统中有两种类型的 I/O,即缓冲 I/O 和无缓冲 I/O。缓冲 I/O 使用系统缓冲,而无缓冲 I/O 使用直接磁盘访问(DMA)方式。在 DMA 方式中,传输直接在 I/O 模块和进程 I/O 区中发生。对于缓冲 I/O,使用系统缓冲 Cache 和字符队列。

1. 缓冲高速缓存

UNIX 系统中的缓冲 Cache 实际上是一个磁盘 Cache。对于磁盘的 I/O 操作通过缓冲 Cache 处理。缓冲 Cache 和用户进程空间之间的数据传输经常通过使用 DMA 发生,因为缓冲 Cache 和进程 I/O 都在内存中,DMA 机制利用这种方式来执行内存之间的复制。

当访问某个设备的一个物理块时,操作系统首先检查此块是否在缓冲 Cache 中。为了提高检索速度,设备表列被组织成快表的形式。一个固定长度的快表中存放着指向缓冲 Cache 的指针。每一个对于设备号、块号的访问都被映射成快表中的一个特定入口。因此,对于所有(设备号、块号)访问都映射到同一快表中。块的替换使用的淘汰算法是 LRU 算法。当一个缓冲区分配给一个磁盘块后,只有当其他所有缓冲区最近都被访问过时,才可能将这一缓冲区分配给另一个块。

2. 字符队列

缓冲 Cache 可支持磁盘、磁带这样的块设备。另一种缓冲即字符队列则适用于面向字符的设备,如终端、打印机等。字符队列可以由 I/O 设备写、处理器读或由处理器写、I/O 设备读。这两种情况都使用了第 2 章介绍的生产者-消费者模型,因此,字符队列只能读一次,一旦一个字符读过了,它就消失了。这和缓冲 Cache 不同,缓冲 Cache 可以读很多次,类似于前面介绍的读者-写者模型。

3. 无缓冲 I/O

无缓冲 I/O 是进程进行 I/O 最快的方法,它在设备和进程空间之间使用 DMA,进行无缓冲 I/O 的进程在主存中被锁起来,不能被换出。通过给高端内存加锁,减少了交换的机会,同时也降低了整个系统的性能,而且,I/O 设备固定于一个进程,在传输中不能为其他进程使用。

4. UNIX 设备

UNIX 系统本身可识别如下五种设备,即磁盘驱动器、磁带驱动器、终端、通信线和打印机。不同的 I/O 分别适用于不同的设备。表 7-2 所示为设备和 I/O 之间的可用关系。

表 7-2　设备和 I/O 之间的可用关系

设　　备	无缓冲 I/O	缓冲 Cache	字符队列
磁盘驱动器	可用	可用	
磁带驱动器	可用	可用	
终端			可用
通信线			可用
打印机	可用		可用

5. 磁盘的读写方式

1) 读方式

UNIX 系统有两种读方式,即一般读和提前读。

一般读方式:只把盘块中的信息读入缓冲区。

提前读方式：当一个进程要顺序地读一个文件所在的各个盘块时,会预见到所要读的下一个盘块,所以读出一个指定的块时,可要求提前将下一个盘块中的信息读入缓冲区,这样可以提高系统的性能。该功能由 breada 过程完成。

2) 写方式

UNIX 系统有三种写方式,即一般写、异步写和延迟写。

一般写方式：把缓冲区中的数据写到磁盘上,且进程必须等待操作完成,由 bwrite 过程完成。

异步写方式：进程无须等待写操作完成便可返回,由 bawrite 过程完成。

延迟写方式：该方式并不真正启动磁盘,而是在缓冲区首部置延迟写标志,然后释放该缓冲区,并将其链入空闲链表的末尾。当有进程申请到该缓冲区时,才将其真正写入磁盘。该方式由 bdwrite 过程完成。

7.2 分布式操作系统

分布式系统泛指各种包含多个计算机(处理器)的信息处理系统,因此并行计算机系统和网络系统也都属于分布式系统。

发展分布式系统的主要动力来自性能价格比方面的考虑。利用多台现成的机器协同工作,比建造一台更高性能的计算机成本更低一些,而且大型的分布式系统的实际性能往往比一台单机要高得多。另外,许多应用本质上就是分布的,这是使用分布式系统的另一个原因。由于有多个 CPU,所以可把一个作业的多个任务分配到多个处理单元上进行处理,称为进程之间的并行性。

多处理机系统的当前趋势是研究并解决若干物理处理机的分布及处理问题。构造这样的系统有两种基本类型：第一种是紧密耦合系统,其中的处理机共享存储空间和时钟,在这类多处理机系统中,通信通常通过共享存储区进行；第二种是松散耦合系统,其中的处理机不共享存储区和时钟,每个处理机都有自己的局部存储器,这些处理机间的通信是通过各种通信线路,如高速总线或电话线等进行的。配置在分布式系统上的操作系统称为分布式操作系统。

7.2.1 分布式操作系统的特性

分布式操作系统具有以下特性。

1. 透明性

分布式系统中最重要的问题应该是如何实现单一的系统映像。也就是说,系统设计人员应该如何使用户相信自己所面对的不是一组用网络连起来的计算机,而是一部普通的分时计算机。系统的这一特性称为透明性。

透明性可以在两个层面实现。最简单的方式是在用户面前将分布性隐藏起来。在较低的层面上可以为程序提供透明性,如可以重新设计系统调用接口,使程序员看不到实际存在的多个处理机。

2．可靠性

分布式系统比单机系统具有更高的可靠性。如果某台机器出故障了,可由别的机器继续完成它未完成的工作。整个系统的可用性在理论上是各台机器可靠性的逻辑或。

3．高性能

分布式系统上运行程序的性能应比在单机上高。由于通信的存在,使得提高分布式系统的性能变得较为复杂。一般说来,包含大量彼此相关的小型计算的任务不太适合在通信速度较慢的分布式系统上运行,这样的问题常被称为细粒度的并行;而由一些相互作用较小的大计算量任务构成的作业称为粗粒度的并行。粗粒度的问题较适合在分布式系统中取得较高性能。

4．伸缩性

应避免使用集中式的部件、表格和算法。分布式的算法特点为:没有一台机器具有关于整个系统的完整信息,机器只是根据本地信息做出决策,某台机器的故障不会导致整个算法的失败,不能隐含有关存在全局时钟的假设。

7.2.2　进程迁移

进程迁移就是将一个进程的状态从一台机器转移到另一台机器上,从而使该进程能在目标机上执行。这个概念主要来自对大量互联系统负载平衡法的研究,使各个节点保持平衡的工作负载,加快计算速度,提高系统的性能。进程迁移主要有以下四方面的原因。

1．负载共享

通过将进程从负载较重的节点迁移到负载较轻的节点,使系统负载达到平衡,从而提高整个系统的效率。

2．通信性能

可以将相互间紧密作用的进程迁移到同一节点,以降低它们相互作用期间的通信开销。类似地,当某进程在执行数据分析时,如果它所访问的文件远远大于进程本身,则此时应将该进程迁移到文件所驻留的系统中去。

3．可获得性

运行时间较长的进程在出现错误时可能需要迁移。一个想继续的进程既可以迁移到另外的系统,也可以推迟运行,待错误恢复后可在当前系统中重新开始。这些情况都需要分布式操作系统的调度和处理。

4．利用特定资源

一个进程可以迁移到某特定的节点上,以利用该节点上独有的硬件或软件资源。

为了实现进程迁移,在分布式系统中建立了相应的进程迁移机制。该机制主要用于解决如下问题：由谁来发动进程迁移、迁移进程的哪些部分、迁移的具体实施方案、对未完成的报文和消息的处理方式。

7.2.3 分布式进程管理

在集中式系统中，所有的进程都存在于同一个系统中，它们共享所有的集中式资源，如内存等，因而也可以共享信号量、时钟、锁等。然而，在分布式操作系统中，各处理机相互隔离，没有共享内存，因此在集中式系统中所采用的进程同步方式已不再适用。在分布式系统中，要实现进程的同步比在集中式系统中实现进程同步要复杂得多。实现进程同步，主要采用以下几种方法。

1. 事件定序

这种算法将事发前关系扩充成为系统中所有事件的全序关系。

事发前关系：因为进程内部执行的程序是有序的，并且在各自的处理机上运行，因此在进程的执行中所有的事件都是有序的。根据因果关系原理，一条消息仅当已被发送以后才可被接收。

在一个事件集合上定义事发前关系如下：

若 A 和 B 是同一进程中的两个事件，且 A 在 B 之前执行，则可表示为：$A \to B$。

若 $A \to B$ 且 $B \to C$，则 $A \to C$。

这里，每个事件给一个时间戳。对每一个事件 A、B，若 $A \to B$，则 A 的时间戳 $<B$ 的时间戳。若为每个进程定义一个逻辑时钟 LC_i，那么有 $LC_i(A) < LC_i(B)$。一个事件的时间戳就是有关那个事件的逻辑时钟的值。

2. Lamport 算法

该算法基于分布式队列的概念，并含有以下假定：①分布式系统由 N 个站点组成，每个站点都有唯一的编号 $1 \sim N$。每个站点都只有一个进程负责进程互斥访问资源。②按发送的顺序接收从一个进程到另一个进程的消息。③每条消息都在有限时间内正确地送到目的地。④网络是全互联的，任意两个进程间可以直接传递消息，无须另一个节点中转。

Lamport 算法如下：

(1) 当进程 P_i 请求访问某个资源时，该进程把请求消息挂在自己的请求队列上，并发送一个 $Request(T_i, i)$ 消息给所有其他进程。

(2) 当进程 P_j 收到 $Request(T_i, i)$ 消息时，将这个消息放入自身数组 $q[i]$ 中，并传送 $Reply(T_j, j)$ 给所有其他进程。

(3) 进程 P_i 满足以下两个条件时就可以访问一个资源。

条件一：P_i 自身请求访问该资源的消息已处于请求队列的最前面。

条件二：P_i 已接收到从所有其他进程发来的响应消息，这些响应消息上邮戳的时间晚于 (T_i, i)。

这就说明，所有其他进程或者都不访问该资源，或者要求访问，但其时间较晚。

(4) P_i 通过发送 $Release(T_i, i)$ 消息来释放它所占用的资源。该消息也置入其自身的数组项中，并传递给所有其他进程。

(5) 当进程 P_j 收到进程 P_i 的 Release 消息后,便从自己的队列中消去 P_i 的 Request (T_i, i) 消息。

为保证互斥,该算法需要 $3(N-1)$ 条消息,其中 $(N-1)$ 个 Request 消息、$(N-1)$ 个 Reply 消息以及 $(N-1)$ 个 Release 消息。

这种算法满足互斥要求,且公平、无死锁,不会产生饥饿。

3. Ricart 算法

Ricart 算法对 Lamport 算法进行了一些简化,希望将 Release 消息删去以优化原始算法。Ricart 算法与 Lamport 算法的假设相同。

每个站点都有一个进程负责控制资源的分配。该进程有一个数组 q 并遵循以下规则:

(1) 当进程 P_i 请求访问资源时,它会发出一个请求 Request(T_i, i)。时间戳为当前本地时钟的值。将这条消息放入自身数组 $q[i]$ 中,然后将消息发送给所有其他进程。

(2) 当进程 P_j 收到 Request(T_i, i) 后,按下列规则进行处理。

① 如果 P_j 正处于临界段,则延迟发送 Reply 消息。

② 如果 P_j 并不等待进入临界段,就发送 Reply(T_j, j) 消息给所有其他进程。

③ 如果 P_j 等待进入其临界段,且收到的消息在 P_j 的 Request 之后,则将收到的消息放入其数组的 $q[i]$ 中,并延迟发送 Reply 消息。

④ 如果 P_j 等待进入其临界段,但收到的消息在 P_j 的 Request 之前,则将收到的消息放入其数组的 $q[i]$ 中,并发送 Reply 消息给进程 P_i。

(3) 如果进程 P_i 从所有其他进程都收到了 Reply 消息,它就可以访问资源进入该临界段。

(4) 当进程 P_i 离开临界段时,它会给每个挂起的 Request 发送一个 Reply 消息,从而释放资源。

在本算法中,需要 $2(N-1)$ 条消息,其中 $(N-1)$ 个 Request 消息,表示进程 P_i 要进入临界段;$(N-1)$ 个 Reply 消息以允许其他进程的访问。

本算法利用时间戳来实现进程的同斥,可以避免死锁及饥饿。

4. 令牌方法

令牌本身是一种特定格式的报文,通常长度为 1B。它是在系统中设置的,用以实现进程的互斥及象征存取权利。它不断地在由进程组成的逻辑环中循环,环中的每一个进程都有唯一的前趋和后继。

利用令牌实现互斥。当环中的令牌循环到某进程并被接收,如果该进程希望进入其临界区时,它便保持该令牌,进入临界区。退出临界区时,又把令牌传送给它的后继进程。如果收到令牌的进程并不要求进入临界区,便直接将令牌再传送给它的后继。由于逻辑环中只有一个令牌,所以每次也只能有一个进程进入临界区,从而实现了进程的互斥。

在使用令牌传送时,必须满足以下两点:

(1) 逻辑环应能够及时发现环路中某进程失效或退出,以及通信链路的故障。一旦发现这种进程或故障,应立即撤销该进程,并对逻辑环进行重构。

(2) 保证逻辑环中在任何时候都有令牌在循环。一旦发现令牌丢失,应立即选择一个进程,用来产生一个新的令牌。

7.3 多处理机操作系统

要提高计算机系统的性能指标主要有两条途径：一是要提高计算机系统硬件的运行速度，特别是 CPU 的速度；二是更新计算机系统的体系结构，特别是在系统中引入多个处理机或多台计算机，以提高系统的并行处理能力，提高系统的效率和可靠性。早期的计算机是单处理机系统，到 20 世纪后期出现了多处理机系统（Multiporcessor System，MPS）；进入 20 世纪 90 年代后期，功能较强的主机系统和服务器系统几乎都采用了多处理机系统，处理机的数量可以是两个至几千个，甚至更多。

7.3.1 多处理机系统的基本概念

1. 多处理机系统

自 20 世纪 70 年代以来，采用多处理机的系统结构从提高运行速度方面来增强系统的性能。多处理机系统就是采用并行技术，使多个 CPU 并行执行，这样系统总体的计算能力比单个 CPU 系统的计算机能力大得多。相对于单 CPU 系统，多处理机系统的优点体现在以下几个方面：

（1）突破了 CPU 的时钟频率的限制。

提高计算机系统中 CPU 的时钟频率可以提高系统的效率，随着芯片技术的更新换代及计算机系统的发展，CPU 的时钟频从早期的每秒几十次，发展到现在的 GHz 数量级，但是 CPU 的时钟频率受到信号在介质上的传输速率的限制，它的速度是有限的。

（2）增加了系统的吞吐量。

系统中处理机数量增加，系统的能力也相应增强，这可以使系统在单位时间内可以完成更多的工作，增加了系统的吞吐量。

（3）提高了系统的可靠性。

在多处理机系统中，大都具有系统重构的功能，即当其中任何一个处理发生故障时，系统可以进行重构，然后继续运行。也就是说，可以立即将故障处理机上所有正在执行的任务迁移到其他的处理机上继续执行，保证系统的正常运行。

2. 多处理机系统的类型

在多处理系统中，根据多个处理机的互连的方式不同，构成了不同类型的多处理机系统。

1）紧密的耦合系统和松散的耦合系统

从多处理机结构的角度，可以将多处理机系统分为以下两种类型：

（1）紧密耦合系统。紧密耦合系统通过高速总线或高速交叉开关来实现多个处理机之间的互连。系统中的所有资源和进程都由操作系统实施统一控制和管理。这类系统有两种实现方式：一种是多处理机共享主存系统和 I/O 设备，每台处理机都可以对整个存储器进行访问；另一种是将多处理机与多个存储器分别相连，或将主存储器划分成若干个能被独立访问的存储模块，每个处理机对应一个存储器或存储器模块，每个处理机能访问它所对应的存储器或存储模块,以便多个处理机能同时对主存进行访问。

(2)松散耦合系统。松散的耦合系统是通过通道或通信线路实现多台计算机之间的互连。每台计算机都有自己的存储器和 I/O 设备,并配置了操作系统管理本地资源和本地运行的进程,每一台计算机都能独立工作,需要时可通过通信线路与其他计算机交换信息,以及协调它们之间的工作。这种系统中消息传递的时间要比紧密耦合系统慢。

2)对称多处理机系统和非对称多处理机系统

根据系统中的处理机是否相同,可以将多处理机系统分为以下两种类型:

(1)对称多处理机系统。系统中的所有处理机单元,在功能和结构上都是相同的,称这样的系统为对称多处理机系统(Symmetric Multiprocessor System,SMPS)。

(2)非对称多处理机系统。系统中的处理机由多种类型构成,它们的功能和结构各不相同,这种多处理机系统称为非对称多处理机系统(ASymmetric Multiprocessor System,ASMPS)。这种系统中,系统中有一个主处理机和多个从处理机。

7.3.2 多处理机系统的功能与分类

1. 多处理机系统的功能

相比单处理机系统,多处理机系统在功能方面有更大提升,具体表现在以下几个方面。

1)进程管理

进程管理功能的优点主要体现在进程同步和进程通信、进程调度等几个方面。

在多处理机环境下,多个进程在不同的处理机上并行执行,可能出现多个进程对某个共享资源同时访问的问题。因此,关于进程的同步,还需要解决在多个不同的处理机程序并行执行时进程之间的同步问题,除了通常的信号量机制和管程机制,还应该研究新的同步机制和同步算互斥算法。

关于进程的通信,在多处理机环境下,相互合作的进程可能运行在不同的处理机上,它们之间的通信是在不同的处理机上执行的,特别在松散的耦合系统中,进程甚至在不同的机器上,进程之间的通信可能还需要网络进行传输,因此,进程之间的通信采用了间接通信方式。

进程之间的调度问题。多个处理机实现了多个进程的并行性,在进程调度时,主要考虑如何实现负载的均衡。在任务调度及其分配处理机时,一方面必须了解每台处理机的处理能力,另一方面也要掌握作业中各任务之间的关系,哪些任务必须顺序执行,哪些任务可以并行执行。

2)存储管理

在多处理机环境下,通常每个处理机在访本地存储模块时,与访问系统存储器或其他处理机的局部存储器模块时相比所花费的时间是不同的,因此,操作系统对存储器系统的管理变得较为复杂,除了具有单机多道程序的内存管理功能以外,还应当增加以下功能和机制:

地址变换机制。在访问物理地址时,要确定所访问的是本地存储器还是远程存储器,目前很多支持多处理机的操作系统中,对整个存储器系统采用连续地址的方式进行描述,所以一个处理机无须专门去识别所要访问在存储器模块的具体位置。

访问冲突仲裁机制。多个处理机上的进程同时竞争访问某个存储模块时,该机制按照一定的规则,决定哪一个处理机上的进程可以立即访问,哪个处理机上的进程应当等待。

数据一致性机制。当共享内存中的某个数据在多个处理机的局部或本地存储器中出现时,操作系统要确定这些数据的一致性。

3) 文件管理

在单处理机系统中,通常只有一个文件系统,采用集中式管理,也称为集中式文件系统。在多处理机系统中,文件的管理方式有以下三种:

集中式。所有处理机上的用户文件都集中存放在某一个处理机的文件系统中,由该处理机的操作系统进行统一管理。

分散式。每个处理机上都可以配置和管理自己的文件系统,但整个系统没有将这些文件有效地组织起来,无法实现进程之间的文件共享。

分布式。系统中的所有文件可以分布在不同的处理机上,但在逻辑上组成一个整体,每台处理机上的用户无须知道文件的物理地址,即可实现对它们的访问。特别强调的是,这类系统需要解决文件存取的速度和对文件的保护问题。

4) 系统重构

在多处理机系统中,为了提高系统的可靠性,操作系统应当具有重构能力,即当系统中某个处理机或存储块等资源发生故障时,系统能够自动移除故障资源并更换备份资源,使系统能继续工作;如果没有备份资源,则重构系统使之降级运行;如果在发生故障的处理机上有进程需要执行,操作系统应当安全地将它迁移到其他处理机上执行,对处于故障处的其他可利用资源同样也进行安全转移。

2. 多处理机系统的类型

在多处理机系统中所采用的操作系统有以下三种类型。

1) 主从式

在主从式操作系统中,有一台特定的处理机被称为主处理机(Master Processor),其他处理机则称为从处理机。操作系统在主处理机上运行,负责保持和记录系统中所有处理机的属性、状态等信息,而将其他从处理机视为可调度和分配的资源。从处理机不具有调度功能,只能运行主处理机分配给它的任务。

主从式操作系统具有如下特点:

易于实现。它的设计可以在传统的单机系统上进行适当的扩充;由于操作系统程序仅被一台主处理机使用,不需要将整个管理程序都编写成可重入的程序代码,其他有关系统的数据结构等问题也可以被简化。

资源利用率低。因为从处理机的所有任务都是由主处理机分配的,当从处理机数量较多,或者从处理机执行的任务数量多而又比较小时,主处理机任务重而从处理机得不到充分利用,从而降低了整个系统的效率。

安全性较差。一旦主处理机发生不可恢复的错误,很容易造成整个系统的崩溃。

2) 独立监督式

独立监督式操作系统也称为独立管理程序系统。在这种系统中,每个处理机上都拥有自己的管理程序,即操作系统内核,并且拥有各自专用的资源,如 I/O 设备以及文件系统。每个处理机上所配置的操作系统也具有与单机操作系统类似的功能,以服务自身的需要,以及用来管理自己的资源和为进程分配任务。采用独立监督式操作系统的多处理机系统如 IBM 370/158 等。独立监督式操作系统具有以下特点:

自主性强。因为每个处理机都拥有独立的软件硬件资源,可以根据自身任务的需要,执行各自的管理功能,从而使系统具有较强的独立性和自主性。

可靠性高。因为每台处理机是相对独立的,所以一台处理机的故障不会对整个系统造成重大影响,所以这种系统可靠性较高。但是由于缺乏一个统一的管理和调度机制,系统一旦出现故障,要进行补救或者要重新执行故障前要执行的操作就比较困难。

实现复杂。由于各处理机都可能在执行管理程序,因此管理程序的代码必须是可重入的;另外,虽然每个处理机都有专用的管理程序,对公用表格的访问冲突比较小,系统的效率较主从式有所提高,但依然存在多个处理机都要对一些公用表格进行访问而发生冲突的事件,因此系统还需要设置冲突仲裁机制。

存储空间开销大。独立监督式系统适用于松散耦合型多处理机系统,由于每个处理机均有一个本地存储器或存储单元,用来存放管理程序的副本,这样系统中的处理机占用了大量的内存空间,形成较多的存储冗余,使得整个系统的存储空间利用率不高。

处理机负载不平衡。由于各处理机分别完成各自的工作,使得处理机的负载平衡不容易实现。

3) 浮动监督式

浮动监督式系统也称为浮动管理程序控制方式系统。这是一种复杂的但是有效的、灵活的多处理机操作系统方式,用在紧密耦合式的对称多处理机系统中。在实现这种方式的系统中,所有的处理机构成一个处理机池,每台处理机都可以对整个系统中的任何一台 I/O 设备进行控制,以及对任何一个存储器模块进行访问,这些处理机由操作系统统一管理,在某个时段可以指定任何一台或多台处理机作为系统的控制处理机,即主处理机,由它或者它们运行操作系统的程序,负责全面管理功能;根据需要,主处理机是可以浮动的,即从一台处理机切换到另一台处理机。采用这种操作系统方式的多处理机系统有 IBM 3081 上运行的 MVS 等。浮动监督式操作系统具有以下特点:

高灵活性。因为对系统中所有的处理机管理采用处理机管理池方式,因此大多数任务都可以在任何一台处理机上运行,使系统具有较强的灵活性。

高可靠性。浮动监督式操作系统是三种方式的操作系统中可靠性最高的,因为主处理机和从处理机是可以浮动的,系统中任何一台处理机的失效,不会影响系统的运行。

负载均衡。由于大多数任务可以在任何一台处理机上运行,因此系统可以对整个系统的资源和调度进行统一管理,可以根据各处理机的忙闲情况,将任务均匀分配到各处理机上执行。

实现复杂。由于多个处理机对存储器模块和系统表格访问的冲突,因此需要配置功能强大的冲突仲裁机制;另外,由于系统允许多个处理机可以同时作为主处理机,即可以同时执行同一个管理服务的子程序,要求管理程序具有可重入性,所以实现这种系统任务较为复杂。

7.3.3 集群系统

集群系统是另外一种并行机系统。它由一组互联的计算机,在运行时共同构成统一的计算机资源,让用户感觉到像一台计算机一样。集群系统的配置有两种方法:一是各个节点计算机自带磁盘;二是多个节点计算机共享 RAID 磁盘。在集群系统中每台计算机都是一个完整节点,离开集群后可独立工作,一个节点失败并不意味着服务失败,具有良好的容错性。它还具有可伸缩性,开始在一个适度大小的系统上工作,随着用户数量的增加,可以方便地扩展,直到具有数十或数百个节点的大系统。集群系统的性价比也较高。

集群是由一些通过局域网互相连接在一起的计算机构成的一个并行或分布式系统。它对外提供统一服务,用于完成单个计算机无法完成的高性能计算,百度和谷歌的后台服务器都是集群。集群技术有多种分类方法,一般可分为基于冗余的集群(又分为容错系统、镜像双机系统和基于应用程序切换的系统)、基于并行计算的自主集群以及基于动态负载均衡的集群。

集群系统实现了统一的资源管理和进程管理,并提供统一的用户界面,需要扩展操作系统内核并定制系统软件、实现中间件。从系统实现的角度,集群操作系统包括以下三种方式:

(1)单一系统映像集群操作系统。系统的设计目标是在集群系统上提供类似于 SMP服务,由负责全局资源管理的核心分布式服务组成,包括进程重像、容器、可迁移流、分布式虚拟内存和分布式文件系统。可配置的全局进程调度程序,采用接收端驱动抢先式进程迁移方案,当系统探测到负载不均衡时,进程将从高负载节点向低负载节点迁移。

(2)定制化集群操作系统。由定制的节点操作系统和批作业管理系统组成。节点操作系统根据硬件体系结构提供合适的软件体系结构,以支持丰富的应用需求。计算节点运行轻量级操作系统,支持单用户应用,但不提供调度和上下文切换;而 I/O 节点构成一个处理资源集合。批作业管理系统也结合系统体系结构进行优化,用户在提交作业时需要指定期望的分区规模。调度程序选择合适的计算节点和 I/O 节点,通过控制网络把这些节点配制成隔离的分区,一旦创建好分区,作业就可以通过 I/O 节点启动。

(3)基于中间件的集群操作系统。采用集成化、构件化和服务化等手段,用中间件方式实现操作系统功能的扩展,以适应集群系统的需要。

本章小结

本章介绍了 UNIX 系统的内核结构、分布式操作系统和多处理机系统。

UNIX 系统具有多用户多任务、可移植性、I/O 重定向和管道技术、丰富的实用程序、电子邮件等特点,属于层次结构的操作系统模型。

UNIX 系统中,进程的结构也称为进程实体,由三部分构成:用户级上下文、寄存器上下文和系统级上下文。该系统是分时系统,它的进程调度采用动态优先数轮转调度算法。进程的状态共有九个,它们在一定的情况下可以转换。内存管理采用请求调页存储管理方式,支持内外存的对换功能。UNIX 系统将文件分为三类,即普通文件、目录文件和特别文件(即设备文件)。UNIX 系统的目录结构为有向非循环图结构。UNIX 系统中,文件是以块为单位存放在介质上的。文件目录由文件名和该文件的索引节点号构成。其中,文件名占 14 字节,索引节点号(或索引节点指针)占 2 字节。文件的物理结构采用混合索引方式,对于长度较小的文件具有较快的读写速度,同时又具有支持大文件的功能。对于空闲盘块的管理,采用成组链接法。系统为打开文件建立的数据结构有三个,即用户文件描述符表、文件表和内存索引节点。把设备分为两类,即字符设备和块设备。

分布式系统泛指各种包含多个计算机(处理机)的信息处理系统。多处理机系统有两种基本类型:第一种是紧密耦合系统;第二种是松散耦合系统。配置在分布式系统上的操作系统称为分布式操作系统。

分布式操作系统相对于集中式操作系统具有透明性、可靠性、高性能和伸缩性的特点。进程迁移是分布式系统区别于其他系统的一个非常重要的功能。分布式进程管理及实现进程同步、互斥主要采用了以下方法:事件定序、Lamport 算法、Ricart 算法和令牌方法。

相对于单 CPU 系统,多处理机系统在性能方面更具有优势。根据多个处理机的互连的方式不同,构成了不同类型的多处理机系统。从多处理机结构的角度,多处理机系统可以分为紧密的耦合系统和松散的耦合系统两种类型;根据系统中的处理机是否相同,将多处理机系统分为对称多处理机系统和非对称多处理机系统。相比单处理机操作系统,多处理机操作系统在功能方面有更大提升。集群系统是另外一种并行机系统。它由一组互连的计算机,在运行时共同构成统一的计算机资源,让用户感觉到像一台计算机一样。

习题 7

7-1　试说明 UNIX 系统具有哪些特点。

7-2　试说明 UNIX 系统的进程调度算法。

7-3　试说明 UNIX 系统的进程状态及其转换。

7-4　试说明 UNIX 系统的内存管理方式。

7-5　试说明 UNIX 系统与 Linux 系统在内核管理方面的异同点。

7-6　试说明 UNIX 系统的文件系统结构及按名查找方式。

7-7　什么是分布式操作系统?包括哪两种不同的类型?

7-8　分布式系统区别于网络系统的特点是什么?

7-9　分布式系统如何实现进程同步?有哪几种算法?

7-10　与单处理机系统相比,多处理机系统有哪些优点?

7-11　多处理机系统有哪些类型?

7-12　相比单处理机操作系统,多处理机操作系统在功能方面有哪些提升?

第 8 章

操作系统的安全性

本章学习目标

随着计算机应用的日益广泛,计算机系统的安全性也变得越来越重要。在影响计算机系统安全性的众多因素中,操作系统的安全性占有重要地位。本章介绍操作系统安全性方面的一些知识,通过本章的学习,读者应掌握以下内容:

- 计算机系统安全性的内涵;
- 操作系统的安全性功能;
- 操作系统的安全机制;
- 安全操作系统的开发。

8.1 操作系统安全性概述

计算机作为一种工具,已成为现代社会不可缺少的物质基础,它在为各行各业带来巨大便利和效益的同时,也带来了潜在的严重的不安全因素。在计算机系统中,操作系统是控制中心,所以操作系统的安全性是其他软件安全职能的根基,缺乏这个安全的根基,构筑在其上的应用系统以及安全系统的安全性就得不到根本保障。一个有效、可靠的操作系统应具有良好的安全性能,可提供必要的安全保障措施。

8.1.1 计算机系统安全性的内涵

1. 对计算机系统安全性的威胁

(1) 自然灾害。如停电、火灾、洪水、地震、战争或者计算机系统所处的其他恶劣环境等都会对计算机造成一定的损害。计算机本身不能承受强烈的震荡及强力冲击;另外,设备对环境如温度、湿度等的要求也较高。

(2) 计算机系统自身的软硬件故障。如硬盘的损坏导致数据无法读出、网络通信错误和程序设计中存在缺陷等。

(3) 合法用户的使用不当。如数据输入错误,软硬件安装、设置错误,丢失保存数据的介质等。

(4) 非法用户对计算机系统的攻击。非法用户往往利用计算机系统的弱点来达到他们自己的目的。如各种行业的间谍可能对系统的安全性造成威胁;有一些恶作剧者可能编制一些病毒等,也会对系统的安全造成一定的威胁。

2. 计算机系统安全性的内涵

不同的系统对操作系统的安全性有不同的要求,但一般来说,一个安全的计算机系统应具有下面三个特性:

(1) 保密性。指系统不受外界破坏、无泄露、对各种非法进入和信息窃取具有防范能力。只有授权用户才能存取系统的资源和信息。

(2) 完整性。指信息必须按照其原型保存,不能被有意或无意地修改,只有授权用户才能修改(对软件或数据未经授权的修改都可能导致系统的致命错误)。完整性可分为软件完整性和数据完整性。

(3) 可用性。可用性是指对合法用户而言,无论何时,只要需要,信息必须是可用的,授权用户的合法请求能准确、及时地得到服务或响应,不能对合法授权用户的存取权限进行额外的限制。

8.1.2　计算机系统安全性评价基础

计算机安全评测的基础是需求说明,即把一个计算机系统称为"安全的"真实含义是什么。通常情况下,安全系统规定安全特性,控制对信息的存取,使得只有授权的用户或代表他们工作的进程才有权限进行读、写、建立及删除信息。美国国防部早在 1983 年就在这个基本目标的基础上,给出了可信任计算机信息系统的六项基本需求,其中四项涉及信息的存取控制,两项涉及安全保障。这些基本需求构成计算机操作系统安全评测准则的基础。这些需求包括以下 6 个方面。

1. 安全策略

计算机系统可以实施强制存取控制,有效地实现处理敏感信息的存取规则;此外,需要建立自主存取控制机制,确保只有所选择的用户或用户组才可以存取指定数据。

2. 标记

存取控制标签必须对应于对象。为了控制对存储在计算机中信息的存取,按照强制存取控制规则,必须合理地为每个对象加一个标签,可靠地标识该对象的敏感级,以及与可能存取该对象的完全相符的存取方式。

3. 标识

每个主体都必须予以标识,对信息的每次存取都必须通过系统决定,标识和授权信息必须由计算机系统安全地维护。

4. 审计

可信任系统必须能将与安全有关的事件记录到审计记录中,必须有能力选择所记录的审计事件,减少审计开销,审计数据必须予以保护,免遭修改、破坏或非授权访问。

5．保证

为保证安全策略、标记、标识和审计这四个需求被正确实施，必须由某些硬件和软件实现这些功能，这组软件或硬件在典型情况下被嵌入操作系统中，并设计为以安全方式执行所赋予的任务。

6．连续保护

实现这些基本需求的可信任机制必须连续保护，避免篡改和非授权改变，如果实现安全策略的基本硬件和软件机制本身易遭到非授权修改或破坏，则任何这样的计算机系统都不能被认为是真正安全的，连续保护需求在整个计算机系统生命周期中均有意义。

8.1.3　计算机系统安全性评价准则

为了能有效地以工业化方式构造可信任的安全产品，需要有一个计算机系统安全评测准则。

美国国防部于 1983 年推出了第一个计算机安全评价标准《可信计算机系统评测准则》（Trusted Computer System Evaluation Criteria，TCSEC），又称橙皮书。TCSEC 带动了国际上计算机安全评测的研究，德国、英国、加拿大、西欧等国纷纷制定了各自的计算机系统评价标准。近年来，我国也制定了相应的强制性国家标准 GB 17859—1999《计算机信息系统安全保护等级划分准则》和推荐标准 GB/T 18336—2015《信息技术 安全技术 信息技术安全性评估准则》。

1．TCSEC 标准

TCSEC 即美国国防部可信计算机系统评测准则。共包括二十多个文件，每个文件分别使用不同颜色的封面，统称为"彩虹系列"。其中最核心的是具有橙色封面的 TCSEC。

TCSEC 将计算机系统的安全程度分成 D、C、B、A 四个等级，每个等级又包含一个或多个级别，共包括八个安全级别：D1、C1、C2、B1、B2、B3、A1、A1，以上这八个级别渐次增强。

1）D 等

D 等只有一个级别：D1 级。D1 级是计算机安全的最低级，整个计算机系统是不可信任的，硬件和操作系统都很容易被侵袭。另外，D1 级计算机系统标准规定不对用户进行验证，即任何人都可以自由地使用该计算机系统。达到 D1 级的操作系统有 DOS、Windows 3.x、Windows 95（不在工作组方式中）、Apple 的 System 7.x 等。

2）C 等

C 等为自主型保护，由 C1 和 C2 两个级别组成。

C1 级是无条件安全防护系统，要求硬件有一定的安全保护，如硬件有带锁装置，需要钥匙才能使用计算机。用户在使用计算机系统前必须先登录。另外，作为 C1 级保护的一部分，无条件访问控制允许系统管理员为一些程序和数据设立访问许可权限。常见的 C1 级操作系统有 UNIX、XENIX、Novell 3.x 或更高版本、Windows NT。

C1 级防护的不足之处在于用户直接访问操作系统的根。C1 级不能控制进入系统的用户的访问级别，所以用户可将系统中的数据任意移走，还可以更改系统的配置，获取比系统管理员允许的更高权限。

C2 级对上述 C1 级的不足之处做了补充,引进了受控访问环境(用户权限级别)的增强特性。这一特性以用户权限为基础,进一步限制了用户执行某些系统指令。用户权限以个人为单位授权用户对某一目录进行访问,如果其他程序和数据在同一目录下,那么用户也将自动获得访问这些信息的权限。

授权分级使系统管理员能够给用户分组,授予他们访问某些程序或访问分级目录的权限。

C2 级系统还采用了系统审计。审计特性跟踪所有的"安全事件",如登录(成功的和失败的)以及系统管理员的工作(如改变用户访问权限和密码)等。达到 C2 级的常见操作系统有 UNIX、XENIX、Novell 3. x 或更高版本、Windows NT。

3) B 等

B 等为强制型保护,由三个级别组成。

B1 级称为"标记安全防护"级,支持多级安全,它满足 C2 级所有的要求。"标记"指网上的一个对象,该对象在安全防护计划中是可识别且受保护的。"多级"是指这一安全防护装在不同级别(如网络、应用程序和工作站等),对敏感信息提供更高级的保护。

安全级别分为保密和绝密,在计算机中有"特务"成员,如国防部和国家安全局系统。在这一级中,对象(如磁盘、文件目录等)必须在访问控制之下,不允许拥有者修改它们的权限。

B1 级安全措施的计算机系统随操作系统而定。政府机构和防御承包商是 B1 级计算机系统的主要拥有者。目前国内达到 B1 级的操作系统有红旗安全操作系统 2.0 版、南京大学的 SoftOS 等。

B2 级称为"结构化防护",要求计算机系统中所有对象加标签,而且给设备(如工作站、终端和磁盘驱动器)分配安全级别。例如,可以允许用户访问一台工作站,但不允许访问含有职员工资资料的磁盘子系统。

B3 级称为"安全域"。要求用户工作站或终端通过可信任途径连接网络系统,而且这一级采用硬件保护安全系统的存储区。这一级支持安全管理者的实现,审计机制能实时报告系统的安全性事件,支持系统恢复。

4) A 等

A 等为"验证型保护",由两个级别组成。

A1 级:从实现的功能上看,它等同于 B3 级,它的特色在于形式化的顶层设计规格、形式化验证与形式化模型的一致性和由此带来的更高的可信度。并且这一级还附加一个安全系统受监视的设计要求,合格的安全个体必须分析并通过这个设计要求。A1 级要求构成系统的所有部件来源必须有安全保证,以此保障系统的完善与安全。例如,在 A 级设置中,一个磁盘驱动器从生产厂房直至销售到计算机房的过程中都被严格跟踪。

A1 级以上:比 A1 级可信度更高的系统归入该级。

2. CC 标准

1991 年,在欧洲共同体的赞助下,西欧四国英、德、法、荷制定了拟为欧共体成员国使用的共同标准——信息技术安全评定标准(ITSEC)。随着各种标准的推出和安全技术产品的发展,迫切需要制定一个统一的国际标准。美国和加拿大及欧共体国家一起制定了一个共同的标准,于 1999 年 7 月通过了国际标准组织的认可,确立为国际标准,简称为 CC(Information Technology Security Evaluation Common Criteria)。

CC 本身由两个部分组成:一部分是一组信息技术产品的安全功能需要定义;另一部分是对安全保证需求的定义。

安全功能需求部分是按结构化方式组织起来的安全功能定义,分为类(Class)、族(Family)和组件(Component)三层。每个类侧重一个安全主题,CC 共包括 11 个类,基本上覆盖了目前安全功能的所有方面。每个类包含了一个或多个族,每个族基于相同的安全目标,但侧重方面和保护强度有所不同。每个族包含了一个或多个组件。一个组件确定了一组最小可选择的安全需求集合,即在从 CC 中选择安全功能时,不能对组件再做拆分。一个族中的组件排列顺序代表强度和能力的不同级别。

安全保证需求组织方式与安全功能需求相同,即按"类→族→组件"方式结构化地定义了各种安全保证的需求,共包括 10 个类。为了能够有效地使用安全功能需求和安全保证需求,CC 还引入了"包(Package)"的概念,以提高已定义结果的可重用性。在安全保证需求之中,特别以包的概念定义了七个安全保证级别(EAL)。这七个级别分别定义如下。

EAL1:功能性测试级,证明 TOE 与功能规格的一致。

EAL2:结构性测试级,证明 TOE 与系统层次设计概念的一致。

EAL3:工程方法上的测试及校验级,证明 TOE 在设计上采用了积极安全的工程方法。

EAL4:工程方法上的方法设计、测试和评审级,证明 TOE 采用了基于良好的开发过程的安全工程方法。

EAL5:半形式化设计和测试级,证明 TOE 采用了基于严格的过程的安全工程方法并适度应用了专家安全工程技术。

EAL6:半形式化地验证设计和测试级,证明 TOE 通过将安全工程技术应用到严格的开发环境中来达到消除大风险、保护高价值资产的目的。

EAL7:形式化地验证设计和测试级,证明 TOE 所有安全功能经得起全面的形式化分析。

安全保证级别测试并未对产品增加任何安全性,仅仅是告诉用户产品在多大程度上是可信的。一般而言,安全要求越高、威胁越大的环境,应采用更可信的产品。

3.《计算机信息系统安全保护等级划分准则》

中国于 1999 年颁布的《计算机信息系统安全保护等级划分准则》(GB 17859—1999)将计算机信息系统安全程度划分为以下五个等级。

第 1 级为用户自主保护级。本级的安全保护机制使用户具备自主安全保护的能力,保护用户和用户组信息,避免其他用户对数据的非法读写和破坏。

第 2 级为系统审计保护级。本级的安全保护机制具备第一级的所有安全保护功能,并创建、维护访问审计跟踪记录,以记录与系统安全相关事件发生的日期、时间、用户和事件类型等信息,使所有用户对自己行为的合法性负责。

第 3 级为安全标记保护级。本级的安全保护机制具有系统审计保护级的所有功能,并为访问者和访问对象指定安全标记,以访问对象标记的安全级别限制访问者的访问权限,实现对访问对象的强制保护。目前国内达到第 3 级的安全操作系统有红旗安全操作系统 2.0

版、南京大学的 SoftOS 等。

第 4 级为结构化保护级。本级具备第 3 级的所有安全功能,并将安全保护机制划分成关键部分和非关键部分相结合的结构,其中关键部分直接控制访问者对访问对象的存取。本级具有相当强的抗渗透能力。

第 5 级为安全域级保护级。本级的安全保护机制具备第 4 级的所有功能,并特别增设访问验证功能,负责仲裁访问者对访问对象的所有访问活动。本级具有极强的抗渗透能力。

8.2　操作系统的安全机制

操作系统的安全机制的功能是防止非法用户登录计算机系统,防止合法用户非法使用计算机系统资源以及加密在网络上传输的信息,防止外来的恶意攻击。总之是防止对计算机系统本地资源和网络资源的非法访问。

8.2.1　硬件安全机制

1. 内存保护机制

内存的保护相对是一个比较特殊的问题。在多道程序中,一个重要的问题是防止一道程序在存储和运行时影响到其他程序。操作系统可以在硬件中有效地使用硬保护机制进行存储器的安全保护,现在比较常用的有界址、界限寄存器、重定位、特征位、分段、分页和段页式机制等。

为将进程的内存空间分开,许多系统采用虚拟内存策略来实现。分段、分页或两者相结合,可提供一个管理内存的有效方法。如果进程完全分开,那么操作系统必须确保每段或每页只被其所属进程存取,这可以通过在页表或段表中无重复项来实现。

如果允许共享,那么同一段或逻辑页可在不止一个表中出现。这种共享在分段或段页结合的系统中最容易实现。在这种情况下,段结构对应用程序可见,应用程序可将段定义为共享或非共享访问方式。在分页环境中,由于内存结构对用户透明,因此区别共享和非共享内存很困难。

2. 运行保护

运行保护机制为进程的运行设置不同保护域,安全操作系统很重要的一点是进行分层设计,而运行域正是一种基于保护环的分层结构。运行域是进程的运行区域,最内层拥有最小环号的环具有最高特权,最外层拥有最大环号的环具有最低特权,一般的系统不少于三个环。

运行保护机制最简单的方式是设置两层保护域:核心域和用户域。它隔离操作系统程序和应用程序,保护系统程序或应用程序不受其他程序破坏。核心域运行的程序处于系统模式即内核态,用户域运行的程序处于用户模式即用户态。运行在核心域下的程序比运行在用户域下的程序有更多的访问权,以达到保护系统程序和其他应用程序的目的,这些权限包括可访问全部内存地址和执行特权指令。

多层域结构中,最内层域存放操作系统程序;外层域存放受限制的系统程序即实用程序域,如编辑、编译、汇编和数据库管理系统;最外层域存放应用程序。

在较低特权状态下执行的进程经常需要调用在更高特权状态下执行的例程。例如,应用程序需要操作系统的某种服务,使用访管指令可获得这种服务调用,此指令会引起中断,从而将控制权转交给处于高特权状态下的例程。执行返回指令可通过正常或异常中断返回至断点。采用保护环时具有单向调用关系,只能是在高环号的域中调用相对较低环号域中的例程。

3. 输入输出保护

处理机与 I/O 设备进行通信时采用两种方法之一:文件映射 I/O 和 I/O 指令。在第一种方法中,对设备的访问控制与内存保护机制相似,仅有授权的系统进程,如设备驱动程序和存储管理程序才能实现文件到内存区的文件映射操作;采用第二种方法输入输出指令时,必须让这些 I/O 指令具有特权,以保证输入输出设备不会被应用程序直接访问。与此相反,如果需要使用设备的应用进程发出一个 I/O 系统调用,切换至内核态并把控制权转交给操作系统,系统的设备驱动程序代表发出调用的应用进程执行 I/O 操作。这些系统程序经过专门的设计和调试,是一类可信软件,能以最有效和最安全的方式同设备交互,并可使用特权 I/O 机器指令。操作结束后,控制权返回给用户态调用进程,所以,从用户的角度来看,一条 I/O 系统调用的只是一个简单的高层 I/O 指令。

8.2.2　用户身份认证机制

操作系统的许多保护措施大都基于鉴别系统的合法用户,身份鉴别是操作系统中相当重要的一个方面,也是用户获取权限的关键。为防止非法用户存取系统资源,许多操作系统采取了切实可行的、极为严密的安全措施。目前最常用的用户身份认证机制是口令。此外,数字签名、指纹识别、声音识别等操作系统安全机制也逐渐投入使用。

1. 口令

口令是计算机系统和用户双方都知道的某个关键字,相当于一个约定的编码单词或"暗号"。它一般由字母、数字和其他符号组成,在不同的系统中,其长度和格式也可能不同(如大小写是否敏感等)。口令既可以由系统自动产生,也可以由用户自己选择。

口令在使用时一般和另一个标识——用户 ID 一起使用。用户 ID 是可以公开的,但口令是保密的,否则就失去了口令的意义。当系统要求输入用户 ID 和口令时,就可以根据要求在适当的位置进行输入,输入完毕确认后,系统就会与口令文件中的口令进行比较匹配,若一致,则通过验证;否则拒绝登录或再次提供机会让用户进行登录。

2. 口令使用的安全性

由于口令的位数是有限的,而组成口令的字符也是有限的,所以在理论上,任何的口令都可以被破解。因此,口令作为保护是有限的。另外,许多非法入侵者会采用各种手段窃取用户口令,如攻击口令文件,或者用特洛伊木马伪装成登录界面骗取用户的口令等。

所以,用户在设置和使用口令时要注意以下问题。

(1)口令要尽可能长,这样要猜出口令就需要很长时间,其可能性就小。操作系统在这方面也有要求,如要求口令的长度至少为 8 位等。

(2) 多用混合型的口令,即其中同时有字母、数字和其他字符。

(3) 不要用自己或家人的生日、姓名、常用单词等作为口令。许多非法入侵者猜测口令时会首先使用这些具有强烈特征的字符串作为口令来尝试。

(4) 经常更换口令。许多操作系统也有要求,在规定的时间内更改口令,否则口令失效。最极端的方法是使用一次性口令。这时,用户有一本口令书,记着一长串口令,登录时每次都采用书中的下一个口令。如果入侵者破译出口令,也没有什么用,因为用户下一次就会用另一个口令。这种做法的前提是用户必须谨防口令书的丢失。

(5) 设置错误口令注册次数(如许多操作系统允许的错误次数为 3 次),一旦超过这个次数就无法注册登录,只有系统管理员才能使之恢复正常。

(6) 用户在使用系统前,要确认系统的合法性,以免被骗取口令。现在的操作系统都提供了一些手段以确保用户是在真实系统中进行登录,如 Windows NT 中按 Ctrl＋Alt＋Delete 组合键才开始登录。

3. 系统口令表的安全性

1) 限制明文系统口令表的存取

为了验证口令,系统必须采用将用户输入的口令和保存在系统中的口令相比较的方式,攻击者可能攻击的目标是口令文件,借助于系统口令表可以正确无误地获取口令。

在某些系统(如 UNIX)中,口令表是一个文件,实际上是一个由用户标识及相应口令组成的列表。显然,不能让任何人都能访问到该表,为此系统采用了不同的安全方法来保证。保护口令表的安全机制是使用强制存取控制,限制它仅可为操作系统所存取。更进一步的是,只允许那些需要存取该表的操作系统模块存取。

2) 加密口令文件

加密口令文件较为安全,这样读文件内容对入侵者来说,还必须经过解密才有用,增加了破解的难度。一般使用传统加密及单向加密这两种加密口令的方法。

使用传统加密方法,整个口令表被加密,或只加密口令部分。当接收到用户输入的口令时,所存取的口令被解密。使用这种方法在某一瞬间会在内存中得到用户口令的明文,有可能被人窃取,显然这是一个缺陷。

另一个较安全的方法是使用单向加密。加密方法相对简单,解密则是用加密函数。在用户输入口令时,口令被加密,然后将两种加密形式进行比较,若相同,则成功通过验证。

以一种伪装的形式保存口令表可以进一步提高安全性,当然存取的方式仍然限制为具有合法需要的进程。

4. 物理鉴定

检查用户是否有某些特定的"证件"是另一种不同的认证方法,一般用磁卡或 IC 卡。卡片插入终端,系统可以查出卡片所有者,卡片一般和口令一起配合工作,用户要登录成功,必须有卡片,并且知道密码。银行的 ATM 就是这样工作的。

测量那些难以伪造的特征也是一种方法。如终端上的指纹或声波波纹读取机可验证用户身份,还可直接用视觉辨认,当然这种认证方法对于终端设备的要求比较高。

签名分析是另一种技术。用户采用与终端相连的特殊笔签名后,计算机与在线已知样本进行比较。更好的方法是不比较签名,而是比较签名时笔的移动情况,模仿者或许可以模仿签名,但在签名时确切的行笔顺序,他就不了解了。

这些物理鉴别方法涉及的另一个问题是,用户可能不能接受。目前一般是在比较重要、保密要求较高的系统中会采用物理鉴别手段。

8.2.3　访问控制

在计算机系统中,安全机制的主要内容是存取控制,它包括以下三个任务:

(1) 授权。确定可给予哪些主体存取客体的权利。

(2) 确定存取权限。即允许读、写、执行、删除、追回等存取方式的组合。

(3) 实施存取权限。这里,"存取控制"仅适用于计算机系统内的主体和客体,而不包括外界对系统的存取,控制外界对系统存取的技术是标识与鉴别。

客体(Object)是一种信息实体,它们包含或接收信息,如文件、目录、管道、消息、信号量、IPC、存储页等,甚至可以包括字、位、通信线路、网络节点等。主体(Subject)是这样的一种实体,它引起信息在客体之间的流动。通常情况下,这些实体是指人、进程或设备等,一般是代表用户执行操作的进程,如编辑一个文件时,编辑进程是存取文件的主体,而文件是客体。

在安全操作系统领域中,存取控制通常涉及自主存取控制和强制存取控制两种形式。

1. 自主存取控制

自主存取控制(Discretionary Access Control,DAC)是最常用的一类存取控制机制,是用来决定一个用户是否有权访问客体的一种访问控制机制。在自主存取控制机制下,文件的拥有者可以按照自己的意愿精确指定系统中的其他用户对该文件的访问权限。一个用户可以自主地说明其资源允许系统中哪些用户以何种权限进行共享,从这种意义上讲,是自主的。另外,自主也指对其他具有访问权限的用户,能够自主地(包括间接自主)将访问权或访问权的某个子集授予另外的用户。

需要自主存取控制保护的客体数量取决于系统环境,几乎所有的系统在自主存取控制机制中都包括对文件、目录、IPC以及设备的访问控制。

为了实现完备的自主存取控制机制,系统要将存取矩阵相应的信息以某种形式保存在系统中,存取控制矩阵的每一行表示一个主体,每一列表示一个受保护的客体,矩阵中的元素表示主体可对客体进行的访问模式。目前,在操作系统中实现的自主存取控制都不是将矩阵整个地保存起来,因为这样做效率较低,实现的方法是基于矩阵的行或列来表达访问控制信息。

1) 基于行的自主存取控制机制

基于行的自主存取控制机制在每个主体上都附加一个该主体可访问的客体明细表,根据表中信息的不同又可分为三种形式:能力表(Capabilities List)、前缀表(Profiles)和口令(Password)。

(1) 能力表。能力决定用户是否可以对客体进行访问以及进行何种模式的访问(读、写、执行),拥有相应能力的主体可以按照给定的模式访问客体。在系统的最高层,即与用户和文件相联系的位置,对于每个用户,系统有一个能力表。要采用硬件、软件或加密技术对系统的能力表进行保护,防止被非法修改。系统要维护记录每个用户状态的一个表,该表保留成千上万条目,当一个文件被删除以后,系统必须从每个用户的表上清除那个文件相应的能力。目前,利用能力表实现的自主存取控制系统不多,并且这些为数不多的系统中,只有少数系统试图实现完备的自主存取控制机制。

(2) 前缀表。对每个主体赋予的前缀表,包括受保护客体名和主体对它的访问权限。当主体要访问某客体时,自主存取控制机制将检查主体的前缀是否具有它所请求的访问权。作为一般的规则,主体被授予某种访问模式,除此之外的任何主体对任何客体都不具有任何访问权利。用专门的安全管理员控制主体前缀相对而言是比较安全的,但这种方法非常受限。在一个频繁更迭对客体的访问权的环境下,这种方法肯定是不适宜的。删除一个客体则需要判定在哪个主体前缀中有该客体。另外,由于通常客体名是杂乱无章的,所以很难分类,对于一个可访问许多客体的主体,它的前缀量将是非常大的,因而较难管理。此外,所有受保护的客体都必须具有唯一的客体名,互相不能重名,而在一个客体很多的系统中,应用这种方法就比较困难。

(3) 口令。在基于口令机制的自主存取控制机制中,每个客体都相应地有一个口令,主体在对客体进行访问前,必须向操作系统提供该客体的口令,如果正确,它就可以访问该客体。对于口令的分配,有些系统是只有系统管理员才有权利进行,而另外一些系统则允许客体的拥有者任意地改变客体的口令。

2) 基于列的自主存取控制机制

基于列的自主存取控制机制,对每个客体都附加一个可访问它的主体的明细表,它有两种形式,即保护位(Protection Bits)和存取控制表(Access Control List,ACL)。

(1) 保护位。这种方法对所有主体、主体组以及客体的拥有者指明一个访问模式集合,保护位机制不能完备地表达访问控制矩阵,一般很少使用。

(2) 存取控制表。这是国际上比较流行的一种十分有效的自主存取控制模式,它在每个客体上都附加一个主体明细表,表示存取控制矩阵,表中的每一项都包括主体的身份和主体对该客体的访问权限,它的一般结构如图 8-1 所示。

图 8-1　存取控制表

对于客体 file1,主体 ID1 对它只具有读和运行的权限,主体 ID2 只有读权限,主体 ID3 只具有运行的权限,而主体 IDn 则对它同时具有读、写和执行的权限,但在实际应用中,当对某客体可访问的主体很多时,存取控制表将会变得很长,而在一个大系统中,客体和主体都非常多,这时使用这种一般形式的存取控制表将占用很多 CPU 时间,因此必须将存取控制表简化,如把用户按其所属或其工作性质进行分类,构成相应的组,并设置一个通配符"*",代表任何组名或主体标识符,如图 8-2 所示。图中,FF 为一个文件名,gou1 为一个组名。Liu、Zhang 是用户名。gou1 组中的用户 Liu 对文件 FF 有读、写、执行的权限,该组其他用户对文件 FF 有读和执行权限;用户 Zhang 如果不在组 gou1 中,就没有任何权限;其他用户对文件 FF 具有读权限。

文件 FF		
Liu	goul	rwx
*	goul	rx
Zhang	*	—
*	*	r

图 8-2　存取控制表的优化

通过这种简化,存取控制表就大大地缩小了,效率也提高了,并且也能够满足自主存取控制的需求。如在 Linux、UNIX、VMS 等系统中,都采用了拥有者/同组用户/其他用户模式,在每个文件上附加一段有关存取控制信息的二进制位。而在 UNIX SVR4.1 操作系统中,采用了存取控制表和"拥有者/同组用户/其他用户"相结合的模式。

2. 强制存取控制

在强制访问控制(Mandatory Access Control,MAC)方式下,主体与客体都有固定的安全属性,这些属性都记录在主、客体的安全性标记中。系统中的每个进程、每个文件、每个IPC 客体(消息队列、信号量集合和共享存储区)都被赋予了安全属性,这些属性是不能改变的,它由管理部门或操作系统自动地按照严格的规则来设置,不像存取控制表那样,由用户或他们的程序直接或间接地修改。当一个进程访问客体(如文件)时,调用强制存取控制机制,根据进程的安全属性和访问方式,比较进程和文件的安全属性,从而确定是否允许进程对文件的访问。代表用户的进程不能改变自身或任何客体的安全属性,包括不能改变属于用户客体的安全属性,并且进程也不能通过授予其他用户文件存取权限简单地实现文件共享。如果系统判定拥有某一个安全属性的主体不能访问某个客体,那么任何人也不能使它访问该客体。从这种意义上讲,这种访问方式是"强制"的。这种访问控制又称为非离散访问控制,它远比离散访问控制更安全,但实现起来更加困难。

强制存取控制和自主存取控制是两种不同类型的存取控制机制,它们通常结合起来使用。仅当主体能够同时通过自主存取控制和强制存取控制检查时,它才能访问一个客体。用户使用自主存取控制防止其他用户非法入侵自己的文件,强制存取控制则作为更强有力的安全保护方式,使用户不能通过意外事件和有意识的误操作逃避安全控制,因此,强制存取控制用于将系统中的信息分密级和类进行管理,适用于政府部门、军事和金融等领域。

强制存取控制可以有许多不同的定义,但它们都同美国国防部定义的多级安全策略相接近,所以,人们通常将强制存取控制和多级安全体系相提并论。

多级安全的思想是 20 世纪 60 年代美国国防部在研究开发保护计算机中机密信息的过程中产生的。美国国防部将人工管理和存储机密信息的严格政策称为军事安全策略。多级安全是军事安全策略的数学描述,是计算机能实现的形式定义。

在军事安全策略中,计算机中所有信息如文件等,都具有相应的密级。每个人都拥有一个许可证,为了确定是否应该允许某人访问一个文件,要将该人的许可证同文件的密级相比较,仅当用户的许可证大于或等于文件的密级时,他才可以合法地获得文件信息。军事安全策略的目的是防止用户取得超过他拥有密级的信息。密级、安全属性、许可证、存取类等含义是相同的,分别对应于主体或客体,一般都统称为安全级。安全级由两个因素构成,即保密级别和范畴集。保密级别可分为公开、秘密、机密、绝密等级别;范畴集是指该安全级所涉及的领域,如人事处、财务处等。安全级通常写成保密级别后随一范畴集的形式,如{机密:人事处,科研处,财务处}。

多级安全计算机系统要通过一个安全模型来实现。模型是基于策略的一种更精确的表述。模型通常被用来描述、研究和分析一种特定的情况或关系。BLP(Bell-La Padula)保密模型就是典型的安全模型。

8.2.4　加密技术

加密技术将信息编码成如密码文本一样含义模糊的形式。在现代计算机系统中,加密技术越来越重要。在网络化的计算机系统中,要想提供一种机制使信息不可访问很困难,所以,将信息加密成另一种形式,如果没有解密,即使访问到它,其内容也是不可识别的。加密技术的关键是能够有效地生成密码,使它基本上不可能被未授权的用户解密。

数据加密的模型基本上由以下四部分构成。

(1)明文。需要被加密的文本,称为明文 P。

(2)密文。加密后的文本,称为密文 Y。

(3)加密、解密算法 E、D。用于实现从明文到密文,或从密文到明文的转换公式、规则或程序。

(4)密钥 K。密钥是加密和解密算法中的关键参数。

加密过程可描述为:明文 P 在发送方经加密算法 E 变成密文 Y。接收方通过密钥 K,将密文转换为明文 P。

加密有很多种实现方法,如简单的易位法、置换法、对称加密算法和非对称加密算法等。

8.2.5　病毒及其防御机制

1. 计算机病毒概述

计算机病毒是一种可传染其他程序的程序,它通过修改其他进程使之成为含有病毒的版本或可能的演化版本。病毒可经过计算机系统或计算机网络进行传播。一旦病毒进入了某个程序,将会影响该程序的运行,并且这个受感染的程序可以作为传染源,继续感染其他程序,甚至对系统的安全性造成威胁。

计算机病毒大致由三部分构成。

(1)引导模块。负责将病毒引导到内存,对相应的存储空间实施保护,以防止其他程序覆盖,并且修改一些必要的参数,为激活病毒做准备工作。

(2)传染模块。主要负责将病毒传染给其他计算机程序,它是整个病毒程序的核心,由两部分构成:一部分判断是否具备传染条件;另一部分具体实施传染。

(3)发作模块。主要包括两部分:一部分负责病毒触发条件的判断;另一部分负责病毒危害的实施。

2. 病毒防御机制

病毒对计算机系统的传播及危害,对计算机系统的安全造成极大的威胁,它的传染性主要与操作系统有关。

病毒可在不同介质之间传播,一个比较普遍的例子是通过磁盘传播。病毒嵌入某个合法程序隐藏起来,当这个程序被存入磁盘时,病毒也就随之被复制到了磁盘。由于这个磁盘存储的过程一般是通过操作系统的磁盘操作功能来实现的,不同操作系统的磁盘操作功能并不相同。所以一般情况下,针对某种操作系统的病毒不能感染其他互不兼容的操作系统。

病毒防御措施通常将系统的存取控制和实体保护等安全机制结合起来,通过专门的防御程序模块为计算机建立病毒的免疫系统和报警系统。防御的重点在操作系统敏感的数据结构、文件系统数据存储结构和 I/O 设备驱动结构上。这些敏感的数据结构包括系统进程表、关键缓冲区、共享数据段、系统记录、中断向量表和指针表等。很多病毒试图修改甚至删除其中的数据和记录,这样会使系统运行出错。针对病毒的各种攻击,病毒防御机制可采取存储映像、数据备份、修改许可、区域保护和动态检疫等方式来保护敏感数据结构。

8.2.6 监控和审计日志

1. 监控

监控可以检测和发现那些可能违反系统安全的活动。例如,在分时系统中,记录一个用户登录时输入的不正确口令的次数,当超过一定的数量时,就表示有人在猜测口令,可能就是非法的用户。这是一种实时的监控活动。

另一种监控活动是周期性地对系统进行全面的扫描。这种扫描一般在系统比较空闲的时间段内进行,这样就不会影响系统的工作效率。可以对系统的以下各个方面进行扫描。

(1) 对用户口令进行扫描,找出那些太短的、易于猜测的口令,以提示用户及时改正。

(2) 系统目录中是否存在未经授权的程序。

(3) 是否存在不是预期的、长时间运行的进程。

(4) 用户目录和系统目录是否处于适当的保护状态。

(5) 系统的数据文件是否处于一种适当的保护状态。这些文件包括口令文件、设备驱动程序以及操作系统的内核本身。

(6) 是否存在危险的程序搜索路径入口(如特洛伊木马程序)。

由系统安全扫描发现的问题可以由系统自动修复,也可以报告给系统管理员,由管理员来解决。

2. 审计日志

日志文件是安全系统的一个重要组成部分,它记录计算机系统所发生的情况:何时由谁做了一件什么样的事、结果如何等。日志文件可以帮助用户更容易跟踪间发性问题或一些非法侵袭,可以利用它综合各方面的信息去发现故障的原因、侵入的来源以及系统被破坏的范围。对于那些不可避免的事故,也至少对事故有一个记录。因此,日志文件对于重新建立用户的计算机系统、进行调查研究、提供证据以及获得准确及时的现场服务都是必需的。

但是,日志文件有一个致命的弱点:它通常记录在自身系统上,会遭到修改或删除。有些技术方法可以帮助缓解这种问题,但无法完全消除隐患。有些系统支持将日志文件存到不同的机器上,这样对于日志文件的安全就有了很好的保证。

本章小结

本章主要介绍了操作系统安全性的相关问题。人们对计算机系统的安全性很重视,操作系统的安全性是计算机系统安全性的重要组成部分。操作系统的安全功能就是为数据处理系统从技术和管理上采取安全保护措施,以保护计算机硬件、软件和数据不因偶然的因素或恶意的攻击而遭到破坏,使计算机系统能够安全运行。

操作系统的安全机制有很多,而且针对特别的计算机安全问题有专门的保护机制,如硬件保护机制、文件保护机制等。为防止非法用户存取系统资源,许多操作系统采取了切实可行的、极为严密的安全措施。目前最常用的用户身份认证机制是口令。存取控制通常通过以单实体或单用户为基础的存取控制矩阵来实现。存取控制矩阵有访问控制表和访问权限表两种形式。加密是一项重要的计算机安全技术,加密就是把可理解的信息转换为不可理解的信息。病毒是具有破坏性的计算机程序,它的运行离不开系统环境的支持,可以采用多种机制来防御病毒,但都有其局限性,都不是完美无缺的。监控可以检测和发现那些可能的违反系统安全的活动;日志文件可以帮助用户更容易跟踪间发性问题或一些非法侵袭,可以利用它综合各方面的信息去发现故障的原因、侵入的来源以及系统被破坏的范围。

操作系统的安全性是计算机系统安全性的基础,所以设计操作系统时必须考虑其安全性。

习题 8

8-1 对计算机系统安全性的威胁有哪些?

8-2 系统安全性的内涵是什么?

8-3 操作系统的安全性功能有哪些?

8-4 可信任计算机系统评价标准将计算机系统的安全程度分为哪几个等级?

8-5 CC 标准中有哪几个安全保证级别?

8-6 什么是访问控制表?什么是访问权限表?

8-7 什么叫自主访问机制?什么叫强制访问机制?

8-8 病毒防御机制有哪些?

8-9 监控和审计日志的作用是什么?

8-10 试简述数据加密技术。

8-11 如何保证口令的安全?

参 考 文 献

[1]   汤小丹,梁红兵.计算机操作系统[M].西安:西安电子科技大学出版社,2007.
[2]   孟庆昌.操作系统原理[M].北京:机械工业出版社,2010.
[3]   张尧学,史美林.计算机操作系统教程[M].北京:清华大学出版社,2006.
[4]   庞丽萍.计算机操作系统原理[M].北京:人民邮电出版社,2010.
[5]   孟静.操作系统教程[M].北京:人民邮电出版社,2009.
[6]   蒋静.操作系统原理·技术与编程[M].北京:机械工业出版社,2004.
[7]   张不同.计算机操作系统教程[M].北京:清华大学出版社,2006.
[8]   王万森.计算机操作系统原理[M].北京:高等教育出版社,2008.
[9]   孔宪君.操作系统的原理与应用[M].北京:高等教育出版社,2008.
[10]   张霞.计算机操作系统原理[M].北京:中国电力出版社,2010.
[11]   袁建红.实用操作系统[M].北京:机械工业出版社,2002.
[12]   柯敏毅.计算机操作系统教程[M].2版.北京:中国水利水电出版社,2002.
[13]   何炎祥.计算机操作系统[M].北京:清华大学出版社,2004.
[14]   卿斯汉,等.操作系统安全导论[M].北京:科学出版社,2003.
[15]   逯燕玲.操作系统应用基础[M].北京:机械工业出版社,2006.
[16]   GARY N.操作系统现代观点[M].北京:机械工业出版社,2003.
[17]   柳青.操作系统——Linux篇[M].北京:人民邮电出版社,2005.
[18]   陈莉君,康华.Linux操作系统原理与应用[M].北京:清华大学出版社,2006.
[19]   刘兵,吴煜煌.Linux实用教程[M].北京:中国水利水电出版社,2004.
[20]   倪继利.Linux内核分析及编程[M].北京:机械工业出版社,2005.
[21]   赵炯.Linux内核完全注释[M].北京:机械工业出版社,2004.
[22]   徐德民.操作系统原理Linux篇[M].北京:国防工业出版社,2004.
[23]   李京平.操作系统原理与应用(Linux)[M].北京:中国林业出版社,2006.
[24]   蒲晓蓉,张伟利.操作系统原理与实例分析[M].北京:机械工业出版社,2005.
[25]   汪荣斌.Linux操作系统教程[M].北京:机械工业出版社,2007.

图书资源支持

感谢您一直以来对清华版图书的支持和爱护。为了配合本书的使用，本书提供配套的资源，有需求的读者请扫描下方的"书圈"微信公众号二维码，在图书专区下载，也可以拨打电话或发送电子邮件咨询。

如果您在使用本书的过程中遇到了什么问题，或者有相关图书出版计划，也请您发邮件告诉我们，以便我们更好地为您服务。

我们的联系方式：

地　　址：北京市海淀区双清路学研大厦 A 座 714

邮　　编：100084

电　　话：010-83470236　010-83470237

客服邮箱：2301891038@qq.com

QQ：2301891038（请写明您的单位和姓名）

资源下载：关注公众号"书圈"下载配套资源。

资源下载、样书申请

书 圈

获取最新书目

观看课程直播